全国水利行业“十三五”规划教材(职业技术教育)
中国水利教育协会策划组织

水利工程制图实训

主　编　李　颖　张圣敏　关莉莉
副主编　计　伟　邢广君　赵　婷　张亚坤
主　审　曾令宜　陶　杰　丁秀英

黄河水利出版社
·郑州·

内 容 提 要

本书是全国水利行业"十三五"规划教材,是根据中国水利教育协会职业技术教育分会高等职业教育教学研究会制定的水利工程制图实训课程标准编写完成的。本书主要内容包括:基本制图标准、三视图、轴测图、AutoCAD 2020 绘制简单图形、AutoCAD 2020 绘制三维模型及生成二维视图和轴测图、断面剖视及标高投影、水利工程图与房屋图实训、AutoCAD 2020 进水闸实训、Revit 2020 创建简单信息模型、Revit 2020 绘制水闸信息模型、实训练习等内容。本书也是一本校企合作、岗证融合的教材,通过本课程的学习,学习者可以考取中国图学学会和国际几何与图学学会颁发的制图员证、BIM 建模师证。

本书可供高职高专院校水利水电建筑工程、施工管理、造价招标投标、施工安全、建设监理、城市水利、水土保持、岩土工程等专业教学使用,也可供相关专业工程技术人员学习参考。

图书在版编目(CIP)数据

水利工程制图实训/李颖,张圣敏,关莉莉主编
.—郑州:黄河水利出版社,2021.5
全国水利行业"十三五"规划教材.职业技术教育
ISBN 978-7-5509-2926-5

Ⅰ.①水… Ⅱ.①李… ②张… ③关… Ⅲ.①水利工程-工程制图-高等职业教育-教材 Ⅳ.①TV222.1

中国版本图书馆 CIP 数据核字(2021)第 029592 号

组稿编辑:王路平　电话:0371-66022212　E-mail:hhslwlp@163.com
田丽萍　66025553　912810592@qq.com

出 版 社:黄河水利出版社　网址:www.yrcp.com
地址:河南省郑州市顺河路黄委会综合楼 14 层　邮政编码:450003
发行单位:黄河水利出版社
发行部电话:0371-66026940、66020550、66028024、66022620(传真)
E-mail:hhslcbs@126.com
承印单位:河南承创印务有限公司
开本:787 mm×1 092 mm　1/16
印张:13.5
字数:310 千字　印数:1—1 100
版次:2021 年 5 月第 1 版　印次:2021 年 5 月第 1 次印刷

定价:48.00 元

前　言

本书是贯彻落实《国家中长期教育改革和发展规划纲要(2010~2020年)》、《国务院关于加快发展现代职业教育的决定》(国发〔2014〕19号)、《现代职业教育体系建设规划(2014~2020年)》和《水利部 教育部关于进一步推进水利职业教育改革发展的意见》(水人事〔2013〕121号)等文件精神,依据中国水利教育协会水教协〔2016〕16号文《关于公布全国水利行业"十三五"规划教材名单的通知》,在中国水利教育协会精心组织和指导下,由中国水利教育协会职业技术教育分会组织编写的全国水利行业"十三五"规划教材。教材以学生能力培养为主线,具有鲜明的时代特点,体现了实用性、实践性、创新性的特色,是一套水利高职教育精品规划教材。

本书是一本校企合作、岗证融合的教材,编写团队中多名教师是国家制图员等级考试考评员、BIM建模师考评员,本书也参考融入了相关元素。通过本课程的学习,学习者可以考取中国图学学会和国际几何与图学学会颁发的制图员证、BIM建模师证。

本书第一主编李颖从事教学工作近20年,多次获得河南省及全国高等学校教学竞赛及优秀指导教师一等奖,2018年入选中国水利教育协会"双师型"教师。李颖在近20年的教学实践中发现,学生在实训或工作中基础知识环节薄弱,三视图、轴测图画不清、看不明,AutoCAD绘图速度提不上去,Revit信息化建模无从下手。因此,根据工程人员及学生等学习者实际情况,查漏补缺组织编写本书,使之更接地气,更贴近学习者,更贴近工程实际。

近年来,本书编写团队完成的教学网络平台有:国家精品资源共享课 http://www.icourses.cn/coursestatic/course_3885.html;国家教学资源库建设课程 https://www.icve.com.cn/portalproject/themes/default/yvaeasckdi1b-73a-yfbw/sta_page/index.html;教学空间 http://218.198.48.100/index.php/等。

2015~2019年,在职业教育数字化的推动下,第一主编建立了个人的云班课《水利工程计算机制图》平台:https://www.mosoteach.cn/web/index,信息化教学资源丰富,有课件、动画、微课、视频、模型、图纸、习题、答案、例题、工程案例、二维三维动态模型等。教师充分利用Flash动画、AutoCAD软件、屏幕录像专家、视频处理等信息化手段编辑制作完成。教育者可以运用信息化手段建设并上传大量资源,但为学习者推送优质的资源才是我们的目标和方向。学习者也可参照网络平台进行学习。

本书由黄河水利职业技术学院李颖、张圣敏、关莉莉担任主编;河南比目云设计有限公司技术总监计伟,黄河水利职业技术学院邢广君、赵婷、张亚坤担任副主编;参编人员还有黄河水利职业技术学院张东锋、万柳明,华北水利水电大学赵继伟、张梦娣等;由黄河水利职业技术学院曾令宜教授、陶杰教授、丁秀英教授担任主审。

教材编写过程中得到了很多水利行业专家、教授的指导帮助,在此特别感谢华北水利水电大学薛海教授,黄河水利职业技术学院曾令宜教授、陶杰教授、丁秀英教授,浙江同济科技职业学院郭雪莽院长、赵静副教授,中国地质科学院郑州矿产综合利用研究所冯乃琦高工,北京城建设计发展集团股份有限公司寇江涛高工,开封市水务开发建设有限公司吴现伟总经理、胡亚鹏高工,开封汴龙勘测设计中心姚伟华总经理,中水十六局水电分公司海外项目经理文枭,北京中水科海利工程技术有限公司沂蒙项目经理毋志钊,福建省水利水电工程局有限公司项目经理彭长宝,南水北调中线干线工程建设管理局渠首分局高工解林等给予的大力支持!

鉴于编者能力所限,书中难免存在疏漏和不妥之处,敬请各位读者批评指正!

编　者

2021 年 1 月

目 录

第一章　基本制图标准

制图的学习，无论是手工绘图还是计算机绘图，关键都是要掌握基本制图标准。

图样是工程师、设计师、建造师、施工者等之间交流的语言，为了便于生产和进行技术交流，使绘图和看图有一个共同的标准，对图样的画法、尺寸标注及其采用的标号等做统一的规定，这个统一的规定就是制图标准。

本章结合中华人民共和国国家标准《总图制图标准》（GB/T 50103—2010）及 2013 年由水利部颁布的《水利水电工程制图标准　基础制图》（SL 73.1—2013），主要介绍图幅、比例、图线、字体、尺寸注法等基本制图标准。

第一节　图纸幅面及标题栏

一、图纸幅面

图纸幅面（简称图幅），即图纸的面积，用图纸的短边×长边＝$B\times L$ 表示。为了便于图纸的保管和合理利用，制图标准对图纸的基本幅面规定了五种不同的尺寸，见表 1-1。

表 1-1　基本幅面及图框尺寸　（单位：mm）

幅面代号	A0	A1	A2	A3	A4
$B\times L$	841×1189	594×841	420×594	297×420	210×297
e	20		10		
c	10			5	
a	25				

从表 1-1 可以看出，图纸幅面以 A0、A1、A2、A3、A4 为代号，相邻图幅之间是 2 倍的关系，各种图幅的关系见图 1-1。

图幅在应用中，面积不够大时，根据要求允许在基本幅面的短边成整数倍加长，具体尺寸可参看有关的制图标准。

二、图框格式

在用规定图幅的图纸绘制图样时，应先在图纸上绘出图框线，图形要画在图框内。图框线用粗实线绘制，线宽为（1～1.5）b（b 为粗实线宽度代号）。

图框的格式有以下两种：

（1）非装订式（见图 1-2）。在原来绘图不先进时，如线装，装订、复制、折叠、保管和使用方便。但现在胶装方便，使用不多。

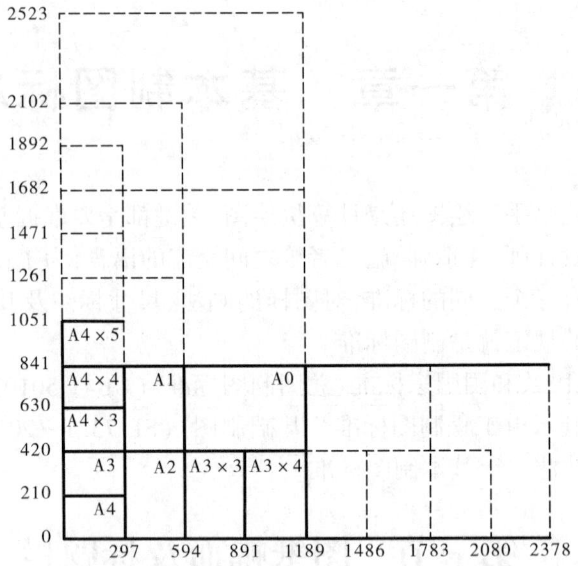

图 1-1 各种图幅的关系 （单位:mm）

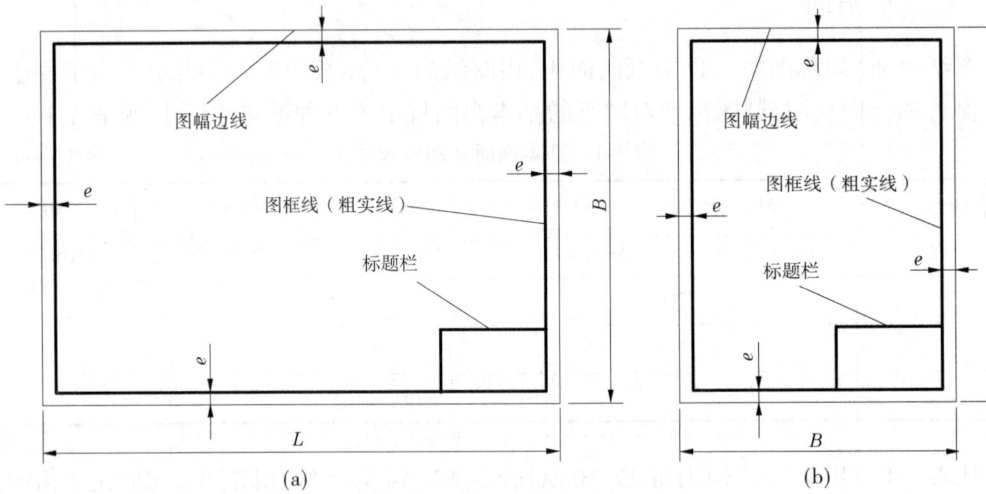

图 1-2 非装订式

(2)装订式(见图 1-3)。是在胶装的基础上,直接设置装订边以满足使用上的习惯。

图纸在使用中,一般是 A4 图幅长边垂直装订边放,其他图幅短边垂直放,如图 1-3 所示。

三、标题栏

标题栏是图样的重要内容之一,每张图纸都必须绘制出标题栏。图样中的标题栏,应放在图纸的右下角。标题栏的框线是粗实线,标题栏的分格线是细实线,线宽约是 $b/4$。标题栏的内容、格式及尺寸,一般按图幅的大小而定,如图 1-4~图 1-6 所示。

会签栏是供各工种设计负责人签署单位、姓名和日期的表格,内容、格式及尺寸应按

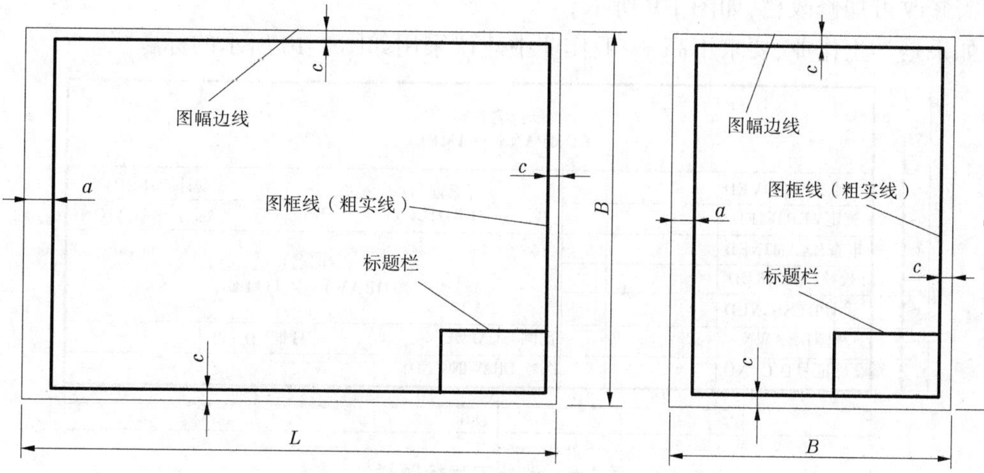

图 1-3　装订式

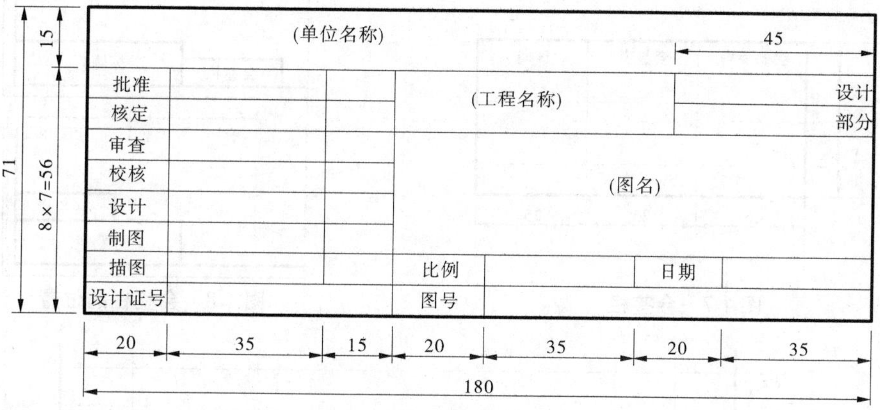

图 1-4　A0、A1 图幅采用的标题栏

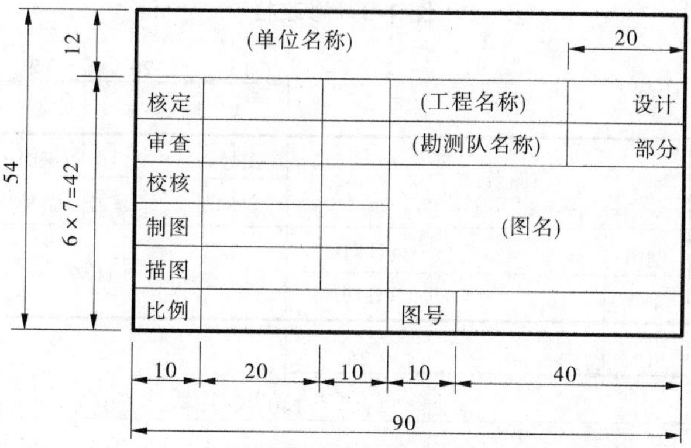

图 1-5　A2～A4 图幅采用的标题栏

图 1-7 式样绘制，会签栏的位置如图 1-8 所示。不需会签的图纸，可不设会签栏。个别情

况如需修改可加修改栏,如图 1-9 所示。

如果是学生作业,要求不高,一般作业中建议采用如图 1-10 所示的标题栏。

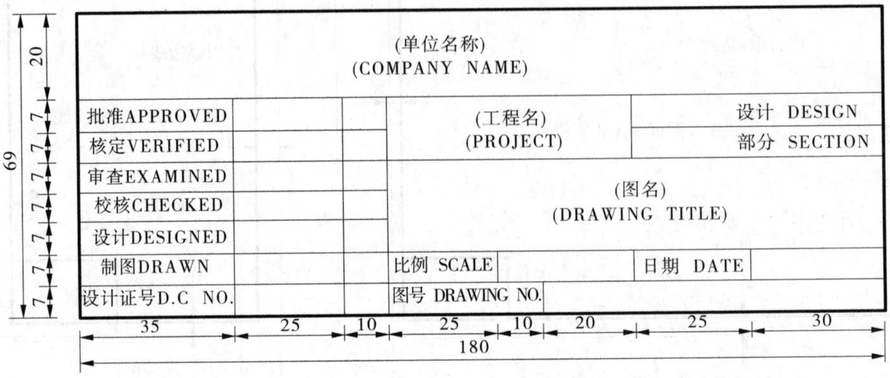

图 1-6 涉外工程标题栏

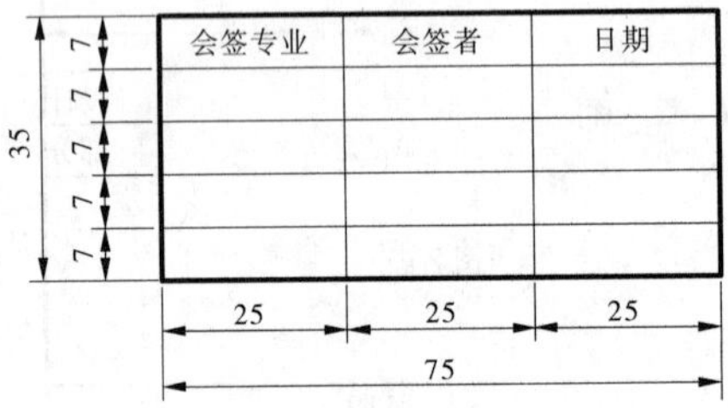

图 1-7 会签栏

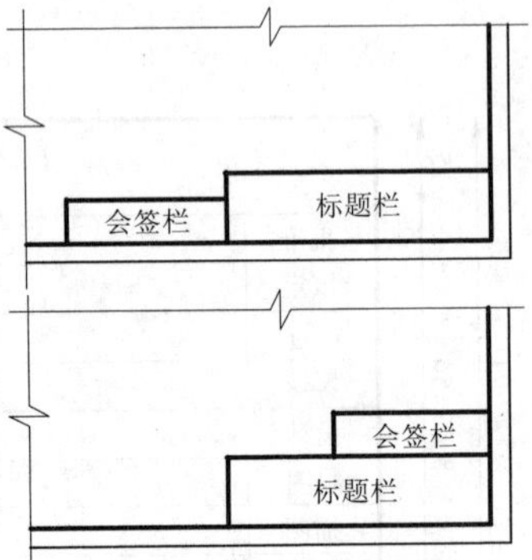

图 1-8 会签栏的位置

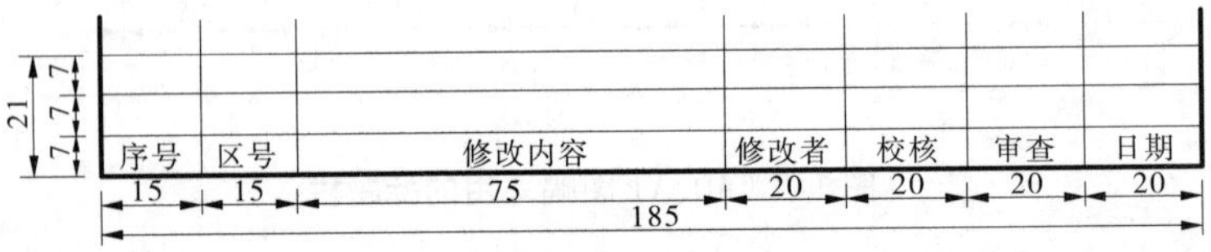

图 1-9 修改栏

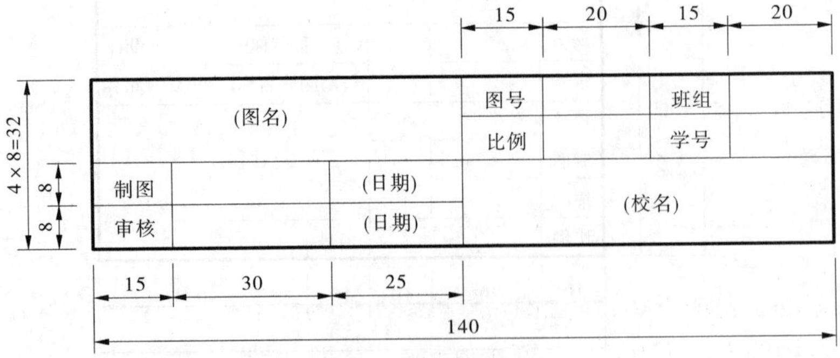

图 1-10 作业用标题栏

第二节 图线及字体

一、图线及其应用

图形表达最基本的是图线,为了使图形中所表达的内容主次分明,基础制图标准规定应采用各种不同形式和不同粗细的线,分别代表不同的含义和用途,绘图时必须遵守这些规定。常用的几种线型及其用途见表 1-2。

表 1-2 常用的几种线型及其用途

序号	图线名称	线型	线宽	一般用途
1	粗实线	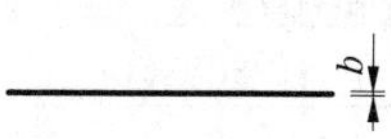	b	(1)可见轮廓线 (2)钢筋 (3)结构分缝线 (4)材料分界线 (5)断层线 (6)岩性分界线
2	虚线	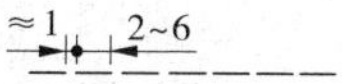	$b/2$	(1)不可见轮廓线 (2)不可见结构分缝线 (3)原轮廓线 (4)推测地层界线
3	细实线		$b/3$	(1)尺寸线和尺寸界线 (2)剖面线 (3)示坡线 (4)重合剖面的轮廓线 (5)钢筋图的构件轮廓线 (6)表格中的分格线 (7)曲面上的素线 (8)引出线
4	点画线	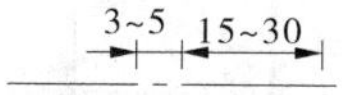	$b/3$	(1)中心线 (2)轴线 (3)对称线
5	双点画线	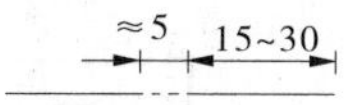	$b/3$	(1)原轮廓线 (2)假想投影轮廓线 (3)运动构件在极限或中间位置的轮廓线
6	波浪线		$b/3$	(1)构件断裂处的边界线 (2)局部剖视的边界线
7	折断线		$b/3$	(1)中断线 (2)构件断裂处的边界线

图线的宽度 b 表示粗实线的粗细,应根据图形的大小和复杂程度,在 0.5~2.0 mm 系列中选用。常用的 b 值为 0.7 mm 或 1.0 mm。其他各种线型的粗细,均以粗实线宽度 b 为比例值进行计算。具体要求参看表 1-2。

各种图线的应用举例如图 1-11 所示。

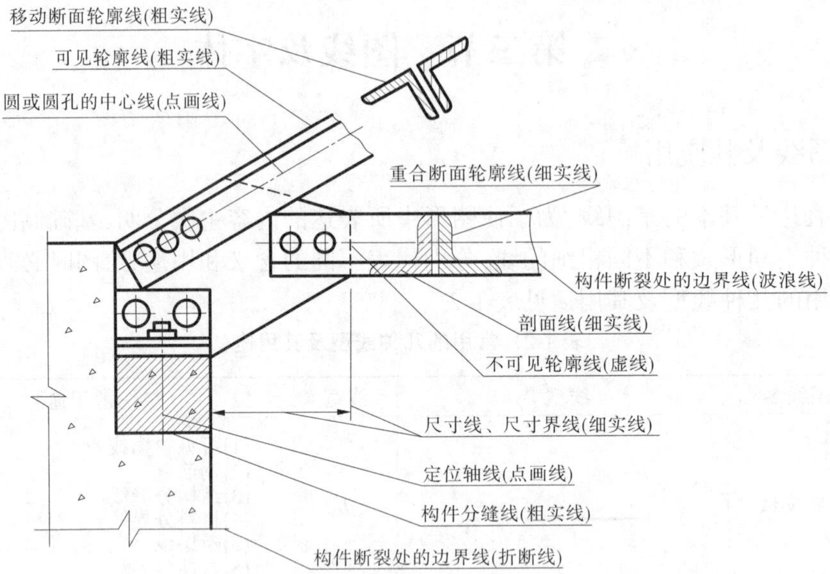

图 1-11　图线的应用

二、图线的规定画法

在图样中常有几种线型产生相交、相切或相接等情况，为使图形清晰，不产生误解，如图 1-12 所示，制图标准对图线的画法做了如下规定：

(1)同一张图纸上同类线型的粗细应一致。

(2)同一张图纸上虚线、点画线的线段长度和间隔应相等。

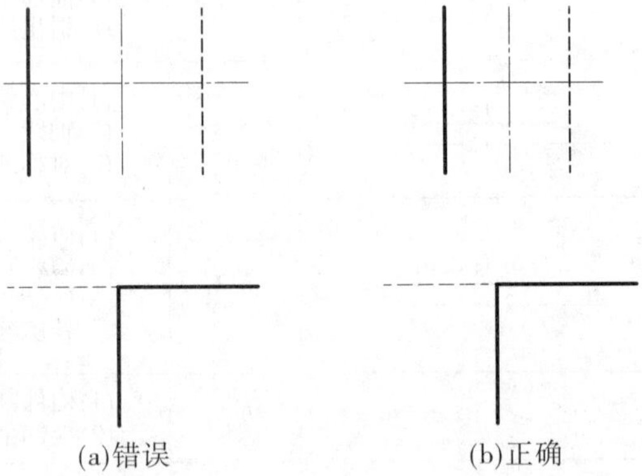

图 1-12　几种线型的相交

(3)点画线中的"点"不是小圆点，而是小短画，大约 1 mm 长，点画线的首末端应是线段而不应该是点。

(4)各种图线均应在线段处相交，不应交于线段空隙或点画线的"点上"，但虚线若为粗实线的延长线，虚线应在相接处留有空隙。

(5)用点画线表示圆的中心线时，圆心应是线段的交点，点画线两端应超出圆弧 2～5

mm，当圆的直径小于 10 mm 时，可用细实线代替点画线。

三、字体

汉字中的简化字应采用国家正式公布实施的简化字，宜采用仿宋体。在同一图样上，宜采用同一种形式的字体。字体是图样中的重要内容。图样上除绘制物体的图形外，还要用汉字填写标题栏、说明事项；用数字标注尺寸；用字母注写各种代号或符号。制图标准对图样中的汉字、数字、字母的字型和大小做出规定，并要求书写时必须做到：字体工整、笔画清楚、间隔均匀、排列整齐。

字体的大小用字体的号数代表。字体的号数（简称字号）指字体的高度，用 h 表示。图样中字号分为 20 mm、14 mm、10 mm、7 mm、5 mm、3.5 mm、2.5 mm。字宽为字高的 0.7~0.8 倍。

（一）汉字

汉字应尽可能书写成长仿宋体，并应采用国家正式公布实施的简化字。字高应不小于 3.5 mm。长仿宋体字的示例如图 1-13 所示。

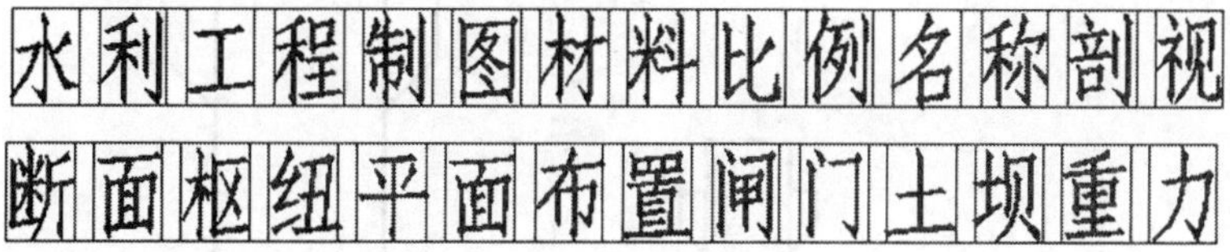

图 1-13　长仿宋体字示例

长仿宋体字的特点是：笔画粗细一致，挺拔秀丽，易于硬笔书写，便于阅读。

（二）数字和字母

数字和字母可以写成直体字，也可以写成斜体字。工程图样中常采用斜体字，如图 1-14 所示。字宽为（0.4~0.5）字高。斜体字字头向右倾斜，与水平基准线成 75°。

图 1-14　数字、字母的书写方法图

第三节 比例图例

一、比例

图形与实物相对应的线性尺寸之比,称为比例。

比值为 1 的称为原值比例(1∶1),即图形与实物同样大;比值大于 1 的称为放大比例,如 3∶1,即图形是实物的 3 倍;比值小于 1 的称为缩小比例,如 1∶3,即图形是实物的 1/3。图样上的比例只反映图形与实物大小的缩放关系,图中标注的尺寸数值应为实物的真实大小,与图样的比例无关。如果一个物体用三个不同的比例绘制图形,得到图形相似大小不一样,但是标注的尺寸数字完全相同,即它们表达的是形状和大小完全相同的一个物体,标注的是物体的真实尺寸,如图 1-15 所示。

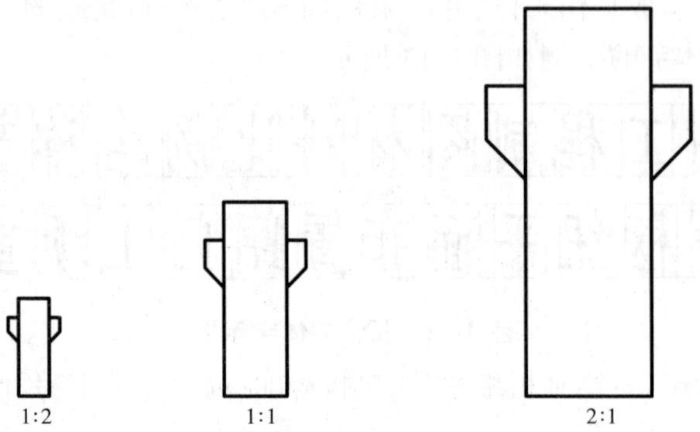

图 1-15 不同比例绘制同一物体

绘图时,应采用表 1-3 规定的比例,并应优先用表中的常用比例。

表 1-3 比例

常用比例	1∶1			
	$1:10^n$	$1:2\times10^n$	$1:5\times10^n$	
	2∶1	5∶1	$(10\times n):1$	
可用比例	$1:1.5\times10^n$	$1:2.5\times10^n$	$1:3\times10^n$	$1:4\times10^n$
	2.5∶1	4∶1		

注:n 为正整数。

在图纸上必须注明比例,当整张图纸只用一种比例时,应统一注写在标题栏内;否则,应分别在图名处注写。

工程建筑图的常用制图比例如下:

规划图 1∶100000,1∶50000;

枢纽总平面图 1∶5000,1∶2000,1∶1000;

地理位置图、地理接线图、对外交通图按所取地图比例；

施工总平面图 1:2000,1:1000；

主要建筑物布置图 1:1000,1:500；

建筑物体形图 1:200,1:100,1:50；

基础开挖图、基础处理、结构图 1:100,1:50,1:20；

细部构造图 1:20,1:10,1:5,1:2,1:1,2:1,5:1,10:1。

二、建筑材料图例

水利工程中使用的建筑材料类别很多。画剖视图与剖面图时，必须根据建筑物所用的材料画出建筑材料图例（称为剖面材料符号），以区别材料类别，方便施工。常见的建筑材料图例如表1-4所示。

表1-4 常用建筑材料图例

名称	图例	说明	名称	图例	说明	名称	图例	说明
黏土		斜线均为45°细实线，可徒手画	水、液体	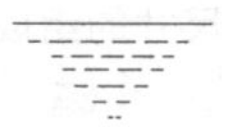	用尺画水平细线	岩石		斜线为60°细实线，用尺画
木材 纵纹 / 横纹		徒手画	天然土壤		徒手画	夯实土		斜线为45°细实线，用尺画
金属	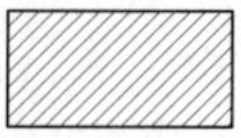	斜线为45°细实线，用尺画	混凝土	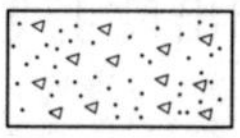	石子带有棱角徒手画	钢筋混凝土	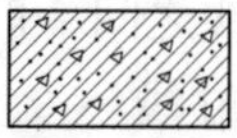	斜线为45°细实线，用尺画
回填土	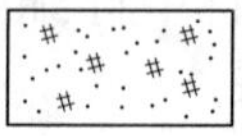	徒手画	干砌块石	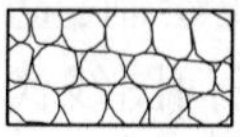	石缝要错开，空隙不涂黑，徒手画	浆砌块石	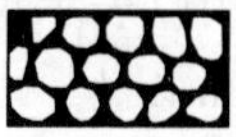	石块之间空隙要涂黑，徒手画
砂、灰土、水泥砂浆	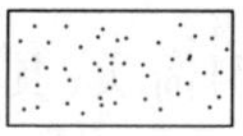	点为不均匀的小圆点，徒手画	堆石	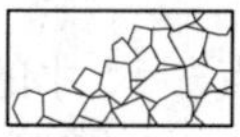	石块有棱角，徒手画	卵石	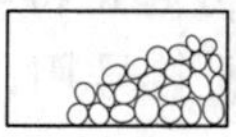	石子无棱角，徒手画
多孔材料	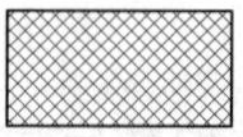	斜线均为45°细实线，用尺画	砂卵石 砂砾石	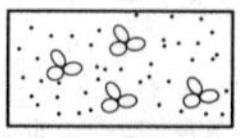	石子无棱角，徒手画	碎石	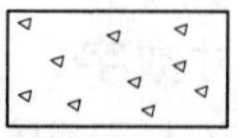	石子有棱角，徒手画

注：1.当图样中宽度为≤2 mm的狭长小面积的剖面时，建筑材料图例可用涂黑代替。

2.当剖面面积很大时，图样上只需局部画出建筑材料图例。

第四节 尺寸标注

图样除反映物体的形状外，还需标出物体的实际尺寸，确定其大小，以作为工程设计、施工、监理的依据。

一、尺寸的组成

图样上一个完整的尺寸由四部分组成，即尺寸界线、尺寸线、尺寸起止符号、尺寸数字，如图1-16所示。

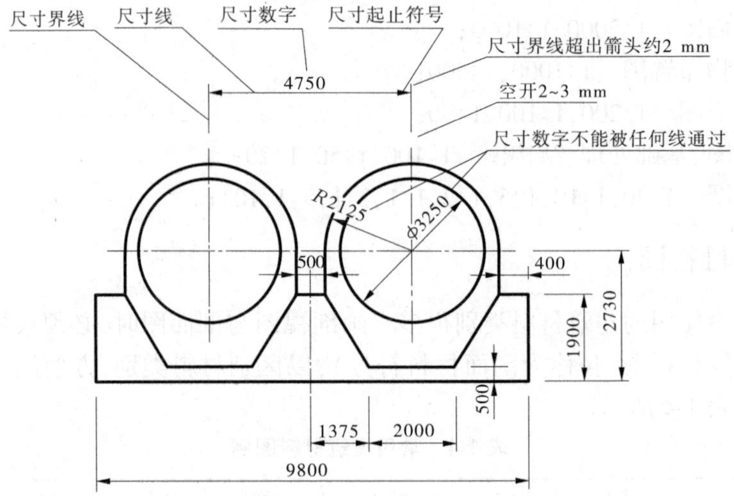

图 1-16 尺寸的组成图

(一)尺寸界线

尺寸界线用来表示所注尺寸的范围,一般用细实线绘制,从图形的轮廓线、轴线或中心线引出,也可以直接用轮廓线、轴线或中心线作尺寸界线。绘制尺寸界线时,其引出的一端与轮廓线之间一般留有 3 mm 间隙,超出尺寸线 2~3 mm。

(二)尺寸线

尺寸线用以表示尺寸的方向,用细实线绘制,应与被注的线段等长且平行,距离所注的线段 10 mm 以上。尺寸线不能用其他任何图线代替,必须单独画出来。

(三)尺寸起止符号

尺寸起止符号用以表示尺寸的起止点。尺寸的起止符号一般采用箭头,其形式如图 1-16 所示。半径、直径、角度和弧长等尺寸起止符号必须用箭头。

(四)尺寸数字

尺寸数字表示物体的实际大小。尺寸数字一般用 3.5 号斜体阿拉伯数字书写。标高、桩号及规划图、总布置图的尺寸以米为单位。其余尺寸以毫米为单位时,图中不必说明;否则应说明尺寸单位。尺寸数字的大小全图应一致,不可忽大忽小。

尺寸数字不可被任何图线或符号穿过,当无法避免时,必须将图线或符号断开。如图 1-16 中的尺寸数字 500 和 *R*2125。

二、尺寸的一般注法

(一)尺寸界线与尺寸线互相垂直

水平方向尺寸数字注写在尺寸线上方中间,字头向上;铅垂方向尺寸数字注写在尺寸线左方中间,字头向左。当尺寸位于倾斜位置时,尺寸数字应按图 1-17 所示的方向注写,并尽量避免在 30°内注写尺寸。如需在此范围内注写尺寸,可引出标注。

对连续的小尺寸,当标注尺寸的位置不够注写尺寸数字时,最外边的尺寸数字可注写在尺寸界线的外侧;中间相邻的尺寸数字可错开注写,或用引出线引出注写;连续尺寸的中间部分无法画箭头时,可用小黑点代替箭头,如图 1-18 所示。

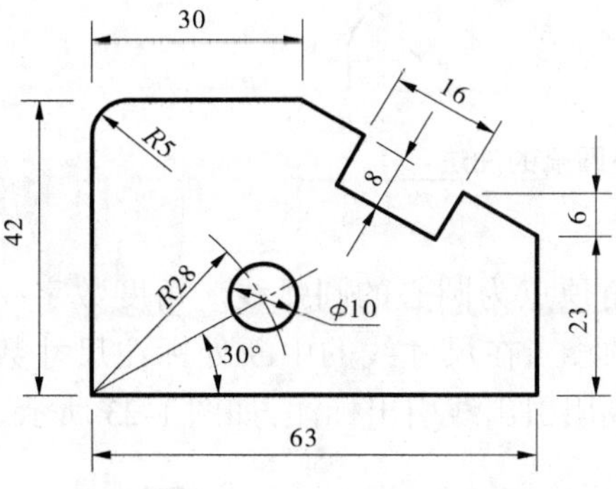

图 1-17

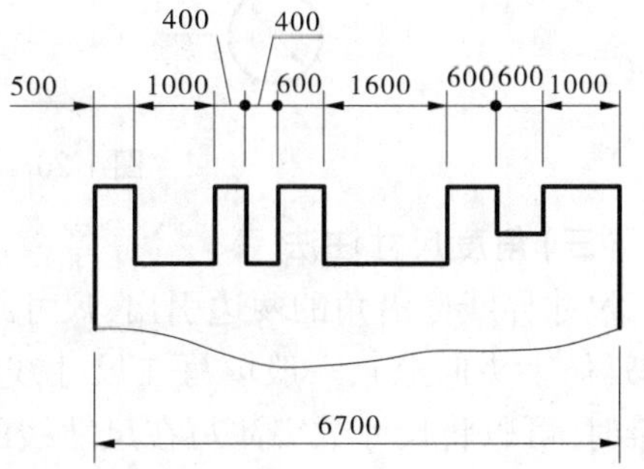

图 1-18

(二)圆和圆弧尺寸注法

如图 1-19 所示,尺寸界线一般用圆轮廓线代替。标注圆的直径和圆弧的半径时,其尺寸线必须通过圆心,圆或大于半圆的圆弧,要注直径,在直径尺寸数字前应加注直径符号“ϕ”或“D”[2013 年由水利部颁布的《水利水电工程制图标准基础制图》(SL 73.1—2013)金属材料为“ϕ”,其他材料用“D”],半圆或小于半圆的圆弧,要注写半径,在半径尺寸数字前应加注半径符号“R”;圆球的直径或半径标注时应在尺寸数字前加注“$S\phi$”或“SR”符号(S 表示球)。

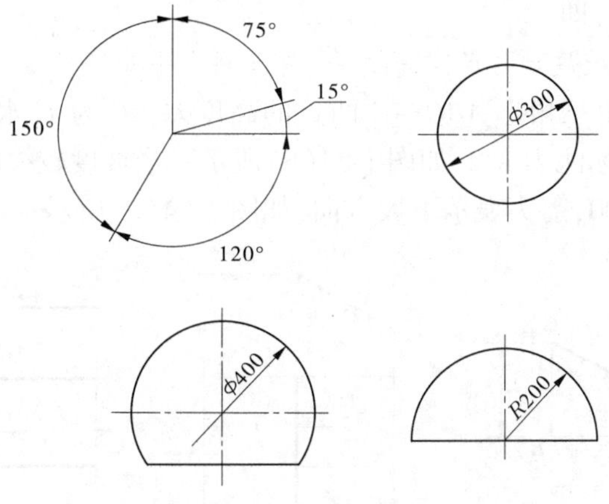

图 1-19　圆、圆弧、球尺寸注法

当圆或圆弧的直径或半径较小,没有足够的位置画箭头或注写数字时,可按图 1-20 的形式标注。

当圆弧的半径过长或圆心位置在图纸范围内无法标出时,可按图 1-21 所示的折弯形式标注。

弧长及弦长的标注形式,如图 1-22 所示。

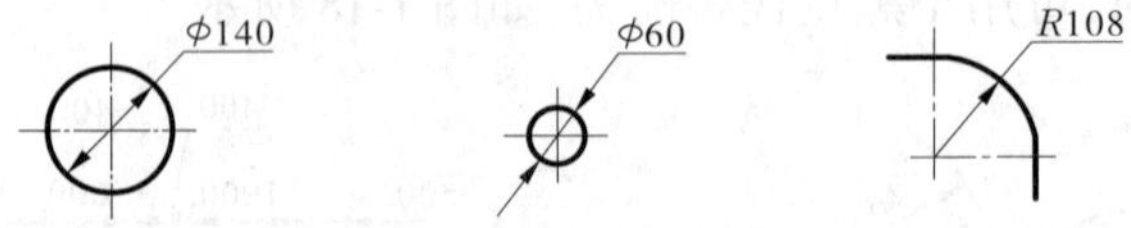

图 1-20　小圆或小圆弧的注法

(三)角度尺寸注法

尺寸界线应沿角的两边引出,尺寸线是以角顶点为圆心的圆弧线。角度数字一律水平书写(字头向上),一般填写在尺寸线的中断处,当在尺寸线的中断处标注尺寸数字有困难时,可以将尺寸数字注写在尺寸线的附近或用引出线引出标注,如图 1-23 所示。

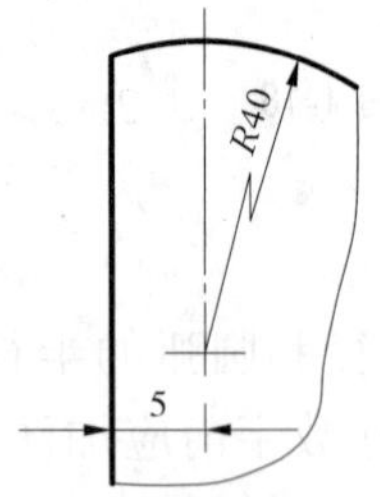

图 1-21　圆弧半径过长的注法

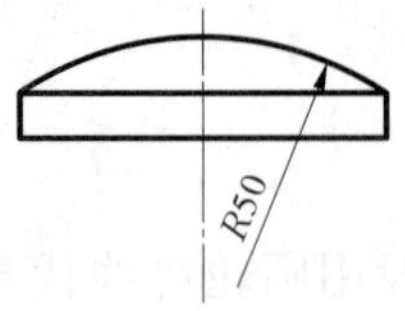

图 1-22　弧长、弦长的注法

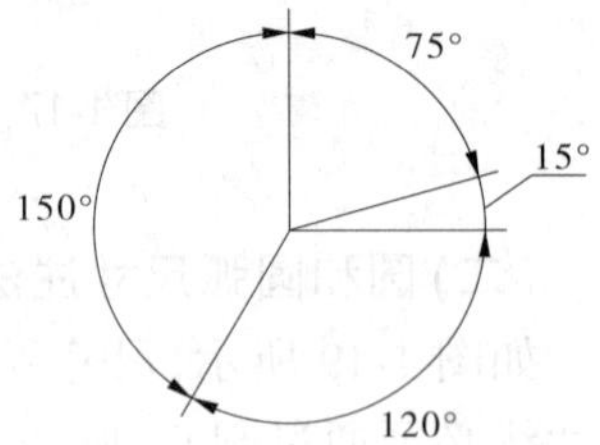

图 1-23　角度尺寸注法

(四)坡度的注法

坡度表示一条直线或一个平面对某一平面的倾斜程度。坡度是直线上任意两点间的高度差与其水平距离之比,即

坡度=两点间高度差/两点间水平距离

如图 1-24 所示的直角三角形 ABC,AC 两点的高度差 BC 为 1,水平距离 AB 为 2,则 AC 的坡度等于 1/2,坡度标注为 1:2,如图 1-24(b)所示。当坡度较缓时,坡度可用百分数表示,1%表示坡度为 1:100,箭头表示下坡方向,如图 1-24(c)所示。

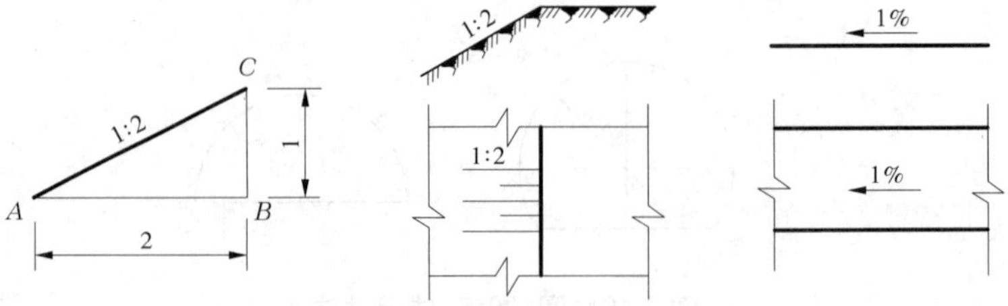

(a)　(b)　(c)

图 1-24　坡度及其注法

(五)标高的注法

标高的注法分为以下三种:

(1)平面图中的标高符号,矩形线框用细实线绘制,如图 1-25(b)所示。

(2)立面图(反映高度尺寸的视图、剖视图、剖面图)中的标高符号,为倒立的等腰直角三角形[见图 1-25(a)],用细实线绘制,可用模板直接绘制。

(3)水位标高(简称水位)的符号如图 1-25(c)所示,水面线以下绘三条细实线。

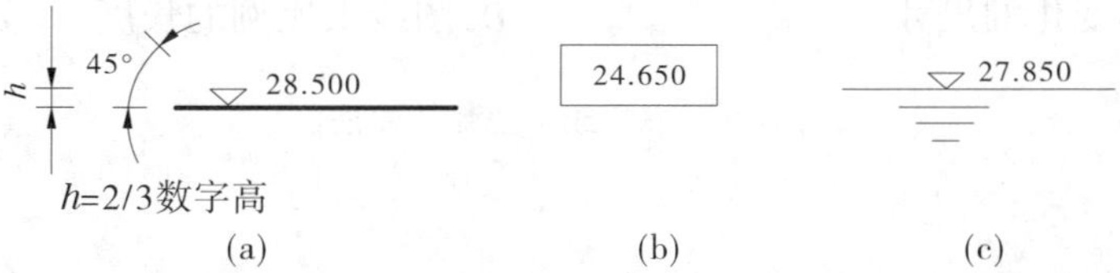

图 1-25　标高符号图

水工图高程的基准与测量基准一致,单位为米,注写到小数点以后第三位,在总布置图中,可注写到小数点后第二位。高程数字一律注写在标高符号的右边。标高符号的尖端必须与被标注高度的轮廓线或引出线接触。标高符号的标注实例,如图 1-26 所示。

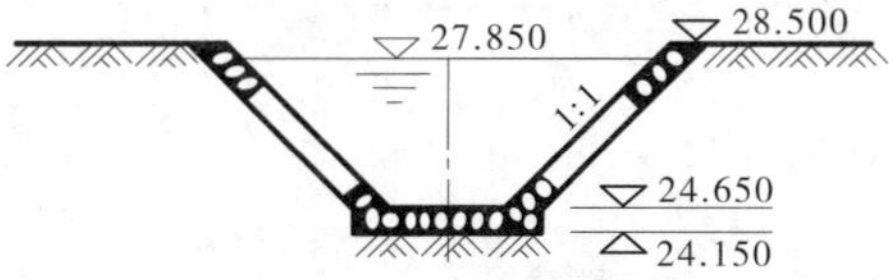

图 1-26　标高标注实例

第五节　基本制图标准实训练习题

1. 制图标准中规定 A3 图幅 $B \times L$ 的尺寸是(　　)。

A. 594×841　B. 420×594　C. 841×1189　D. 297×420

2. 制图标准中 A0 图幅是 A3 图幅的(　　)。

A. 16 倍　B. 8 倍　C. 4 倍　D. 32 倍

3. 制图标准 A2 图幅中的 e 值是(　　)毫米。

A. 10　B. 5　C. 20　D. 25

4. 制图标准中规定标题栏在图框内的位置是(　　)。

A. 左下角　B. 右上角　C. 右下角　D. 左上角

5. 如果用下列比例画同一个物体,画出图形最大的比例是(　　)。

A. 1∶100　B. 1∶50　C. 1∶10　D. 1∶200

6. 制图标准中图线有粗线、中粗线、细线之分,它们的宽度比率为(　　)。

A. 1∶2∶4　B. 2∶4∶1　C. 4∶2∶1　D. 2∶1∶4

7. 制图标准中剖面符号的线型(　　)。

A. 只有斜线为粗实线　B. 均为粗实线

C. 只有斜线为细实线　D. 均为细实线

8. 制图标准中剖面符号的斜线一般为(　　)。

A. 45°　B. 60°　C. 30°　D. 60°和 45°

9. 制图标准中图上长仿宋体字的高宽比是(　　)。

A. $1:\sqrt{2}$　B. $\sqrt{2}:1$　C. 10∶7　D. $h/\sqrt{2}$

10. 绘制图形时图上标注的尺寸数字代表的是(　　)。

A. 图上线段的长度　　B. 物体的实际大小

C. 随比例变化的尺寸　　D. 图线乘比例的长度

第二章　三视图

第一节　三视图的形成

计算机绘制水利工程图时,许多同学能够抄绘图形,但是对于投影关系往往搞不清楚,三视图的学习不仅有助于学生理解、想象物体的空间形状,更为后面绘制三维形体打下良好基础。

要获得投影,必须具备投射线、投影面、物体三个要素。画物体的正投影图,通常是用人的视线代替垂直投影面的投射线,运用线面的正投影性质在图纸上画出物体的正投影,因此正投影又称为视图。

一面视图不能反映物体的形状。苏轼有诗《题西林壁》:"横看成岭侧成峰,远近高低各不同。不识庐山真面目,只缘身在此山中。"说的也是这个道理。在工程上常用多面视图来清楚地表达物体,基本的表达方法是三视图。

一、投影面的设立

图 2-1 是按国标规定设立的三个相互垂直的投影面,称为三投影面体系。三投影面分别称为正立投影面、水平投影面、侧立投影面,分别用 V、H、W 表示。两投影面之间的交线称为投影轴,相互垂直的三根轴分别用 OX、OY、OZ 表示。三根轴的交点 O 称为原点。

为了作图方便,对物体长、宽、高三个方向的尺寸及上、下、左、右、前、后六个方位统一按下述方法确定:OX 轴方向为物体的长度方向,表示左、右方位;OY 轴方向为物体的宽度方向,表示前、后方位;OZ 轴方向为物体的高度方向,表示上、下方位。

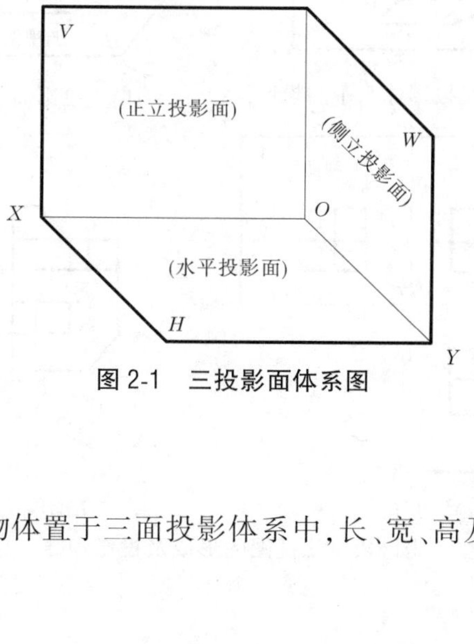

图 2-1　三投影面体系图

二、分面进行投影

如图 2-2(a)所示,把物体置于三面投影体系中,长、宽、高及上下、左右、前后方位即

确定,然后将物体向三投影面进行投射得物体的三视图:

从物体的前面向后投射,在 V 投影面上得到的视图叫作主视图。

从物体的上面向下投射,在 H 投影面上得到的视图叫作俯视图。

从物体的左面向右投射,在 W 投影面上得到的视图叫作左视图。

从前向后投射,物体上 A、B、C 三个面可见,其中 A、B 面平行于 V 投影面,C 面倾斜于 V 投影面,用粗实线画出 A、B 面的实形及 C 面的类似形即得物体的主视图(其他面的投影均与此重合);从上向下投射,物体上 D、E、F 三个面可见,其中 D、F 面平行于 H 投影面,E 面倾斜于 H 投影面,用粗实线画出 D、F 面的实形及 E 面的类似形即得物体的俯视图(其他面的投影均与此重合);从左向右投射,物体上 C、E、G 三个面可见,其中 G 面平行于 W 投影面,C、E 面倾斜于 W 投影面,同理,用粗实线画出 G 面的实形及 C、E 面的类似形即得物体的左视图。

三、投影面的展开

要把三视图画在同一张图纸上,就需要把三个投影面展在一个平面中,方法如图 2-2(b)所示:移去空间物体,V 投影面不动,将 H 投影面与 W 投影面沿 OY 轴分开,H 投影面连同俯视图绕 OX 轴向下旋转 90°,W 投影面连同左视图绕 OZ 轴向右旋转 90°,即与 V 投影面成一平面,如图 2-2(c)所示。这时,OY 轴分为两个,随 H 投影面旋转的一个标为 Y_H,随 W 投影面旋转的一个标为 Y_W。展开后三视图的位置是:俯视图在主视图正下方,左视图在主视图正右方。

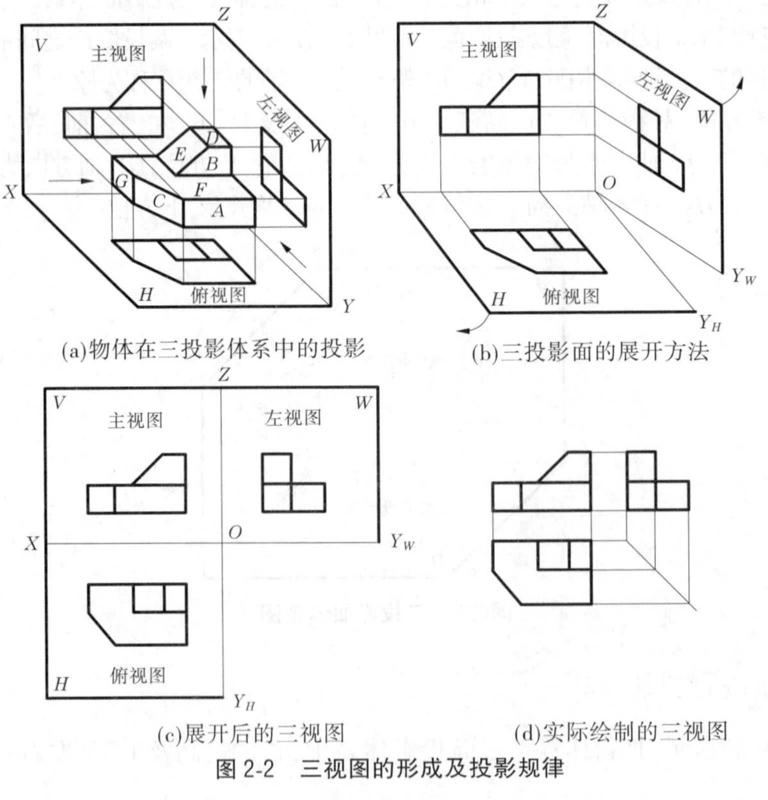

(a)物体在三投影体系中的投影　(b)三投影面的展开方法

(c)展开后的三视图　(d)实际绘制的三视图

图 2-2　三视图的形成及投影规律

画物体的三视图时，必须遵守展开后的位置关系，并且不需要标注图名、不需要画投影面的边框线，初学时一般用细实线绘制出反映物体三视图之间关系的辅助线，如图 2-2(d)所示。

第二节　三视图间的投影规律

一、三视图与空间物体间的关系

由三视图的形成可知，每个视图都表示物体两个方向的尺寸和四个方位，如图 2-3(a)所示。

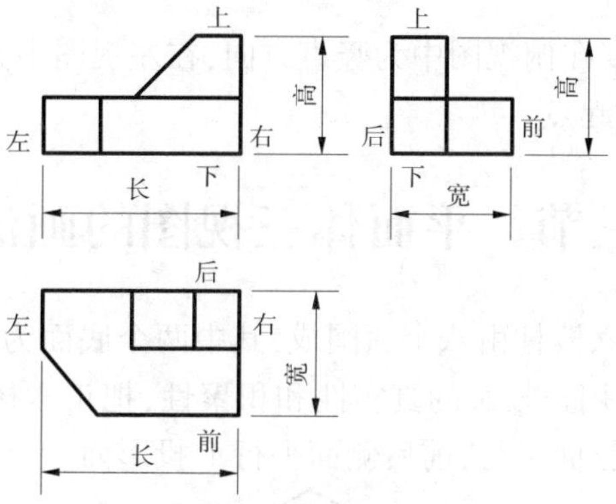

(a)三视图与空间物体的关系

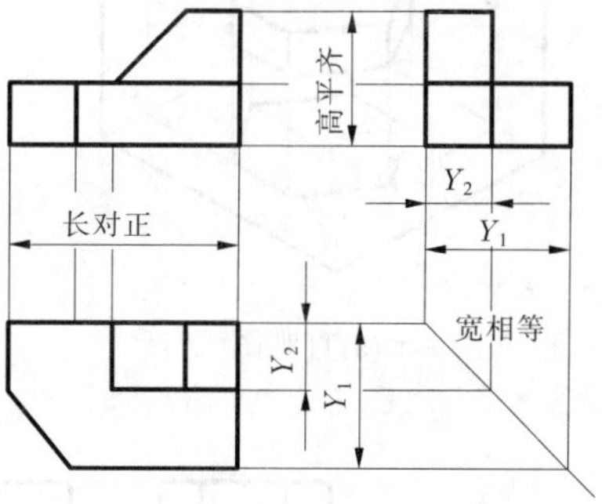

(b)三视图之间的投影规律

图 2-3　三视图的分析图

主视图反映物体长和高方向的尺寸和上下、左右方位。

俯视图反映物体长和宽方向的尺寸和左右、前后方位。

左视图反映物体高和宽方向的尺寸和上下、前后方位。

应当注意：俯视图和左视图远离主视图的一边是物体的前边，靠近主视图的一边是物体的后边。这一点一定要从三视图展开过程中彻底搞清楚。

二、三视图间的投影规律

三视图表达的是同一物体，而且是物体在同一位置分别向三投影面所作的投影。所以，三视图间必然具有以下所述的投影规律：

主视图和俯视图长对正；

主视图和左视图高平齐；

俯视图和左视图宽相等。

三视图间的投影规律，通常概括为："长对正、高平齐、宽相等"九个字。这个规律是画图和读图的根本规律，无论是整个物体还是物体的局部，三视图间都必须符合这个规律。

应当注意：物体的宽度在俯视图中为竖直方向，在左视图中为水平方向，作图时，要注意宽度尺寸量取的方向和起点。

第三节　平面体三视图的画法实训

如图 2-4(a)所示，正六棱柱由八个面围成，其中两个底面为全等且平行的正六边形，六个侧面为矩形。为了利用正投影的真实性和积聚性，把正六棱柱摆平放正于三投影面体系中，即两底面与 H 投影面平行，前后侧面平行 V 投影面。

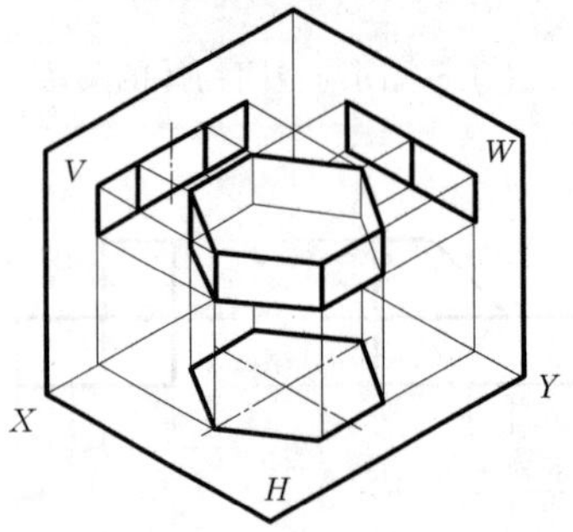

(a)直观图

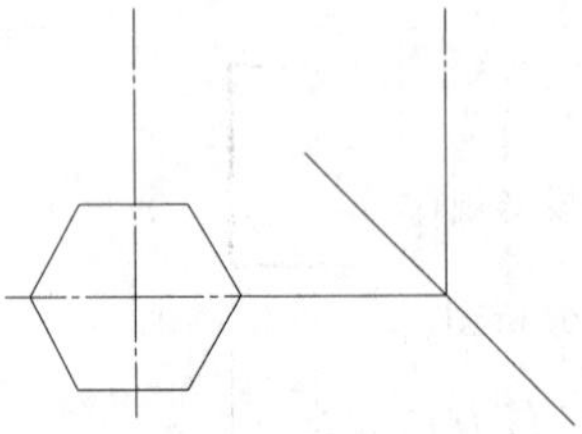

(b)画对称线后，画反映底面实形的特征图

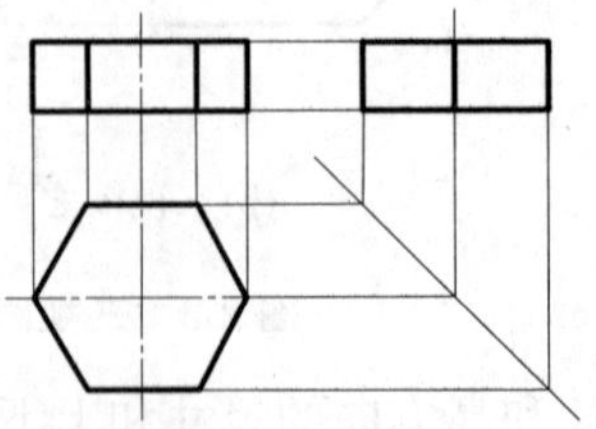

(c)根据投影规律和棱柱高画出主视图和左视图，加深

图 2-4　六棱柱三视图的画法图

该六棱柱的俯视图为六边形，它是形体上八个面的投影，其中六边形面是六棱柱平行于 *H* 投影面的上、下底面实形的投影；六边形的边是六棱柱六个侧面在 *H* 投影面上的积聚投影。主视图为三个矩形线框，它包括形体上八个面的投影，主视图中间的矩形线框为六棱柱平行于 *V* 投影面的前后两个侧面的投影，反映实形；左右矩形线框为六棱柱其余倾斜于 *V* 投影面的四个侧面的类似形投影；主视图中上、下边线是六棱柱两个底面的积聚投影。同理分析可知，左视图矩形中上、下边线是六棱柱两个底面的积聚投影，左、右边线是六棱柱前后两个侧面的积聚投影，两矩形线框为六棱柱其余四个侧面的类似形投影。

画棱柱的三视图时，一般是先画反映棱柱底面实形的特征图，然后再根据投影规律和棱柱高画出其他视图。六棱柱三视图的画法步骤如图 2-4(b)、(c)所示。

第四节　曲面体三视图的画法实训

一、圆柱

正圆柱由三个面围成，其中包括两个全等且平行的底面和一个圆柱面，轴线与底面垂直且通过底面圆心。如图 2-5(a)所示，圆柱的轴线垂直于 *H* 投影面，位于圆柱体最外廓的素线称为圆柱的轮廓素线，其中最左、最右轮廓素线只在主视图中画出，最前、最后轮廓素线只在左视图中画出。

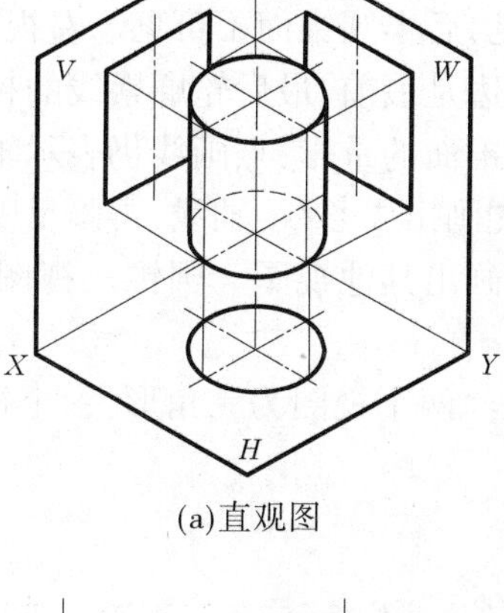

(a)直观图

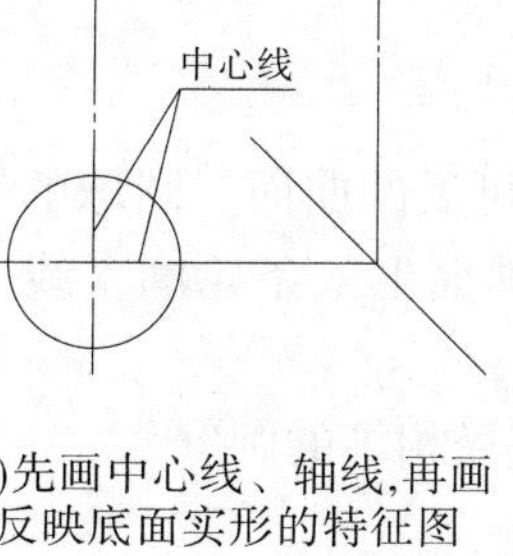

(b)先画中心线、轴线，再画反映底面实形的特征图

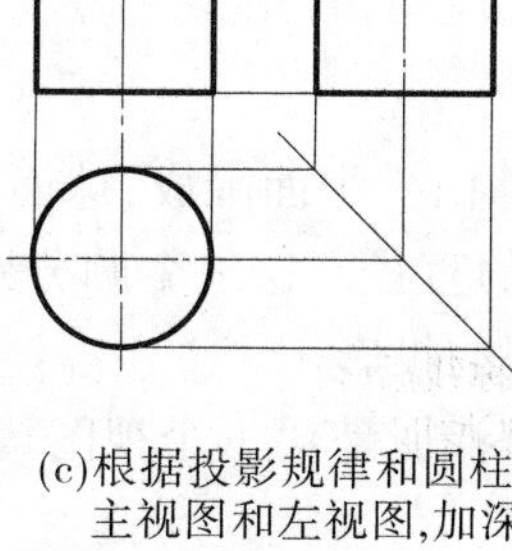

(c)根据投影规律和圆柱高画出主视图和左视图，加深全图

图 2-5　圆柱三视图的画法图

该圆柱的俯视图为圆,其圆曲线是圆柱面在 H 投影面上的积聚投影,圆面是圆柱上、下两个底面的重影,且反映实形。主视图为矩形,矩形的上、下边线是圆柱上、下底面的积聚投影,矩形的左、右边线是最左、最右轮廓素线的投影,点画线表示轴线的位置,矩形面表示前、后两半圆柱面的重影,以最左、最右轮廓素线为界,前半圆柱面可见,后半圆柱面不可见。左视图是与主视图全等的矩形线框,但含义不同,其左、右边线是最前、最后轮廓素线的投影,上、下边线是圆柱上、下底面的积聚投影,矩形面表示左、右两半圆柱面的重影,以最前、最后轮廓素线为界,左半圆柱面可见,右半圆柱面不可见,点画线仍表示轴线的位置。

画圆柱的三视图时,应先画出中心线、轴线,再画反映底面实形的特征图——圆,然后根据投影规律和圆柱的高度画出其他视图。圆柱三视图的画法步骤如图 2-5(b)、(c)所示。

圆柱三视图的图形特征是:"两个视图为矩形,一个视图为圆"。

二、圆锥

如图 2-6(a)所示,正圆锥由两个面围成,其中包括一个底面和一个圆锥面,轴线与底面垂直并通过底面圆心,该圆锥的轴线垂直于 H 投影面。

该圆锥的俯视图为圆,圆面是底面与圆锥面的重影,锥面在上为可见,底面在下不可见,锥尖投影与圆心重合,四条轮廓素线投影位置分别在四段中心线处,但不画出。从前看,主视图为三角形线框,三角形下边线是圆底面的积聚投影,三角形两斜边是最左、最右轮廓素线的投影,点画线表示轴线,三角形面表示前、后两半圆锥面的重影,以最左、最右轮廓素线为界,前半圆锥面可见,后半圆锥面不可见。左视图是与主视图全等的三角形线框,但含义不同,其三角形两斜边是最前、最后轮廓素线的投影,下边线是圆底面的积聚投影,三角形面表示左、右两半圆锥面的重影,点画线仍表示轴线。

画圆锥的三视图时,也应先画出中心线、轴线,再画反映底面实形的特征图——圆,然后根据投影规律和圆锥的高度画出其他视图。圆锥三视图的画法步骤如图 2-6(b)、(c)所示。

圆锥三视图的图形特征是:"两个视图为三角形,一个视图为圆"。

三、圆台

圆台的三视图如图 2-7 所示。

圆台三视图的图形特征是:"两个视图为梯形,一个视图为圆"。

四、圆球

如图 2-8 所示,圆球由一个面围成,球面是不可展的曲面。圆球的三视图是三个大小相同的圆,直径等于球的直径。这三个圆分别是球面上三条轮廓素线,即最大正平圆、最大水平圆和最大侧平圆的投影。

圆球三视图的图形特征是:"三个视图均为直径相等的圆"。

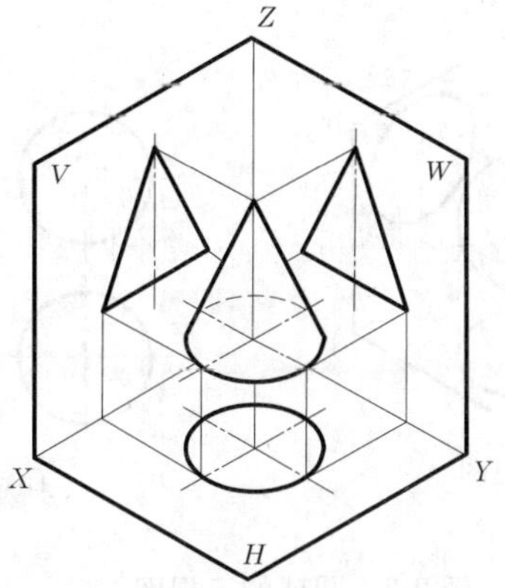

(a)直视图

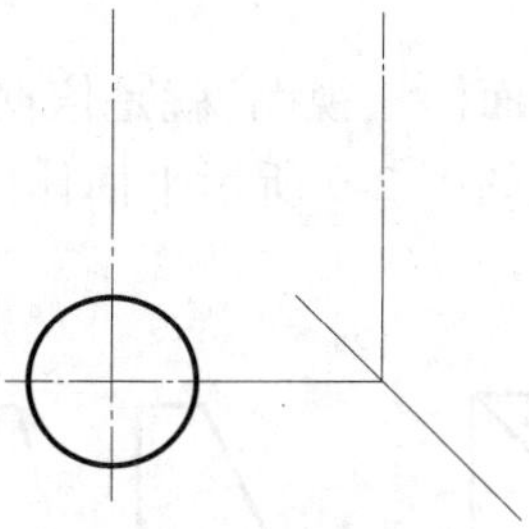

(b)先画中心线、轴线,再画反映底面实形的特征图

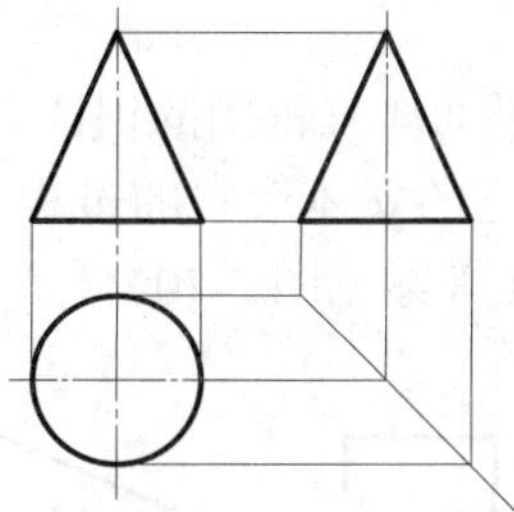

(c)根据投影规律和圆锥高画出主视图和左视图,加深全图

图 2-6 圆锥三视图的画法图

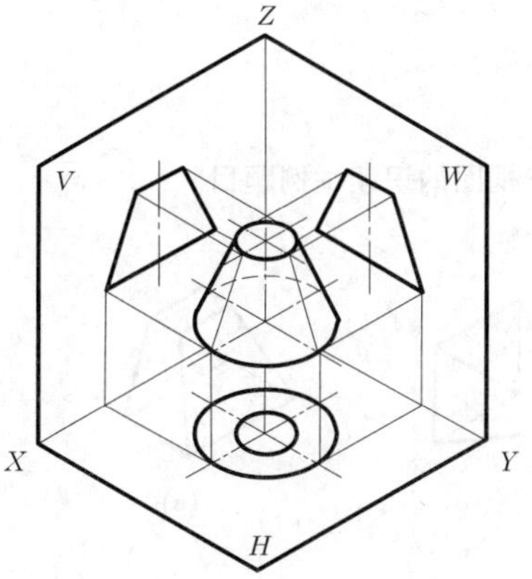

(a)直观图

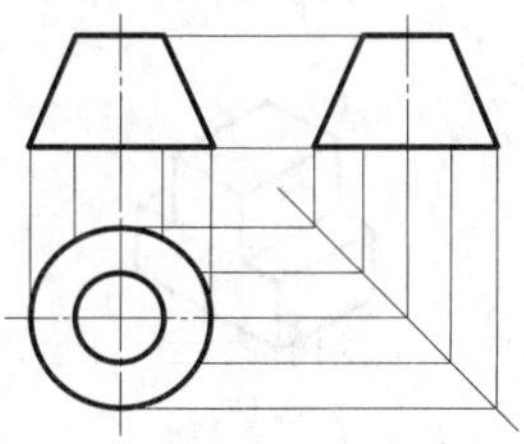

(b)三视图

图 2-7 圆台的三视图

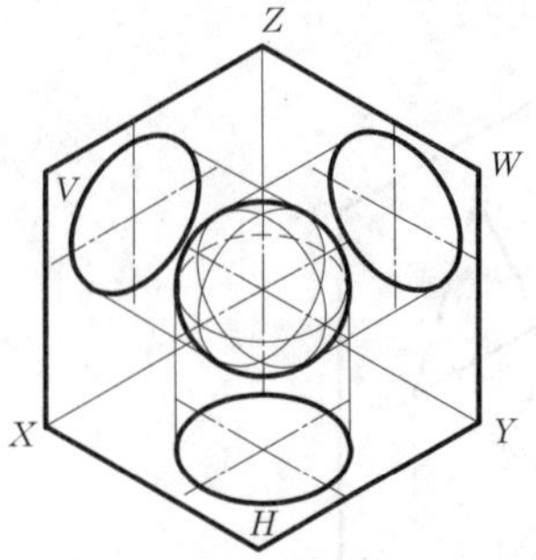

(a)直视图

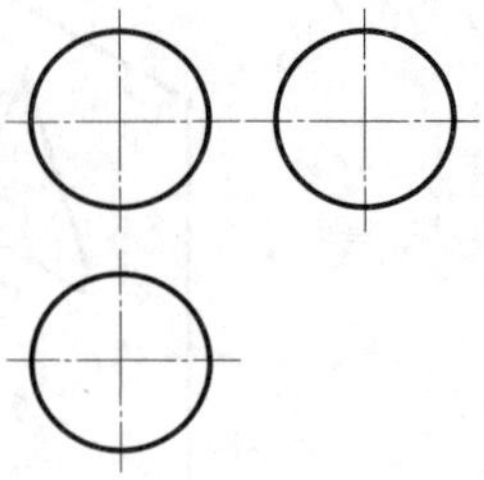

(b)三视图

图 2-8　圆球的三视图

第五节　三视图实训练习题(作图或刻模型)

【实训 2-1】　平面体三视图的识读训练:识读平面体三视图,就是依据平面体三视图的图形特征想象出它的立体形状的过程。逐一分析如图 2-9 所示平面体的三视图,想象出它们的立体形状(答案见图 2-10)。

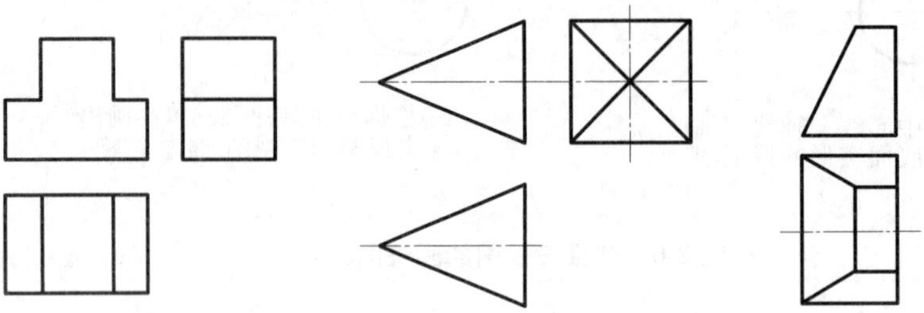

(a)　(b)　(c)

图 2-9　平面体三视图的识读举例题目

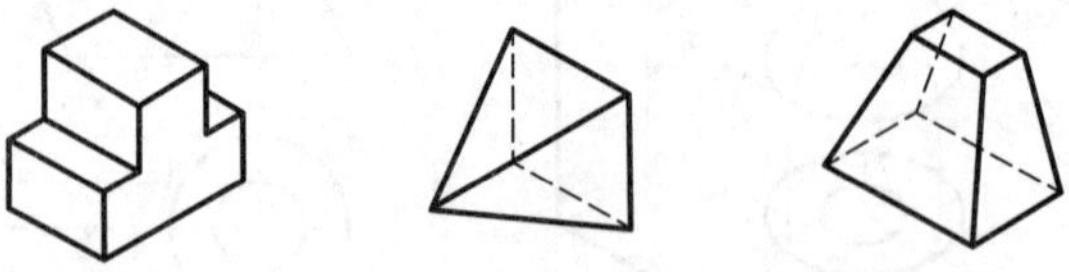

(a)　(b)　(c)

图 2-10　平面体三视图识读示例对应的立体形状答案

【实训 2-2】　曲面体三视图的识读:曲面体三视图的读图依据是曲面体三视图的图形特征。无论是完整还是部分曲面体的三视图都具有上一节的图形特征。

识读如图 2-11 所示曲面体的三视图。

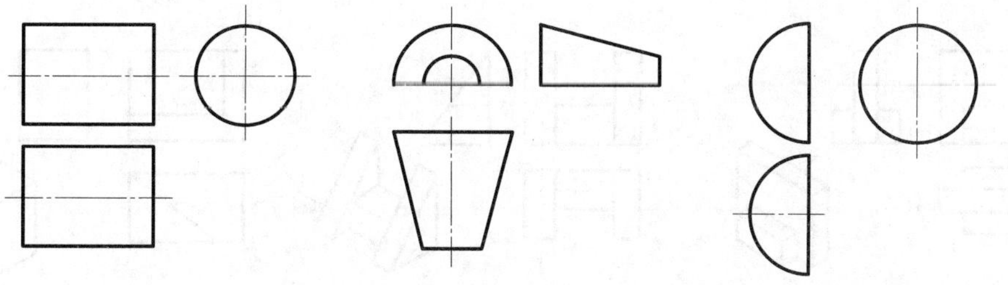

(a)　(b)　(c)

图 2-11　曲面体三视图的识读举例题目

图 2-11(a)的答案:主视图和俯视图都为矩形,是柱体,特征图左视图是圆,可知该形体是轴线垂直于 *W* 投影面的圆柱。

图 2-11(b)的答案:俯视图和左视图都是梯形,特征图主视图为上半圆,可知该形体是轴线垂直于 *V* 投影面的上半圆台。

图 2-11(c)的答案:三视图是直径相等的三个圆形线框,但主视图、俯视图为半圆,是左半部,可知该形体是左半圆球。

【实训 2-3】　识读如图 2-12 所示的三视图,刻出该物体的模型。答案见图 2-13~图 2-15。

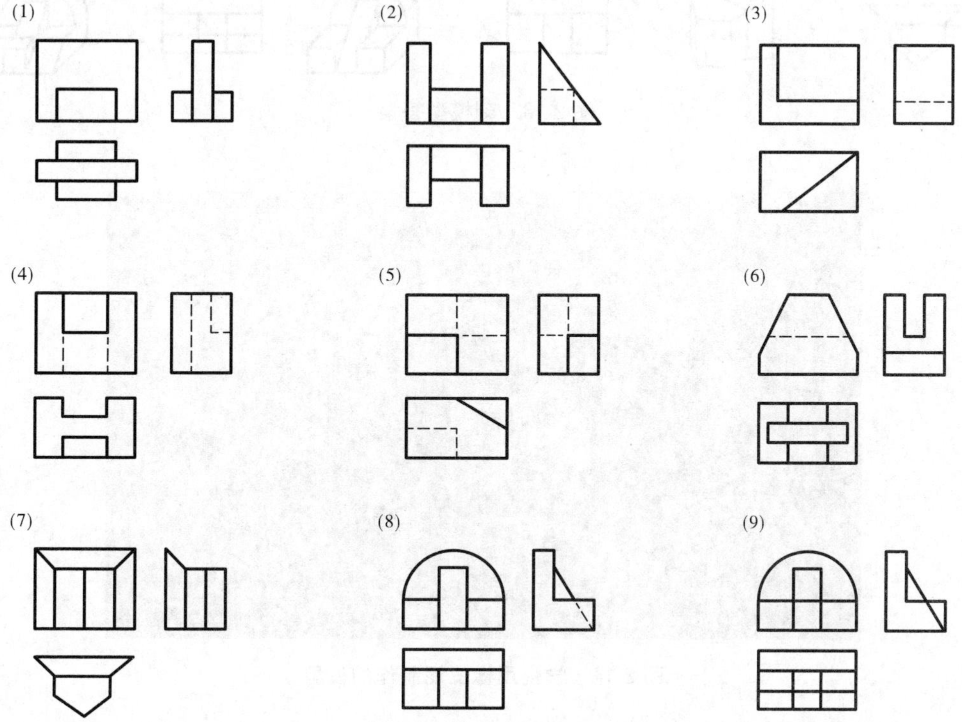

图 2-12　刻模型题目

图 2-13　刻模型答案

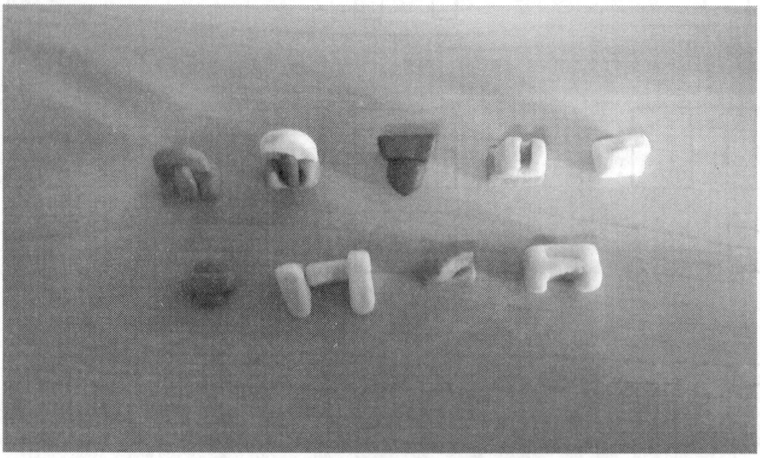

图 2-14　学生用橡皮泥制作的模型

图 2-15　学生用萝卜雕刻的模型

第三章 轴测图

第一节 轴测图的形成与分类

轴测图是一种能同时反映物体长、宽、高三个方向的单面投影图。轴测图具有立体感,更直观,它可以弥补三视图的不足,是一种帮助读图、构思的辅助图样。

一、轴测图的形成

如图 3-1 所示,将物体连同参考直角坐标系,沿不平行于任一坐标平面的方向,用平行投影法将其投射在单一投影面上所得的具有立体感的图形称为轴测图。投影面 P 称为轴测投影面,参考直角坐标系(O_1X_1、O_1Y_1、O_1Z_1)在轴测投影面上的投影(OX、OY、OZ)称为轴测轴。

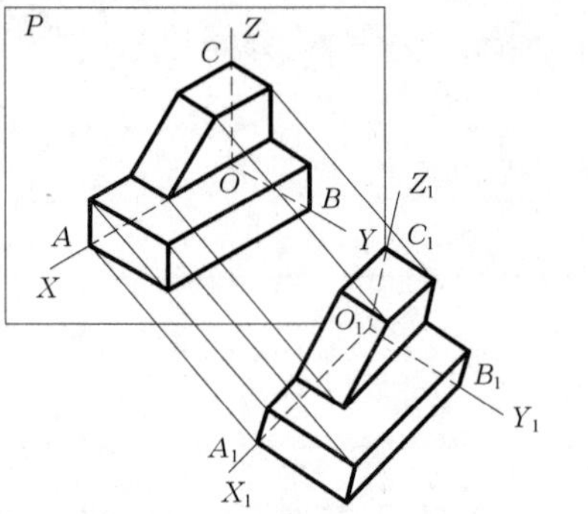

(a)正等测

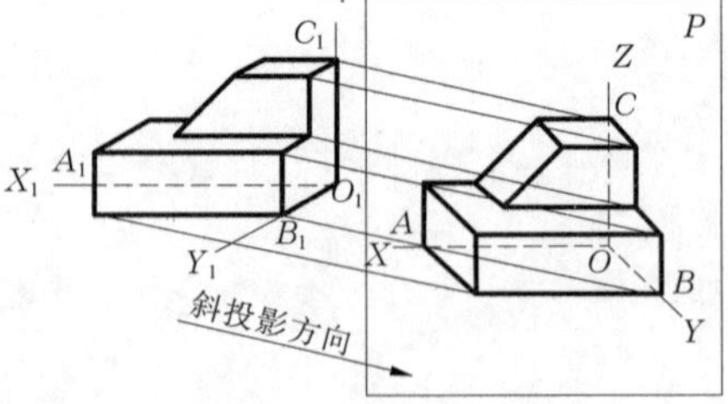

(b)斜二测

图 3-1 轴测图的形成

在轴测图中,相邻两轴测轴间的夹角称为轴间角。轴测轴上的投影长度与原长之比称为轴向伸缩系数,OX、OY、OZ 轴的伸缩系数分别用 p、q、r 表示。

$$p=\frac{OA}{O_1A_1} \qquad q=\frac{OB}{O_1B_1} \qquad r=\frac{OC}{O_1C_1}$$

二、轴测图的分类

根据所采用的投影方法,轴测图可分为如下两大类:

(1)正轴测图。用正投影法所得到的轴测图称为正轴测图,如图 3-1(a)所示。

由于物体相对于轴测投影面的相对位置及投射方向不同,轴向伸缩系数也不同,制图标准又将正轴测图具体分为以下三种:

①$p=q=r$,称为正等轴测图,可简称正等测。

②$p=q\neq r$ 或 $p\neq q=r$ 或 $p=r\neq q$,称为正二等轴测图,可简称正二测。

③$p\neq q\neq r$,称为正三轴测图,可简称正三测。

(2)斜轴测图。用斜投影法所得到的轴测图称为斜轴测图,如图 3-1(b)所示。

制图标准同理也将斜轴测图具体分为斜等轴测图、斜二等轴测图和斜三轴测图三种,可简称为斜等测、斜二测和斜三测。

本章介绍常用的正等测和斜二测的画法。

三、轴测图的基本性质

(1)平行性。物体上互相平行的线段,在轴测图中仍然互相平行。物体上平行于坐标轴的线段,在轴测图中平行于相应的轴测轴。

(2)可量性。物体上互相平行的线段,在轴测图中伸缩系数相等。物体上平行于坐标轴的线段,在轴测图中与相应轴的伸缩系数相同。由于轴测图中只有轴测轴的伸缩系数是已知的,因此只有与轴测轴平行的线段,才能按相应轴测轴的轴向伸缩系数量取尺寸。这就是可量性,也是“轴测”两字的含义。

第二节 平面体正等测的画法实训

如图 3-2(a)所示,正等测的轴间角 $\angle XOY=\angle YOZ=\angle ZOX=120°$。$OZ$ 轴成垂直位置,OX 轴和 OY 轴可用 30°三角板配合丁字尺绘出。轴间角的大小说明轴测图中长、宽、高方向的画法。

正等测的轴向伸缩系数 $p=q=r=0.82$,为了画图简便,常采用简化轴向伸缩系数 $p=q=r=1$ 作图,因而正等测图比实际物体的轴测图放大了$\frac{1}{0.82}$倍,即 1.22 倍,如图 3-2(b)、(c)所示。轴向伸缩系数说明了量取长、宽、高尺寸时所采用的比例。

画轴测图常用的方法有特征面法、叠加法、切割法。画轴测图时,轴测图上不必画出轴测轴,可画出参照轴测轴,然后以测量尺寸方便为原则选定起画点,依据平行性、可量性画出。

一、特征面法

特征面法用于画基本体轴测图。特征面法画轴测图的思路是:对柱类形体,先画出反映柱

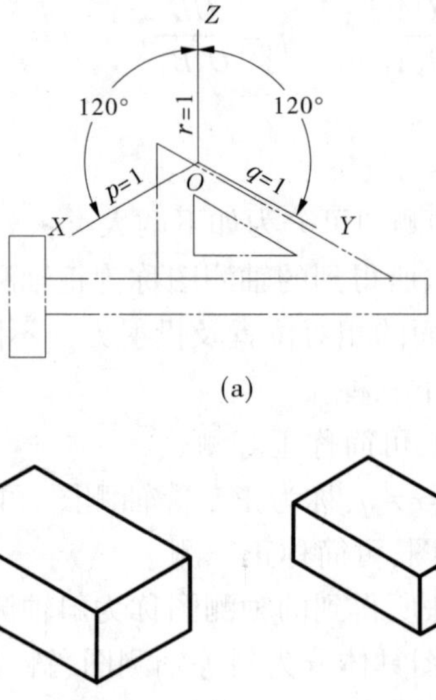

(b)$p=q=r=1$　　(c)$p=q=r=0.82$

图 3-2　正等测的轴间角和轴向伸缩系数图

体形状特征的可见底面，再画出可见的侧棱，然后画出另一底面的可见轮廓线，如图 3-3 所示；对台（或锥）类形体，先画出两底面（或底面和锥尖），再画出可见的侧棱，如图 3-4 所示。

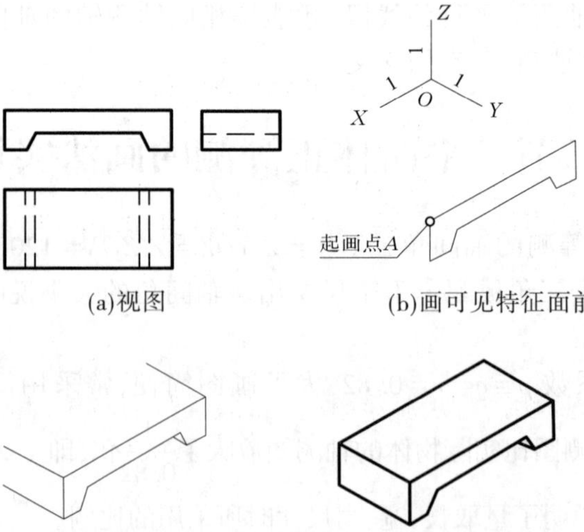

(a)视图　　(b)画可见特征面前底面

(c)画可见侧棱　　(d)画后底面，加深

图 3-3　用特征面法画柱类形体正等测

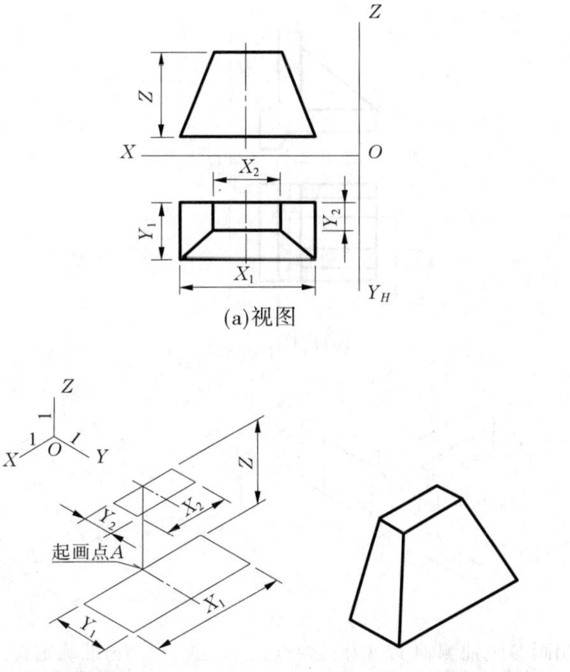

(a)视图

(b)画参照轴测轴,先画对称线,再分别画上、下底面　　(c)连侧棱,虚线不画,检查加深

图 3-4　用特征面法画台类形体正等测

二、叠加法

叠加法用于画叠加体轴测图。叠加法画轴测图的思路是:从主到次逐个画出各基本体的轴测图,擦去被遮挡的图线。叠加时一定要注意基本体之间的定位。

图 3-5 是用叠加法画挡土墙正等测的作图步骤。挡土墙可看成由一个直十棱柱和两个三棱柱组合而成。应先画主体直十棱柱,再按三棱柱的位置逐一将两个三棱柱画出,完成作图。

三、切割法

切割法用于画切割体轴测图。切割法画轴测图的思路是:先画出原体,然后通过“移线”的方法依次画出切割处。切割时一定要注意切割位置的确定。

图 3-6 是用切割法画轻型桥台上部正等测的作图步骤。该物体的原体可看成是直六棱柱,在前面居中上下切出一个倒置的半四棱台孔。应先画出原体直六棱柱,再按孔的位置通过移线画出孔,完成作图。

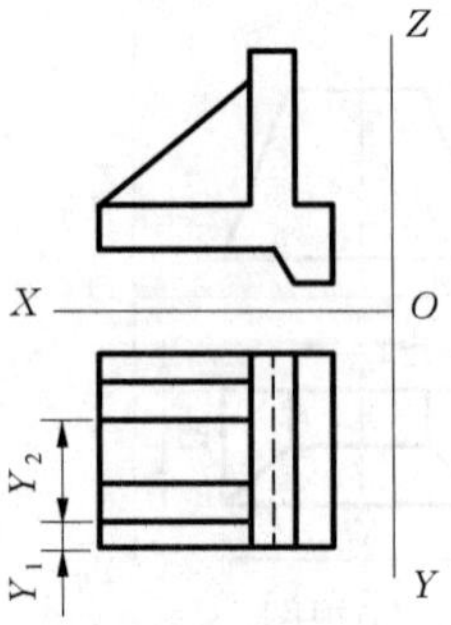

(a)视图

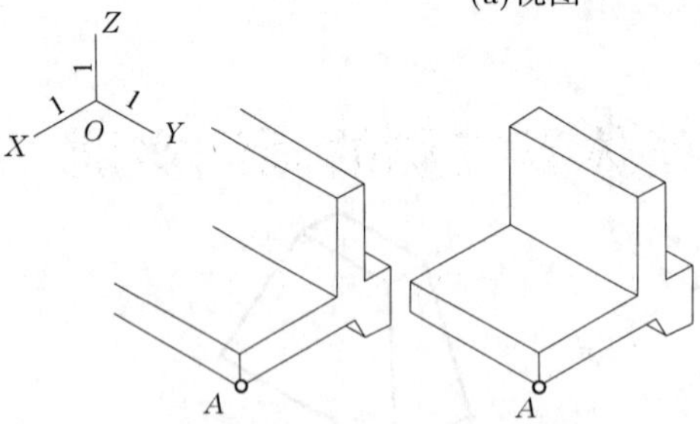

(b)画参照轴测轴:以A为起画点，用特征面法画直十棱柱

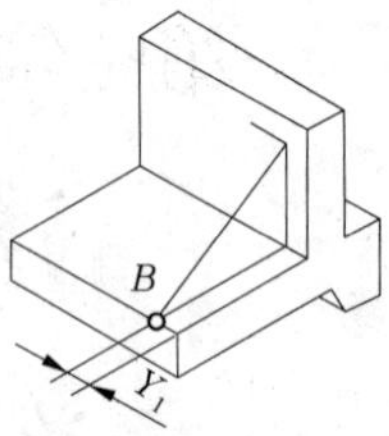

(c)准确定位,以B为起画点，用特征面法画前边三棱柱

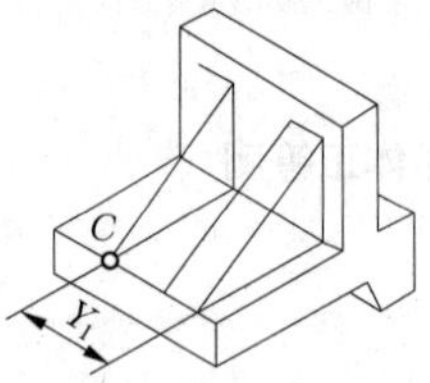

(d)准确定位,以C为起画点，用特征面法画后边三棱柱

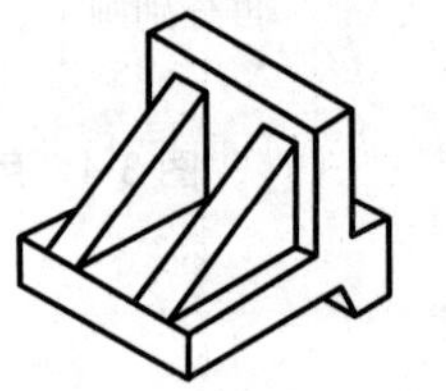

(e)擦去被遮挡的图线：检查,加深,完成作图

图 3-5　用叠加法画物体正等测

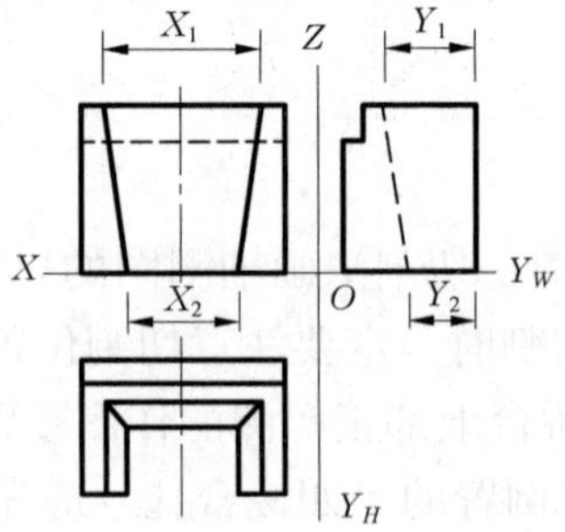

(a)视图

图 3-6　用切割法画物体正等测

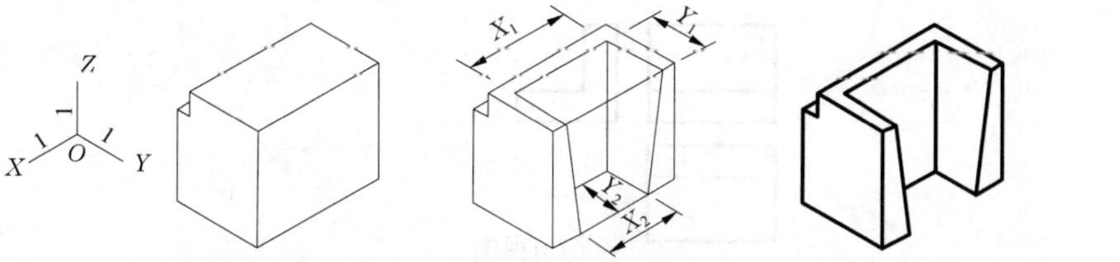

(b)画参照轴测轴：画出原体直六棱柱　(c)按尺寸画出倒置的半四棱台孔　(d)擦去多余线条,检查,加深,完成作图

续图 3-6

第三节　平面体斜二测的画法实训

斜二测的画法与正等测基本相同,区别仅在于两者轴间角与轴向伸缩系数不同。

如图 3-7 所示,斜二测的轴间角 $\angle XOZ=90°$,$\angle ZOY=\angle XOY=135°$。$OZ$ 轴成垂直位置,OX 轴水平,OY 轴可用 45°三角板配合丁字尺画出。斜二测的轴向伸缩系数 $p=r=1,q=0.5$。

因为斜二测的 XOZ 坐标面平行于轴测投影面,所以斜二测的特点是:物体上正平面的斜二测反映实形。

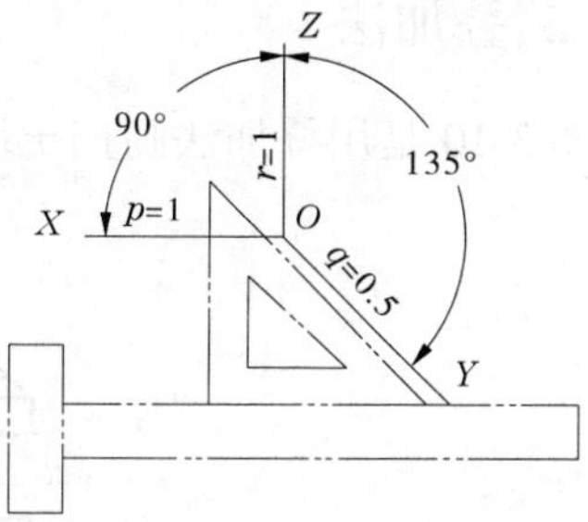

图 3-7　斜二测的轴间角和轴向伸缩系数

一、特征面法

图 3-8、图 3-9 是用特征面法画柱类基本体斜二测的作图步骤。

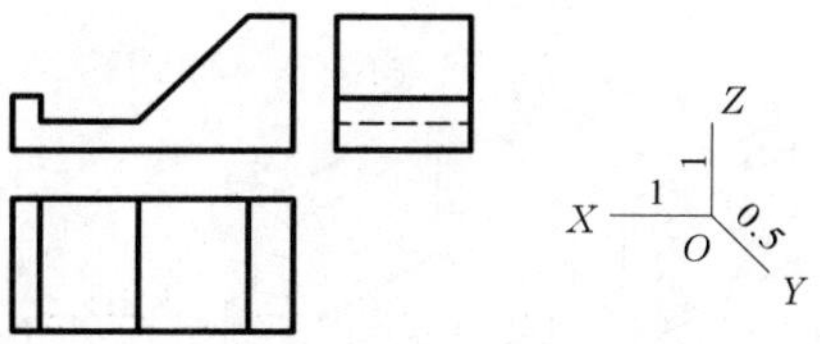

(a)视图

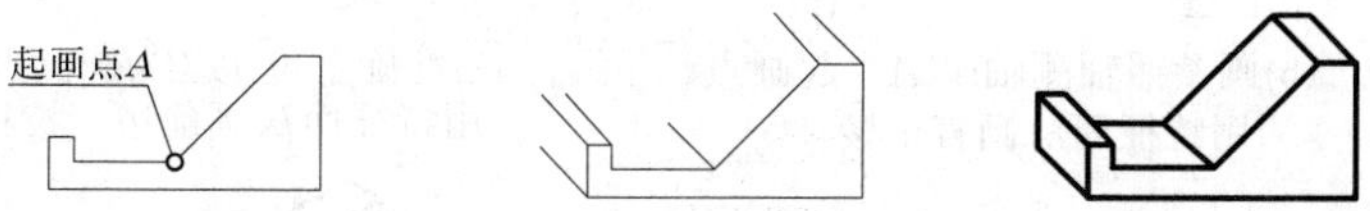

(b)画可见特征面前底面　(c)画可见侧棱　(d)画后底面,加深

图 3-8　特征面为正平面的多棱柱的斜二测画法

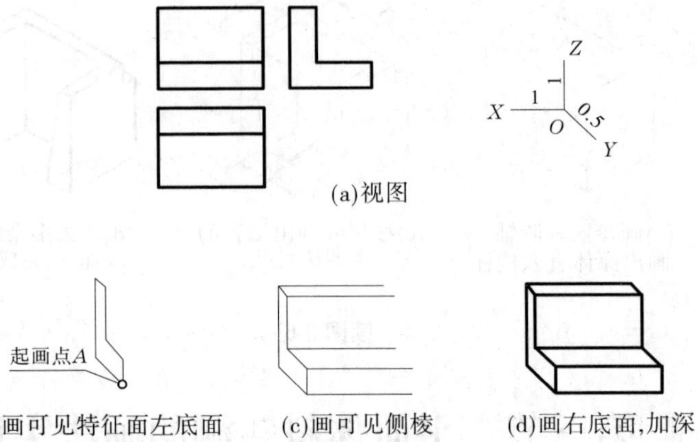

图 3-9　用特征面法画柱类基本体斜二测

二、叠加法

图 3-10 是用叠加法画挡土墙斜二测的作图步骤。

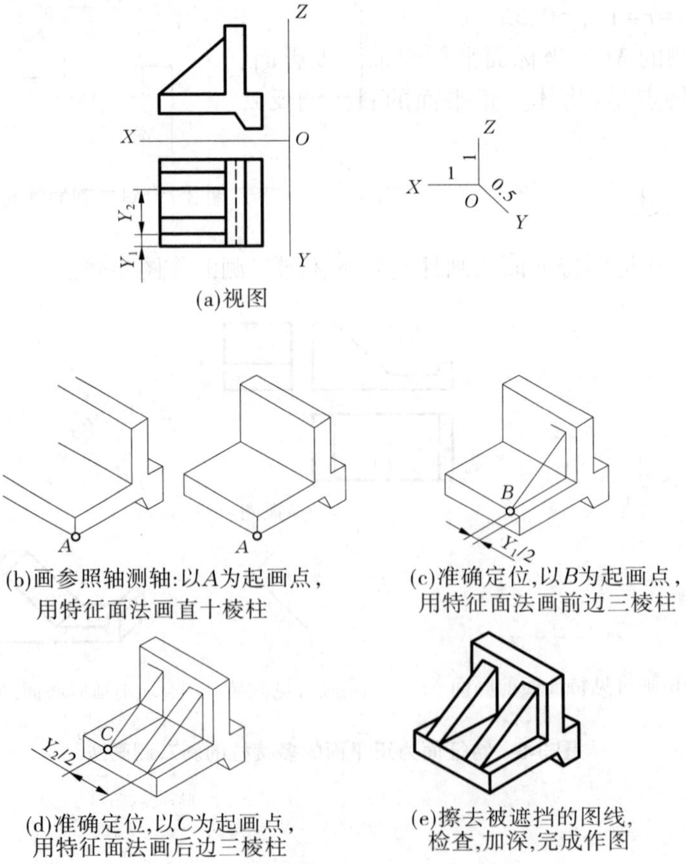

图 3-10　用叠加法画物体斜二测

第四节　曲面体正等测的画法实训

曲面体轴测图的画法思路与平面体相同,掌握物体上圆的画法是绘制曲面体轴测图的关键,掌握基本曲面体轴测图的画法是绘制曲面体轴测图的基础。常用的基本曲面体是底面平行于坐标面的圆柱、圆台(锥)。

一、基本体正等测的画法

绘制底面平行于坐标面的圆柱、圆台(锥)的正等测的方法是:先画出两底面圆,再作出两底面的公切线表示柱面或锥面。

由于正等测各坐标面都倾斜于轴测投影面,因此平行于各坐标面圆的正等测都是椭圆。画正等测中平行于坐标面的底面圆,一般采用菱形法。菱形法是用四段圆弧近似画出椭圆,它只适用于正等测。

图 3-11 是水平圆柱(底面为水平面)正等测的画图步骤。

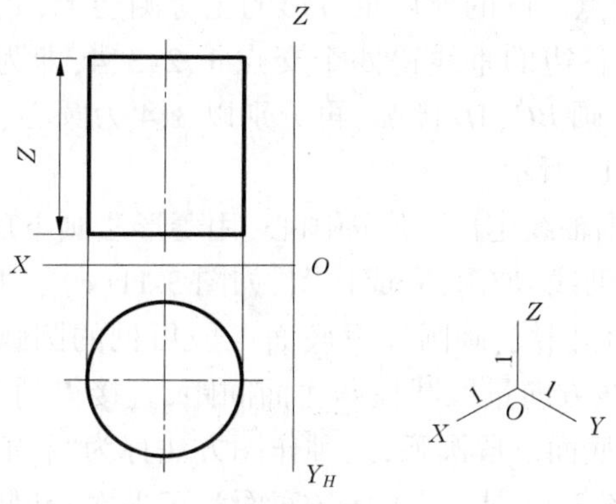

(a)水平圆柱视图

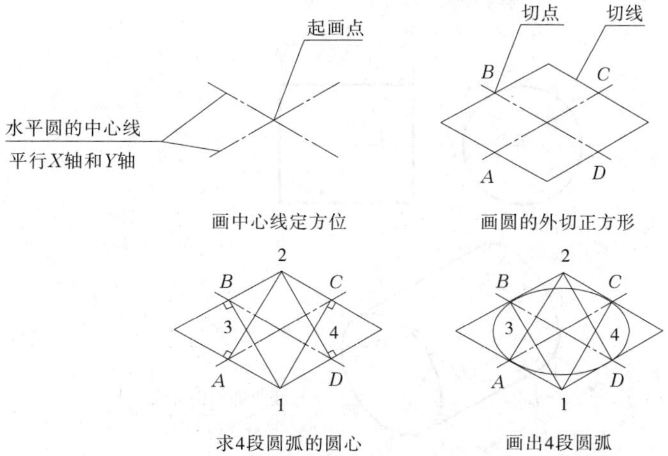

(b)用菱形法画可见底面——上底面

图 3-11　水平圆柱正等测的画图步骤

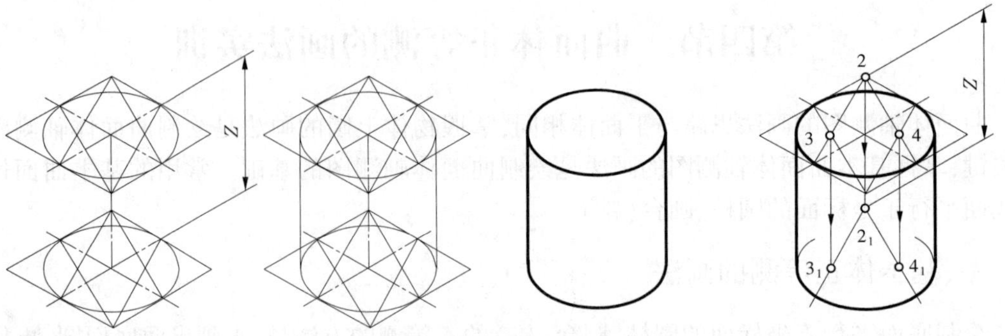

(c)根据圆柱高度画轴线定位，用菱形法画出下底面　(d)画公切线　(e)擦去不可见轮廓线及辅助线，加深，完成　(f)移心法——画圆柱不可见底面常用的方法

续图 3-11

(1)画圆柱的可见底面。以圆底面中心为起画点，根据图 3-11(a)所示圆柱底面的方位，平行相应的轴测轴画圆的中心线；然后根据圆的半径定出一对共轭直径的端点 A、B、C、D，过这四个点画圆的外切正方形的正等测菱形，A、B、C、D 为椭圆与菱形各边的切点；过切点作菱形各边的垂线得四个交点 1、2、3、4，即为四段圆弧的圆心；分别以 1、2 为圆心，$1B$ 为半径，画 BC、AD 圆弧，再分别以 3、4 为圆心、$3A$ 为半径画 AB、CD 圆弧，完成上底面，如图 3-11(b)所示。

(2)依次画轴线定出下底面圆心，用菱形法画下底面，作上、下底面公切线，擦去不可见轮廓线及辅助线，加深，完成作图，如图 3-11(c)、(d)、(e)所示。

为了减少作图线，画圆柱下底面三段可见的圆弧时，可以从上底面的各圆弧的圆心(2、3、4)沿轴线方向量取圆柱两底面间距，直接得到下底面三段圆弧的圆心，然后用相应的半径画出下底面三段圆弧，这种作图方法称为“移心法”，如图 3-11(f)所示。

图 3-12、图 3-13 是正平圆柱(底面为正平面)和侧平圆柱(底面为侧平面)的正等测，画法与上相同，可见底面用菱形法绘制，不可见底面用移心法画出。

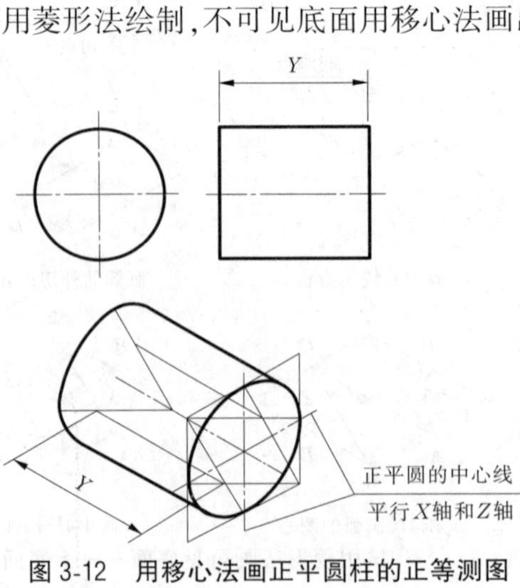

图 3-12　用移心法画正平圆柱的正等测图

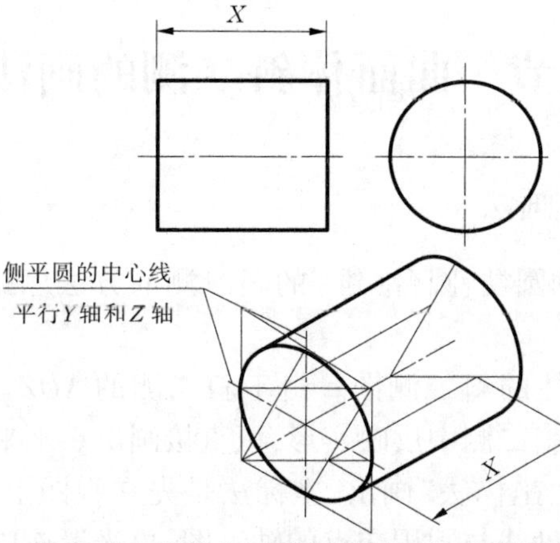

图 3-13　用移心法画侧平圆柱的正等测图

同上述方法可绘制圆台(或圆锥)的正等测,只是两底面大小不同(或一个是锥尖),不能应用移心法。

二、切割法画闸墩的正等测

闸墩是一个切割体,原体是上、下底面为水平面的组合柱,右端切角,左端前后各切出一个长方体形门槽。用切割法画闸墩正等测,起画点宜选在组合柱上底面圆的圆心处。作图步骤如图 3-14(b)、(c)、(d)所示。

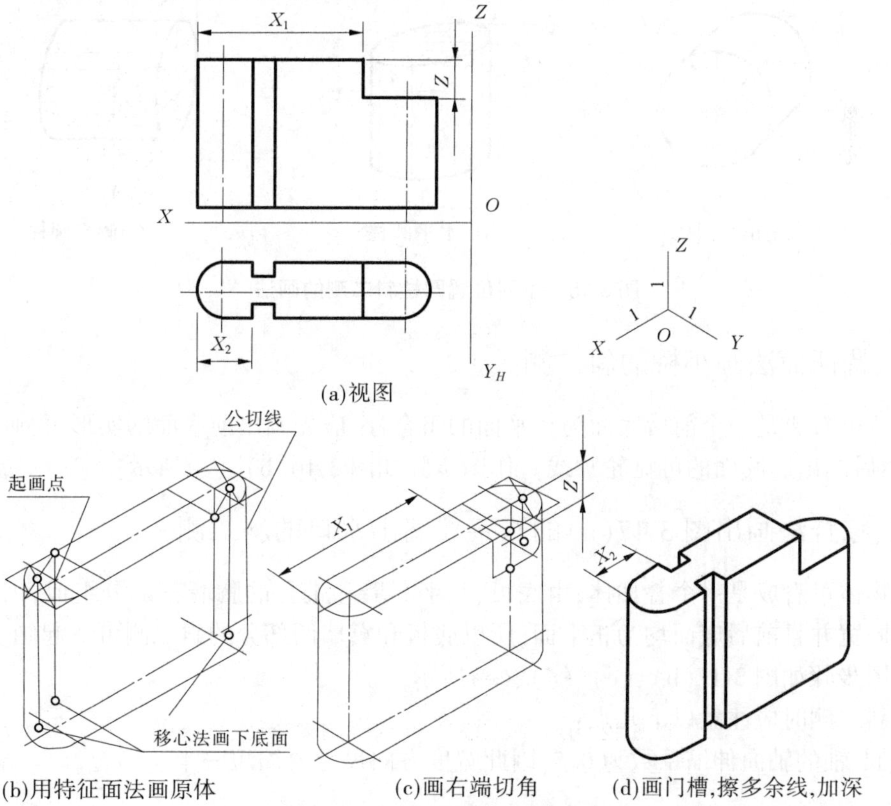

图 3-14　闸墩正等测的画图步骤

第五节　曲面体斜二测的画法实训

一、基本体斜二测的画法

绘制底面平行坐标面的圆柱、圆台(锥)的斜二测的方法思路与正等测相同,但绘制圆的方法不同。

图 3-15 是三种位置圆柱的斜二测图。由于斜二测的 *XOZ* 坐标面平行于轴测投影面,因此正平圆柱的底面在斜二测中反映实形,可直接画出。水平圆柱及侧平圆柱的底面在斜二测中为椭圆,需运用"坐标法"画出,坐标法是先在视图上画出一组平行于坐标轴的辅助线,然后作出这些辅助线与圆周交点的轴测图,再光滑连成椭圆。

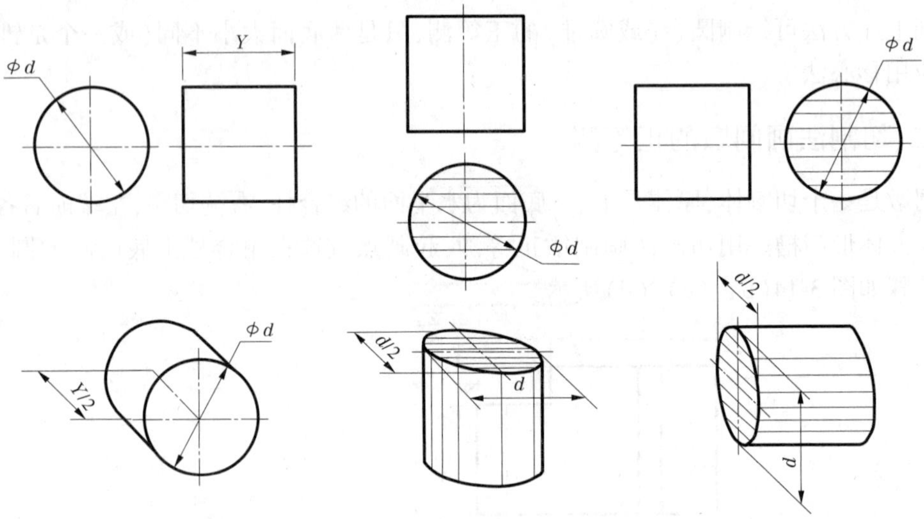

(a)正平圆柱　(b)水平圆柱　(c)侧平圆柱

图 3-15　不同位置圆柱斜二测的画法

二、特征面法画小桥的斜二测

小桥可看成是一个前后底面为正平面的组合柱,应先画出前底面的实形,再画出可见侧棱,然后画出后底面的可见轮廓线。作图步骤如图 3-16(b)、(c)所示。

三、综合法画出图 3-17(a)的八字翼墙出水口的斜二测

该物体可看成是一个叠加体,由底板、八字翼墙和带孔的胸墙三部分组成,因为底板和翼墙同宽并且前后底面均为正平面,所以底板和翼墙两部分的斜二测可一起画。

作图步骤如图 3-17(b)、(c)、(d)、(e)所示。

画斜二测时应注意以下几点:

(1)*Y* 轴的轴向伸缩系数为 0.5,因此宽度方向尺寸要缩短一半。

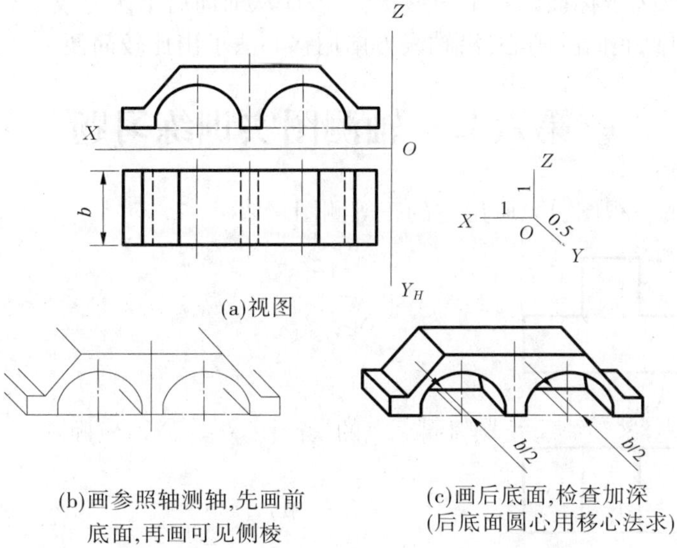

(a)视图

(b)画参照轴测轴,先画前底面,再画可见侧棱

(c)画后底面,检查加深(后底面圆心用移心法求)

图 3-16 特征面法画小桥斜二测的画法步骤

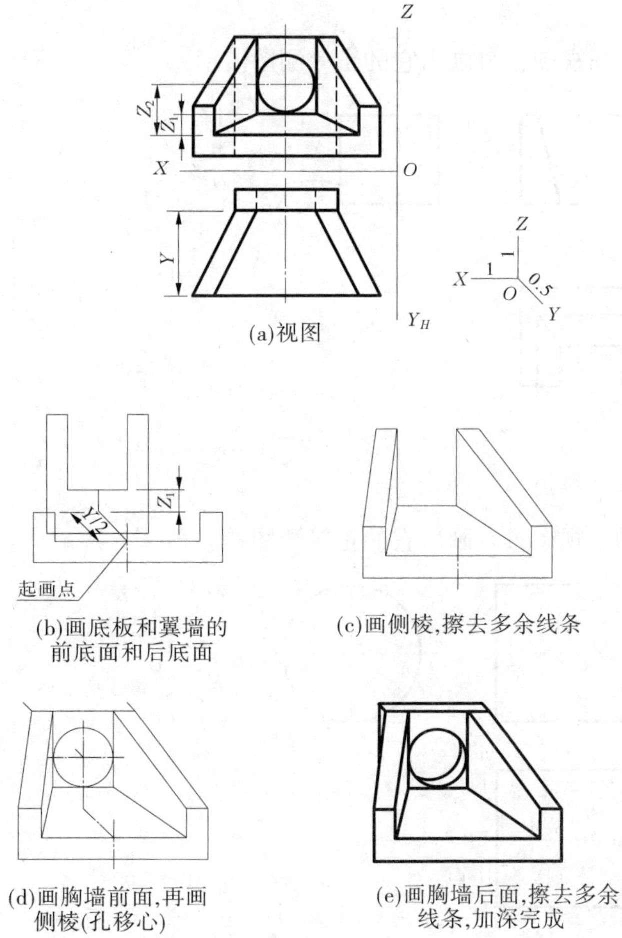

(a)视图

(b)画底板和翼墙的前底面和后底面

(c)画侧棱,擦去多余线条

(d)画胸墙前面,再画侧棱(孔移心)

(e)画胸墙后面,擦去多余线条,加深完成

图 3-17 八字翼墙出水口斜二测的画法步骤

(2)平行于 XOZ 坐标面的各平面形状,一般应从前向后依次完成。

(3)圆柱不可见底面的圆心,沿轴线方向用移心法求出比较简便。

第六节　轴测图实训练习题

1. 根据物体的三视图,1∶1画出它的正等测图。

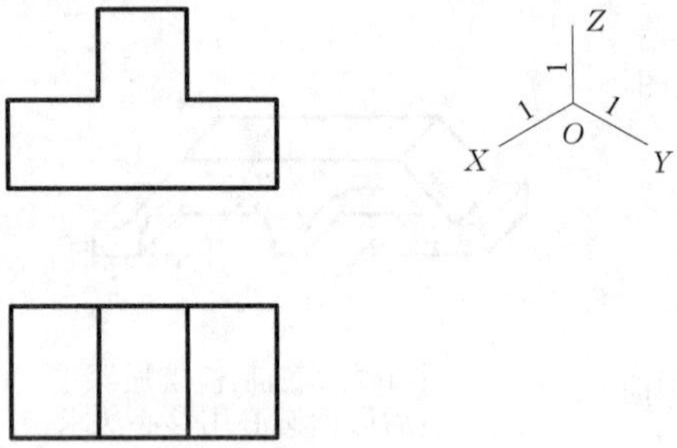

2. 根据物体的三视图,1∶1画出它的正等测图。

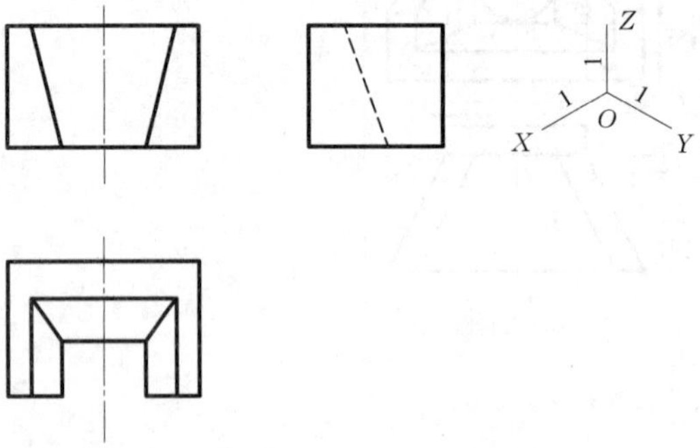

3. 根据物体的三视图,1∶1画出它的正等测图。

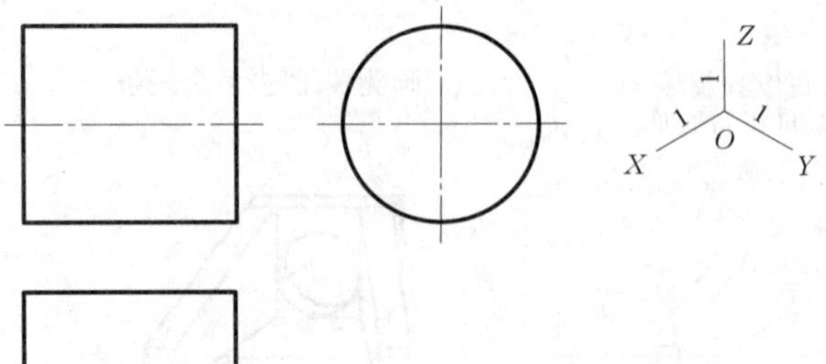

4. 根据下列物体的两面视图，1∶1画出它的斜二测图。

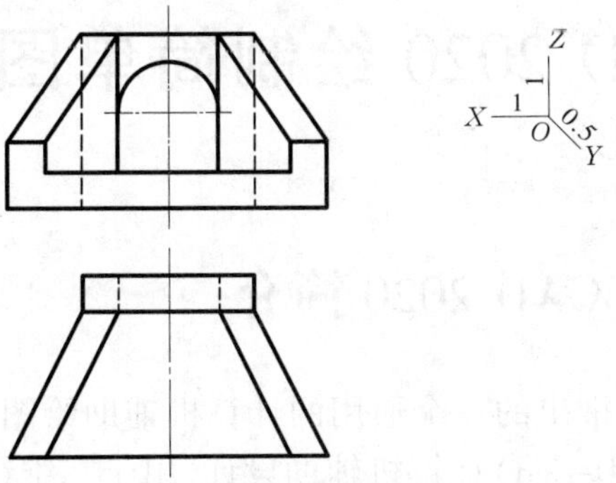

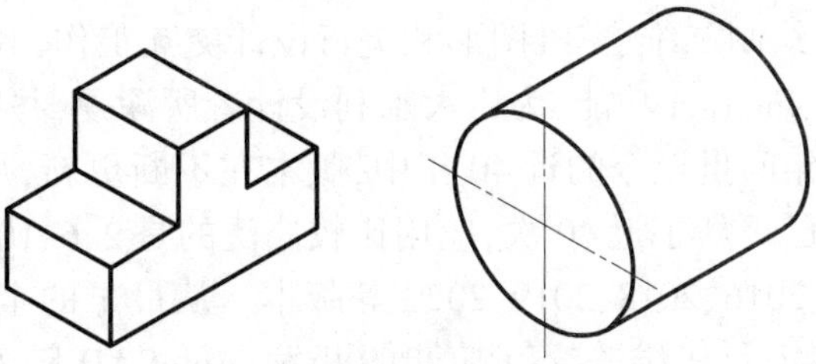

第 1 题答案和第 3 题答案

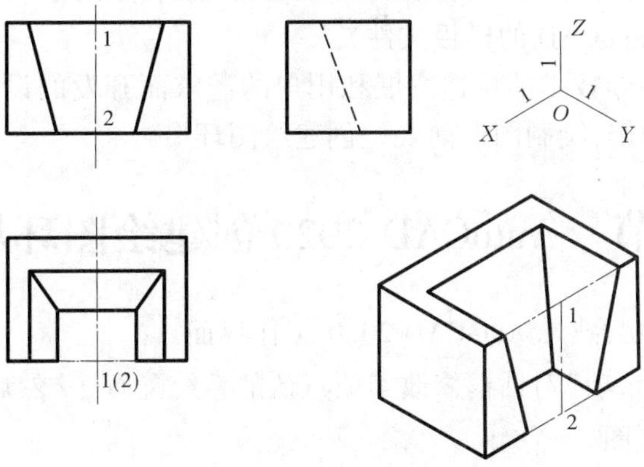

第 2 题答案，注意 1、2 两点之间的距离

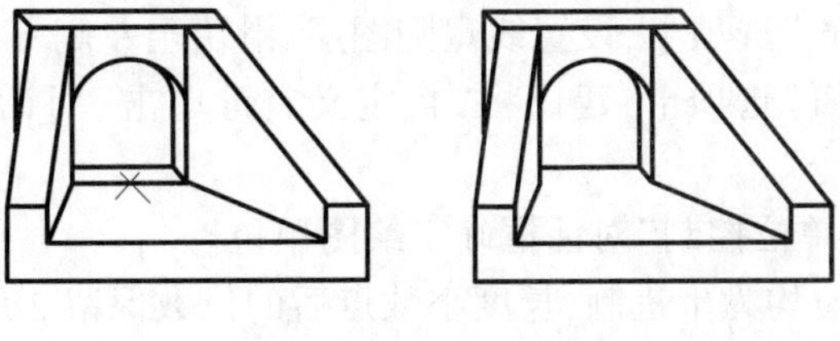

第 4 题答案，注意底面两个面共面，交线擦除

第四章 AutoCAD 2020 绘制简单图形

第一节 AutoCAD 2020 简介

AutoCAD 是美国 Autodesk(欧特克)公司推出的一个通用的计算机辅助绘图和设计软件包。AutoCAD(Autodesk Computer Aided Design)计算机辅助设计,用于二维绘图、详细绘制、设计文档和基本三维设计,使用方便、适应性强,广泛应用于机械、水工、建筑、电子等行业,易于二次开发,它是当今世界上应用最广泛的 CAD 软件包之一。在水利工程中,人们运用 AutoCAD 绘制二维、三维图形和进行设计交互工作,其高质量与高速度的超强图形功能、三维功能、Internet 功能,为广大水利设计者所深爱,并广泛流行。

AutoCAD 从 1982 年问世至今的近 40 年中,版本在不断更新,从最早的 V1.0 版到现在的 AutoCAD 2020 版已更新了近 40 次,应用比较广泛的是 2、6、10、14、2000、2002、2004、2006、2007、2008、2010、2016、2018、2019、2020 等版本。从最早的全英版到现在的多种语言、多种个性化环境设定及三维等交互功能的开发,AutoCAD 随着版本的更迭,更加实用、便捷、亲民。

AutoCAD 的文件格式主要有 dwg 格式(AutoCAD 的标准格式)、dxf 格式(AutoCAD 的交换格式)、dwt 格式(AutoCAD 的样板文件)

AutoCAD 是根据当今技术的快速发展和用户的需求而开发的设计工具,熟练运用前要先掌握基本命令的操作,绘制图形前要先创建绘图环境。

第二节 AutoCAD 2020 创建绘图环境实训

启动 AutoCAD 2020 ,熟悉 AutoCAD 2020 工作界面。

(1)用 “工具”—“选项”对话框修改 4 项默认的系统配置。(然后用 “新建”命令“从草图开始”新建一张图)

选择“显示”选项卡,修改绘图区背景颜色为白色。

选择“打开和保存”选项卡,修改文件另存为“cad2010”格式。

选择“用户系统配置”选项卡,设置线宽随图层、滑块至左侧一格,按实际线宽显示。

选择“用户系统配置”选项卡,建议将“自定义右键单击”对话框“默认模式”中的选项改为“重复上一个命令”。

(2)用 “格式”—“单位控制”对话框确定绘图单位。

要求长度、角度单位均为十进制,长度小数点后的位数保留 2 位,角度 0 位。

(3)用“格式”—“图形界限”命令选 A4 图幅。

注意:左下角点 0,0;

右上角点 210,297。

A4 图幅 X 方向长 210 mm,Y 方向长 297 mm。

(4)用“草图设置”对话框,设栅格间距为 10,捕捉间距为 10(是默认值)。

将状态栏上所学过的 4 种辅助绘图工具模式打开,没有学过的辅助绘图工具模式关闭。在捕捉模式▦处右键单击设置,弹出对话框,栅格行为,取消自适应栅格。

(5)用“显示缩放”命令使 A4 图幅全屏显示。

键盘操作:

命令:Z↙——选 A↙(使整张图全屏显示,栅格代表图纸的大小和位置)

命令:↙(启用上次命令)——输入 0.8↙(为画图幅线方便,再缩 0.8 倍显示)。

(6)用“格式”—“线型”命令,弹出“线型管理器”对话框,装线型、设定线型比例。

装入点画线(ACAD_ISO04W100)、虚线(ACAD_ISO02W100)、双点画线(ACAD_ISO05W100);设全局线型比例为“0.3”。

(7)“格式”—“图层”建图层、设颜色、线型、线宽。

粗实线	红色	实线(CONTINUOUS)	0.5 mm
虚线	蓝色	虚线(ACAD_ISO02W100)	0.2 mm
点画线	品红	点画线(ACAD_ISO04W100)	0.2 mm
双点画线	白色(或黑色)	双点画线(ACAD_ISO05W100)	0.2 mm
细实线	白色(或黑色)	实线(CONTINUOUS)	0.2 mm
剖面线	白色(或黑色)	实线(CONTINUOUS)	0.2 mm
尺寸	白色(或黑色)	实线(CONTINUOUS)	0.2 mm
文字	白色(或黑色)	实线(CONTINUOUS)	0.2 mm

说明:因为 AutoCAD 中的“默认”线宽是由计算机的系统配置所确定的,所以在不同的计算机上绘制和输出图形时,一定要设置每个图层的具体线宽值,以避免出错。

(8)“格式”—“文字样式”创建“工程图中数字和字母”和“工程图中汉字”两种文字样式。

数字	字体名称	gbeitc. shx	宽高比 1	倾斜角度 0
汉字	字体名称	宋体	宽高比 0.8	倾斜角度 0

(9)用“矩形”命令绘制如图 4-1 所示的图框,用“直线”命令绘制标题栏,用“单行文字”命令填写标题栏。

说明:该图框为国家技术制图标准规定的非装订格式。绘制时,图幅线沿栅格外边沿绘制,图框线周边离图幅线均为 10 mm。标题栏为学生练习标题栏,标题栏长 140 mm、高 40 mm、内格高 10 mm,长度均匀分配。标题栏内格线均是细实线,外边线为粗实线。

注意:图中所示粗实线必须画在“粗实线”图层,细实线必须画在“细实线”图层。

标题栏注写要求:dt　jm 字高 角度 0 书写文字。

图名:“几何作图”——10 号字　　单位:“××职业技术学院”——7 号字

制图:(绘图者名字)——5 号字　　校核:(校核者名字)——5 号字

比例:(1∶1)——5 号字

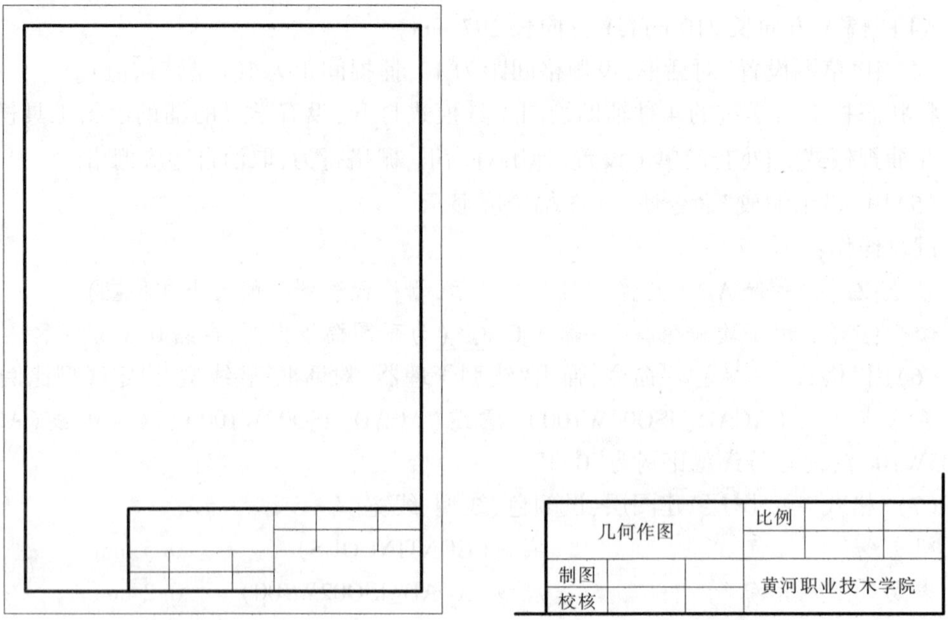

(a)画图框与标题栏　　(b)注写标题栏中的文字

图 4-1

第三节　AutoCAD 2020 绘制简单线、圆等实训

一、画各种线型实训

在 A3 图幅中以 1:1的比例按尺寸绘制图 4-2 并抄绘标题框(见图 4-3),不标注尺寸并用直线命令绘制下面各种线型。注意颜色、线型、线宽,样式参照本章第二节中环境设置里面各个图层设置的线型。

二、画圆实训

根据图 4-4 所示尺寸分别用半径方式、直径方式、切切半方式画圆。

提示:

主要运用"相切、相切、半径"的方式画圆。从工具栏输入命令 C,然后在绘图区单击鼠标右键,从弹出的右键菜单中选择"相切、相切、半径";或直接从下拉菜单中选取:"绘图"—"圆"—"相切、相切、半径"。

(1)在对象上指定一点作圆的第一条切线:(选择第一个相切实体);

(2)在对象上指定一点作圆的第二条切线:(选择第二个相切实体);

(3)指定圆的半径:(给公切圆半径数字并按回车键)。

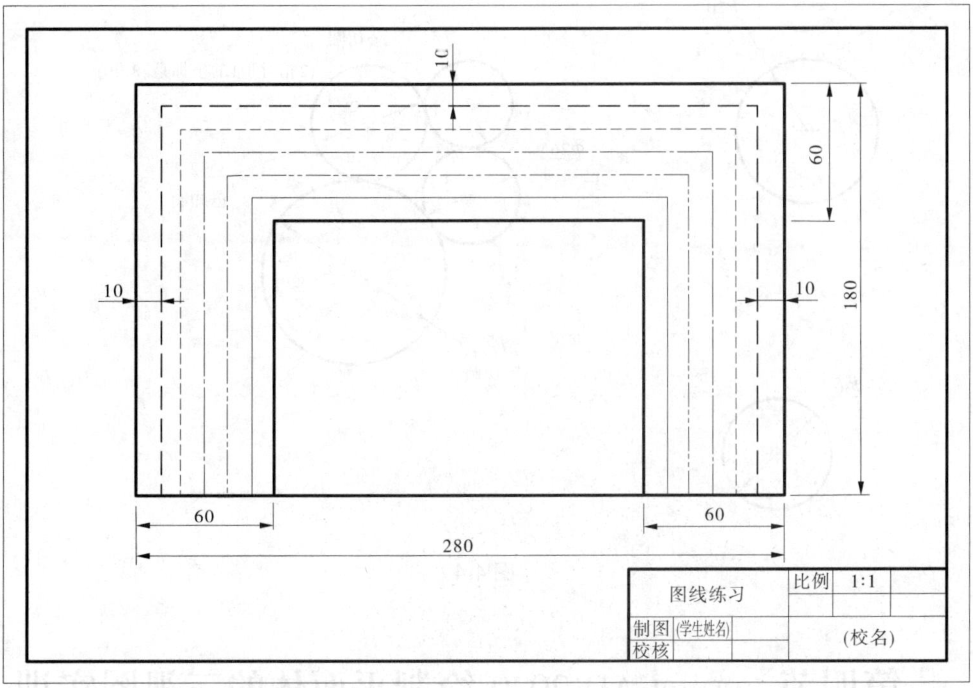

图 4-2

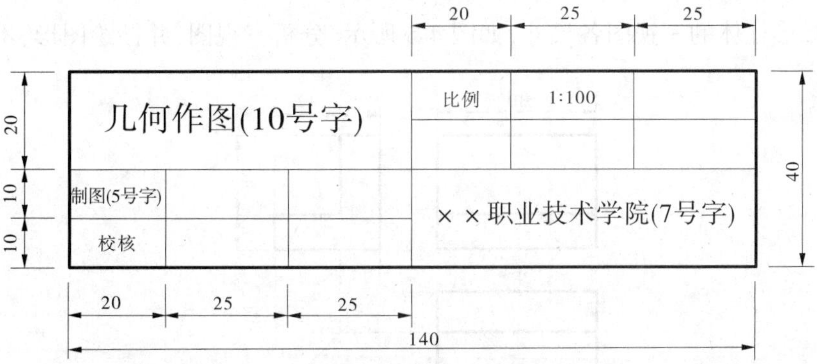

图 4-3

注意：

(1)画公切圆选择相切目标时，选目标的小方框要落在圆实体上并靠近切点，切圆半径应大于两切点距离的 1/2。

(2)下拉菜单中多一项“三切点”画圆方式，用这种方式可画出与 3 个实体相切的圆。

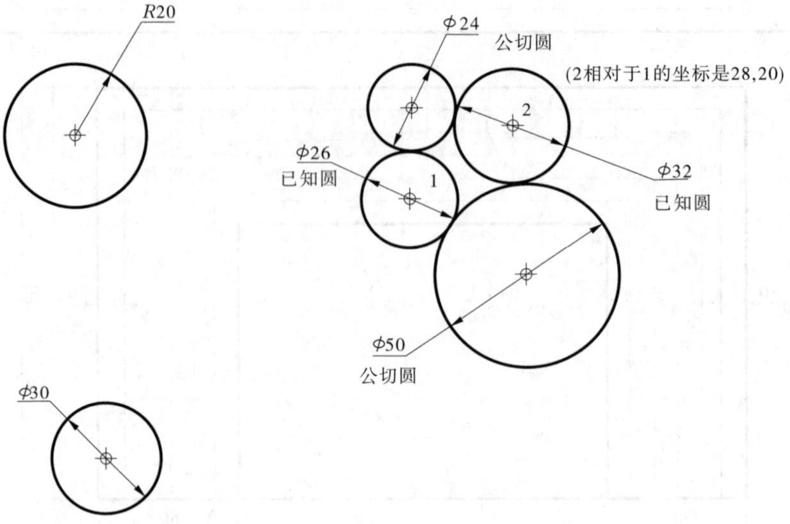

图 4-4

第四节　AutoCAD 2020 绘制平面体的三视图实训

一、抄绘 L 形柱体的三视图实训

已知 L 形柱体的三视图各尺寸,如图 4-5 所示,分析三视图,并抄绘图形,不标尺寸。

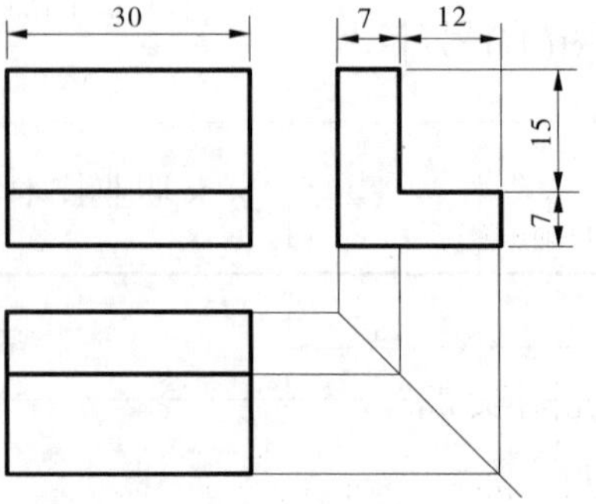

图 4-5

知识回顾:三视图的展开、上下左右前后位置及长宽高和投影规律,如图 4-6 所示。

二、绘制叠加体的三视图实训

根据叠加体的轴测图(见图 4-7)绘制它的三视图。

已知叠加体的轴测图,请根据图中尺寸绘制其三视图,注意依据投影规律“长对正、高平齐、宽相等”,不标尺寸,如图 4-8 所示。

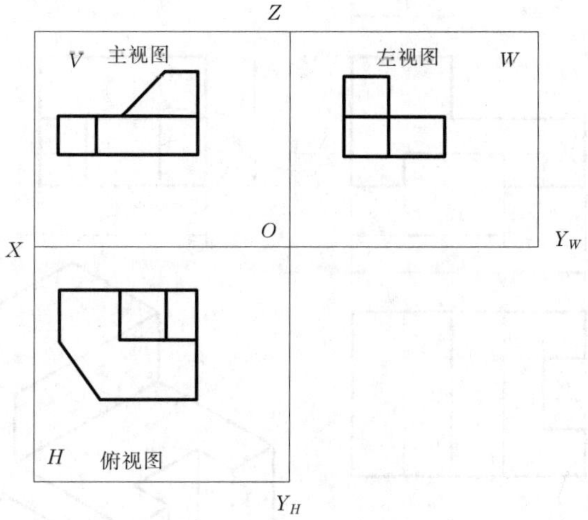

图 4-6

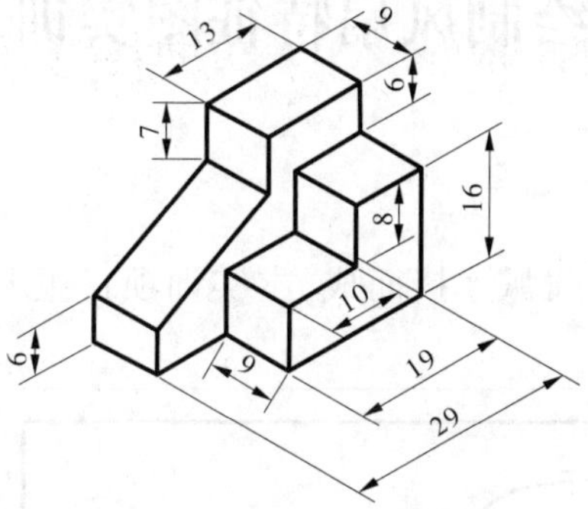

图 4-7 已知叠加体的轴测图

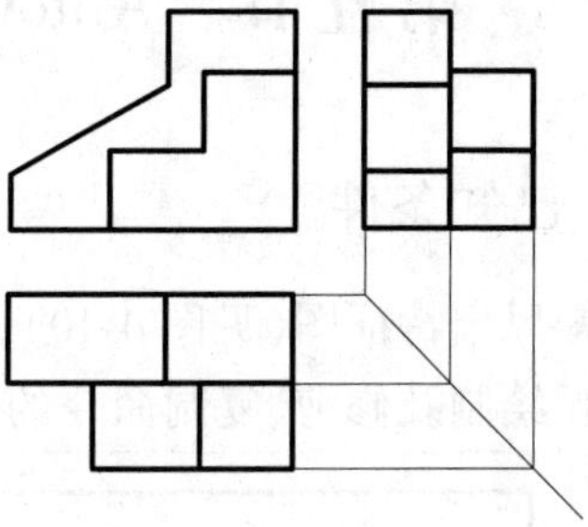

图 4-8 叠加体的三视图

三、绘制切割体的三视图实训

根据切割体的轴测图绘制它的三视图,如图 4-9 所示。

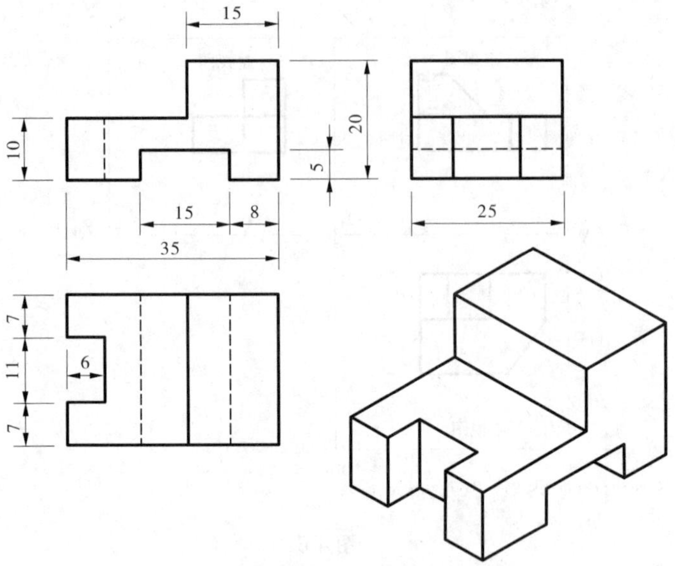

图 4-9 切割体的轴测图及其三视图

第五节 AutoCAD 2020 绘制风扇特征图实训

一、已知条件

已知风扇特征图(见图 4-10),显然是由多个圆弧连接而成,本实训项目主要训练学习者圆弧绘制及修剪、复制命令的使用。

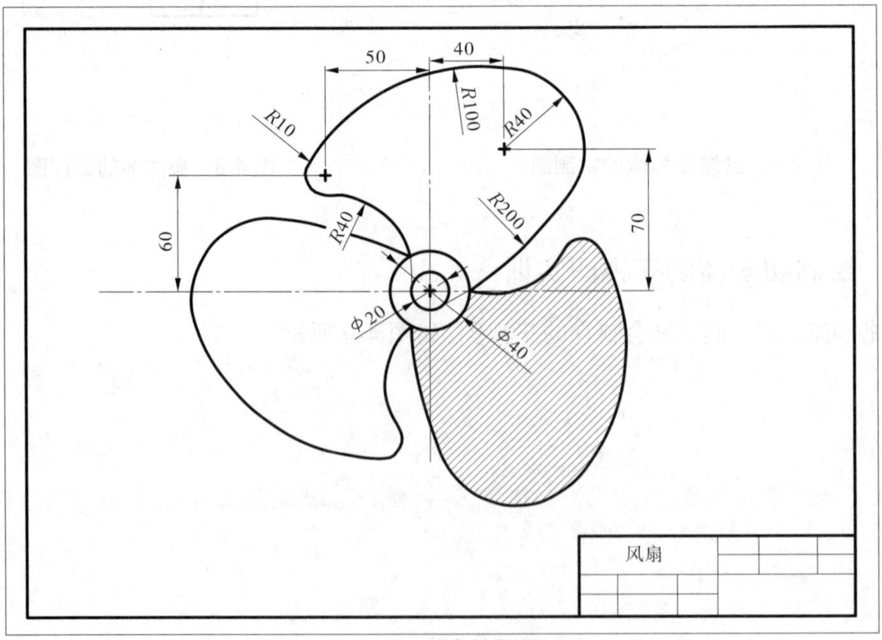

图 4-10 风扇特征图

二、分析及绘制步骤

(一)画基准线和已知圆心的圆

设“点画线”为当前图层,画出十字基准线。

用“圆”命令,将圆心“o”定在基准线交叉处,画同心圆分别给尺寸半径为“10,20”。

在圆心“o”处向左给尺寸“70”、向上给尺寸“40”定圆心“a”,画圆“$R40$”,如图 4-11 所示。

在圆心“o”处向左给尺寸“60”、向下给尺寸“50”定圆心“b”,画圆“$R10$”,如图 4-11 所示。

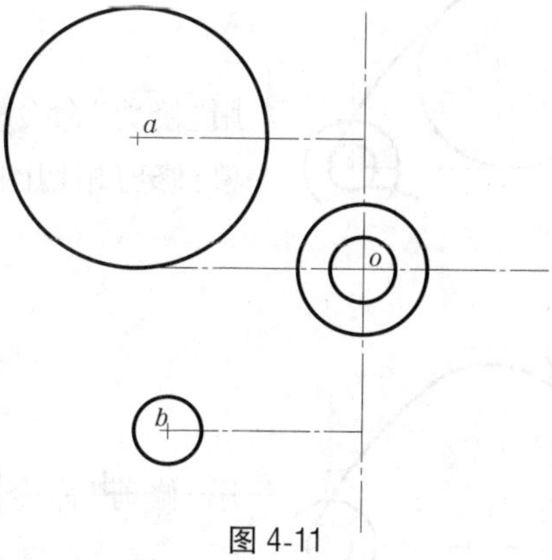

图 4-11

(二)画出相切圆

(1)先用“圆”命令,在命令栏中选“T”(切点,切点,半径)项画圆“$R200$”(圆“$R40$”与同心圆“$R10$”偏右部相切点),如图 4-12 所示。

(2)用“圆”命令,在命令栏中选“T”(切点,切点,半径)项画圆“$R100$”(圆“$R40$”与圆“$R10$”偏左部相切点),如图 4-12 所示。

(3)用“圆”命令,在命令栏中选“T”(切点,切点,半径)项画圆“$R40$”(圆“$R10$”与同心圆“$R10$”偏下部相切点),如图 4-12 所示。

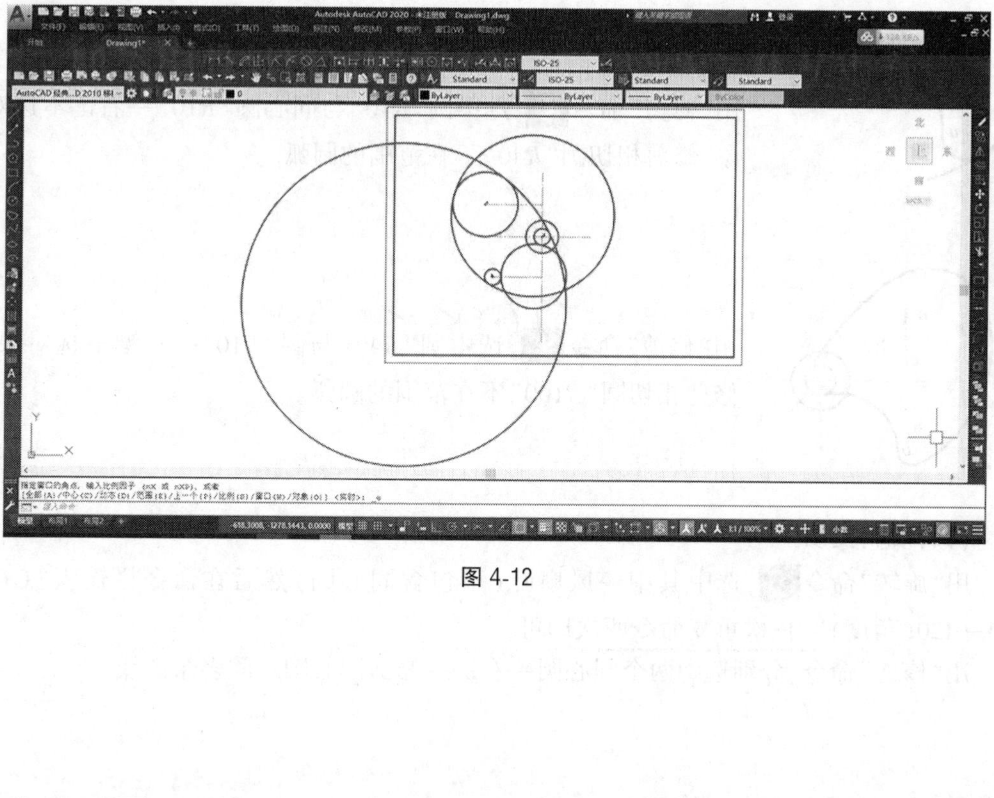

图 4-12

(三)修剪

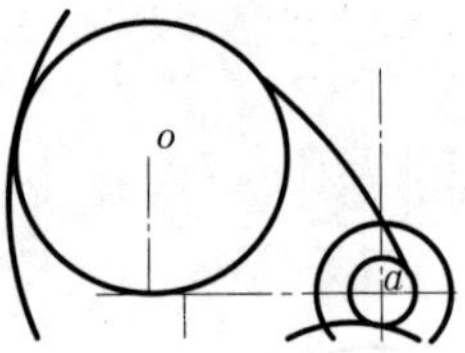

用“修剪”命令，选中圆“R40”与同心圆“R10”—右键不选对象，修剪相切圆“R200”不在范围的圆弧。

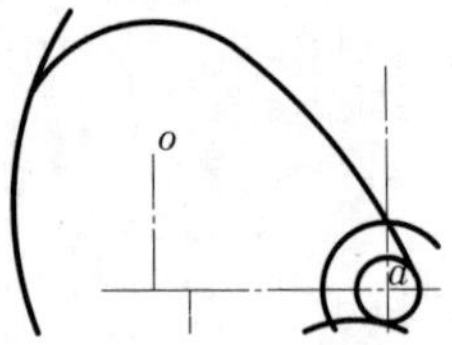

用“修剪”命令，选中相切圆“R100”与相切圆“R200”的圆弧—右键不选对象，修剪圆“R40”不在范围的圆弧。

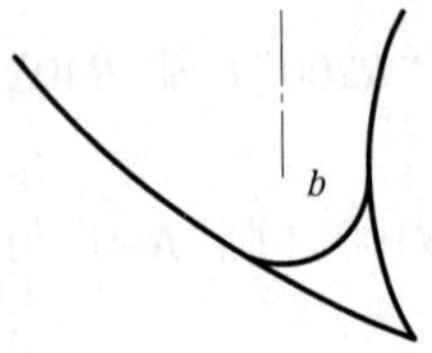

用“修剪”命令，选中相切圆“R100”与相切圆“R40”—右键不选对象，修剪圆“R10”不在范围的圆弧。

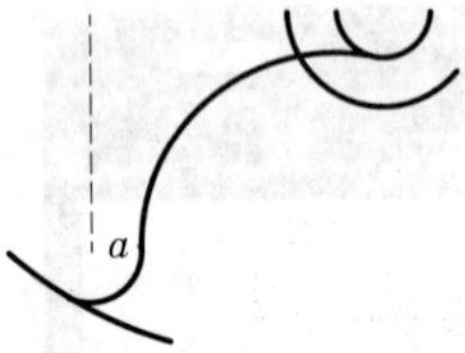

用“修剪”命令，选中圆“R10”与同心圆“R10”—右键不选对象，修剪相切圆“R40”不在范围的圆弧。

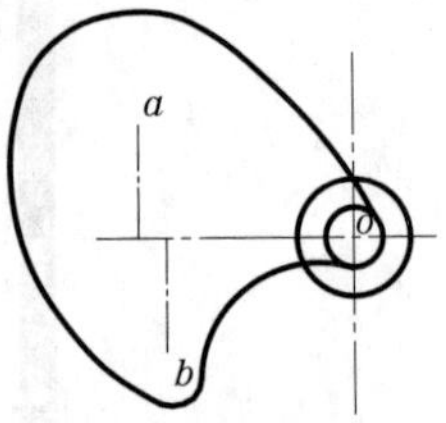

用“修剪”命令，选中圆“R40”与圆“R10”—右键不选对象，修剪相切圆“R100”不在范围的圆弧。

(四)旋转复制

用“旋转”命令，选中其中一风扇叶(不包含同心圆)然后在命令栏输入“C(复制)—120(角度)”，依次重复命令两次即可。

用“修剪”命令，分别选中两个同心圆—右键—修剪同心圆之间多余的线。

第五章　AutoCAD 2020 绘制三维模型及生成二维视图和轴测图

运用 AutoCAD 绘制形体的三维模型,能够更好地帮助学习者理解形体。通过三维模型抽取轮廓的形式可以生成形体的二维图形和轴测图。

第一节　AutoCAD 2020 绘制涵洞进口实训

创建涵洞进口的三维模型并生成其二维图形和轴测图。

一、已知条件

已知图幅 A3 尺寸是 420×297(长×宽),比例 1:50,标题栏为 140×40(长×宽),请用 AutoCAD 2020 创建涵洞进口的三维模型及生成其二维图形和轴测图,如图 5-1、图 5-2 所示。

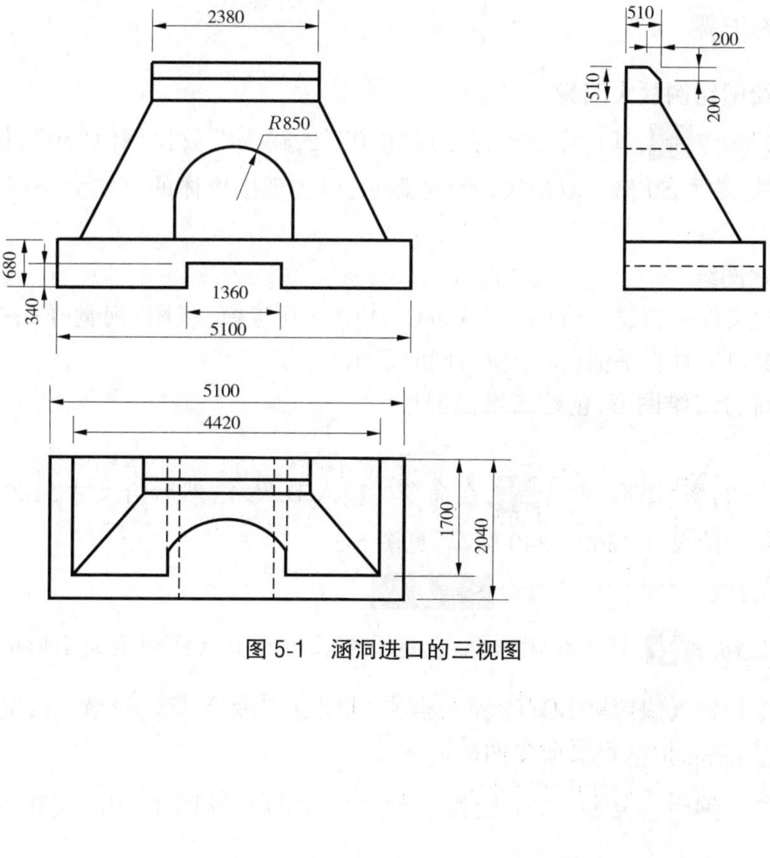

图 5-1　涵洞进口的三视图

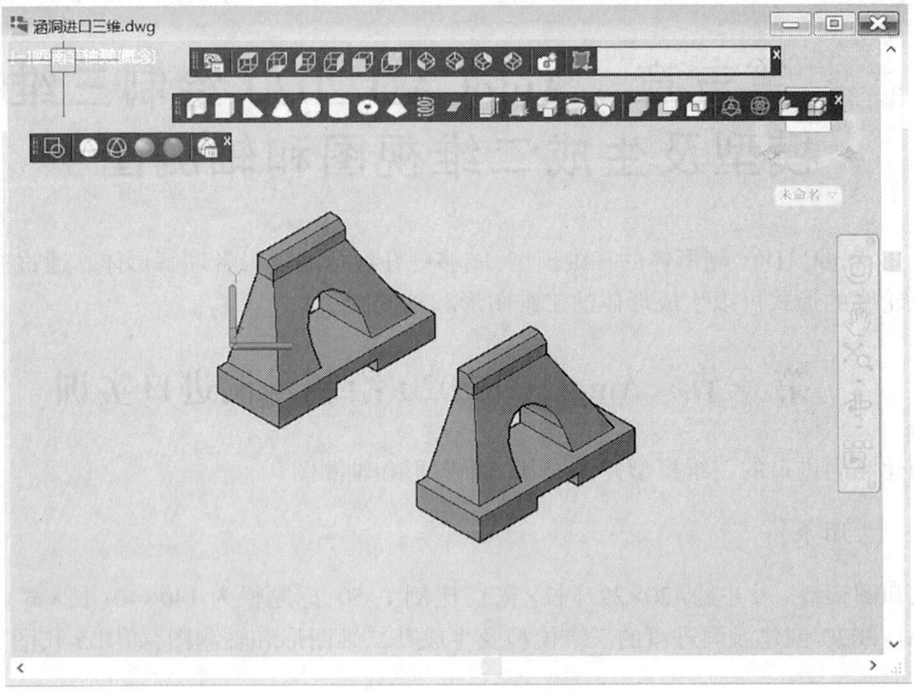

图 5-2　涵洞进口的三维模型

二、绘图步骤

(一)按绘图比例放大图幅

用“缩放”命令，基点定在坐标原点“0,0”处，输入缩放比例值“50”，将整张图(包括图框标题栏)放大 50 倍。双击滚轮全屏显示，以实现按形体的真实大小(所标注尺寸)绘图。

(二)新建图纸

用菜单栏文件—新建—Enter，在 AutoCAD 中打开建模、视图、视觉样式三个菜单栏。在菜单栏—窗口—垂直平铺(两个窗口同时显示)。

(三)画部分二维图形，创建三维模型

1. 画底板

通过主视图，用“矩形”命令，在命令栏输入 D 尺寸，然后给尺寸 5100 * 680 回车，再重复上一命令给尺寸 1360 * 340 回车，见图 5-3。

打开对象捕捉中的“中点”命令 ✓ 中点。

用“移动”命令，选中小矩形框，选定下部长边的中点移动至大矩形框下部长边的中点。在命令栏输入快捷键 BO(边界)，点击“拾取点”命令 拾取点(P)，鼠标点击所需框内，按 Enter 即可。

在菜单栏—编辑—复制，选中底板。点击新建的三维图纸，用“视图—前视”命令

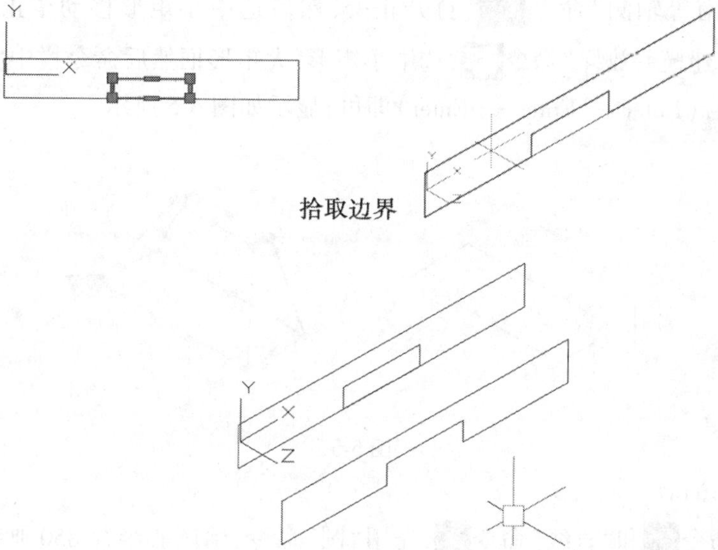

图 5-3

,在菜单栏—编辑—粘贴,将底板放到坐标轴附近便于使用,双击滚轮全屏显示。用“视图—西南等轴测”命令,再用“建模—拉伸”命令,拉伸尺寸为 2040,见图 5-4。

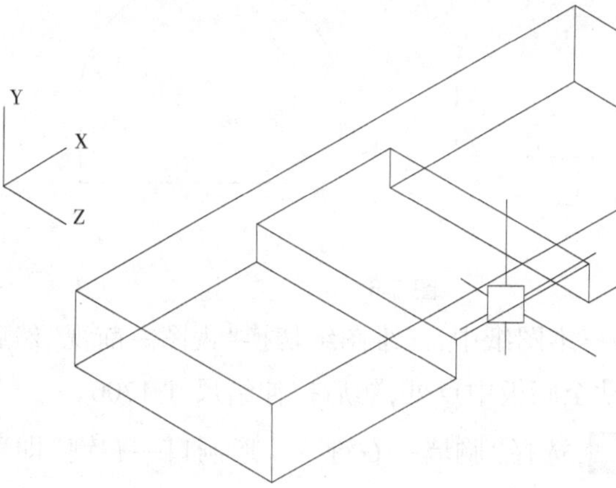

图 5-4

2. 画胸墙

通过俯视图,在画二维的图纸时,用“矩形”命令,给尺寸 2380 * 510 回车,重复上一命令给尺寸 4420 * 1700 回车。

把三维图纸用“视图—俯视”命令,然后将矩形框分别复制粘贴到画三维的图纸中。

用“移动”命令,分别选定两个矩形框上部长边中点移动至底板上部长边中点处,用“视图—西南等轴测”命令，打开正交，然后选中小矩形移动至正上方高给尺寸 2040，然后用“建模—放样”命令，选中小矩形、大矩形框然后命令栏中“输入选项—仅截面”平滑拟合(Enter — Enter — Enter)即可，显示如图 5-5 所示。

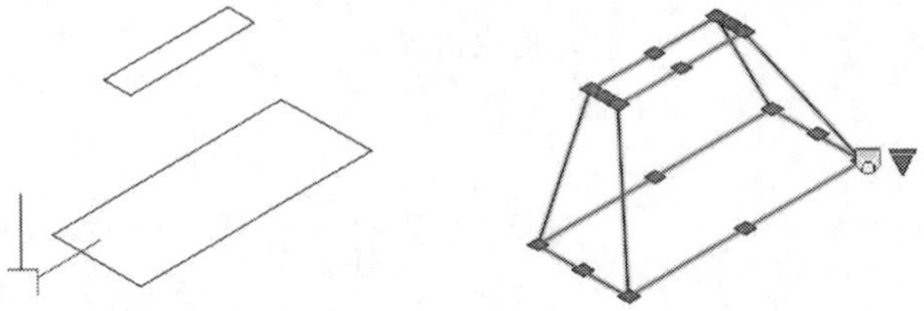

图 5-5

3. 画 U 形洞口

用“圆”命令和“直线”命令，先用“圆”命令，给圆心半径 850 画圆，打开对象捕捉中✓象限点，再用“直线”捕捉左边象限点向下画给尺寸 510，向右给尺寸 1700 向上到右边象限点即可。用“修剪”命令，点击左右两条直线然后右键再点击下半圆弧即可，显示如图 5-6 所示。

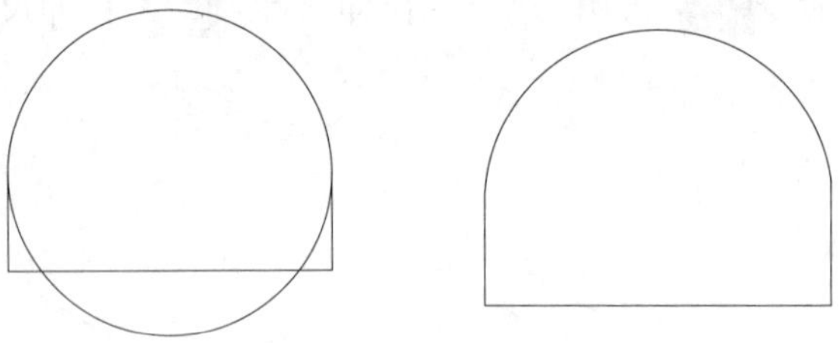

图 5-6

将 U 形洞口复制粘贴到三维图纸中，三维图纸切换“视图—前视”然后用“面域”命令，选中 U 形洞口，将其移动至底板中点处，然后拉伸给尺寸 1700。

用“建模—差集”命令，选择“胸墙—右键—U 形洞口—右键”即可，显示如图 5-7 所示。

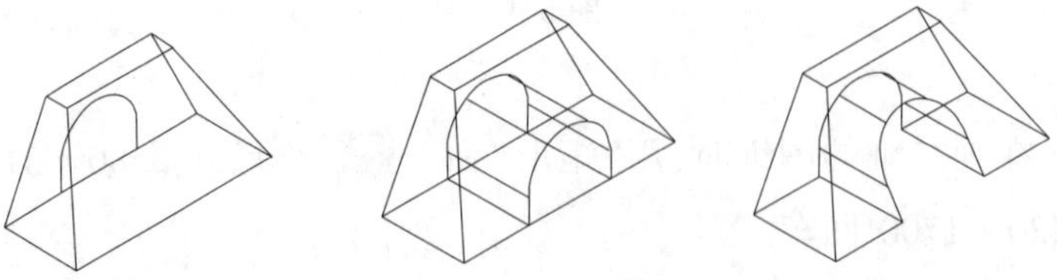

图 5-7

4. 画冒石

用“矩形”命令和“倒角”命令，画矩形框给尺寸 510 * 510，用“倒角”在命令栏中输入 D（距离）给距离 200 * 200 选直线即可，显示如图 5-8 所示。

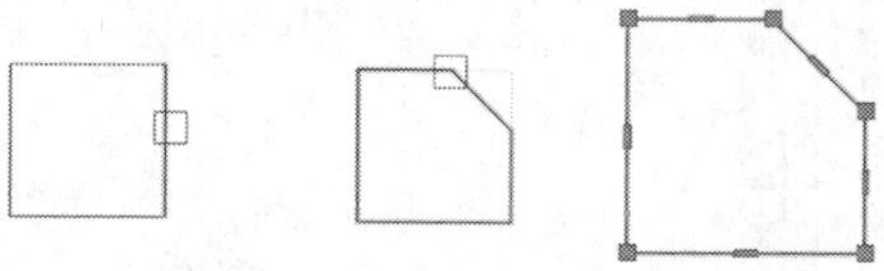

图 5-8

将冒石复制粘贴到三维图纸“视图—左视”，然后在“视图—西南等轴测”拉伸给尺寸 2380，显示如图 5-9 所示。

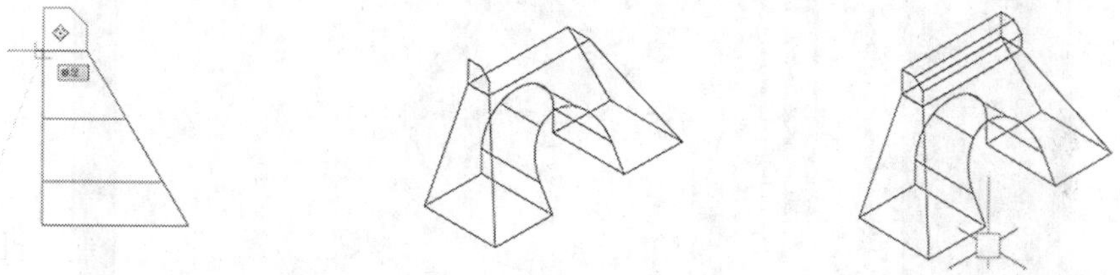

图 5-9

◆三维涵洞进口完成作图，如图 5-10 所示。

（四）由三维画二维

（1）在三维图纸中将图形分别切换“视图—前视”“视图—左视”“视图—俯视”并复制粘贴至二维图纸中，根据三视图位置摆放整齐。

（2）在二维中图纸左下角“模型”切换“布局”，在“菜单栏—绘图—建模—轮廓”选择对象（选中三视图）Enter—Enter—Enter（“是单独在图层中显示隐藏的轮廓线—是将轮廓线投影到平面—是删除相切的边”）。

（3）在“模型”中，选择图层将“PH-2B9”图层改为“蓝色”（虚线），“PV-2B9”图层改为“红色”（粗实线）并关闭“0”图层。

◆二维涵洞进口完成作图，如图 5-10 所示。

（五）画轴测图

用“复制”命令，把三维图纸中三维模型复制一个新的三维涵洞进口。在三维图纸中用 UCS 更改坐标，在命令栏中输入“UCS-V（视图）”，坐标系改为 *XY* 坐标轴，在二维图纸中打开“0”图层。然后将三维涵洞进口复制粘贴到二维图纸中。

将“模型”切换“布局”，在“菜单栏—绘图—建模—轮廓”选择对象（选中涵洞进口）Enter — Enter — Enter，再关闭“0”图层。

◆轴测图涵洞进口完成，如图 5-10 所示。

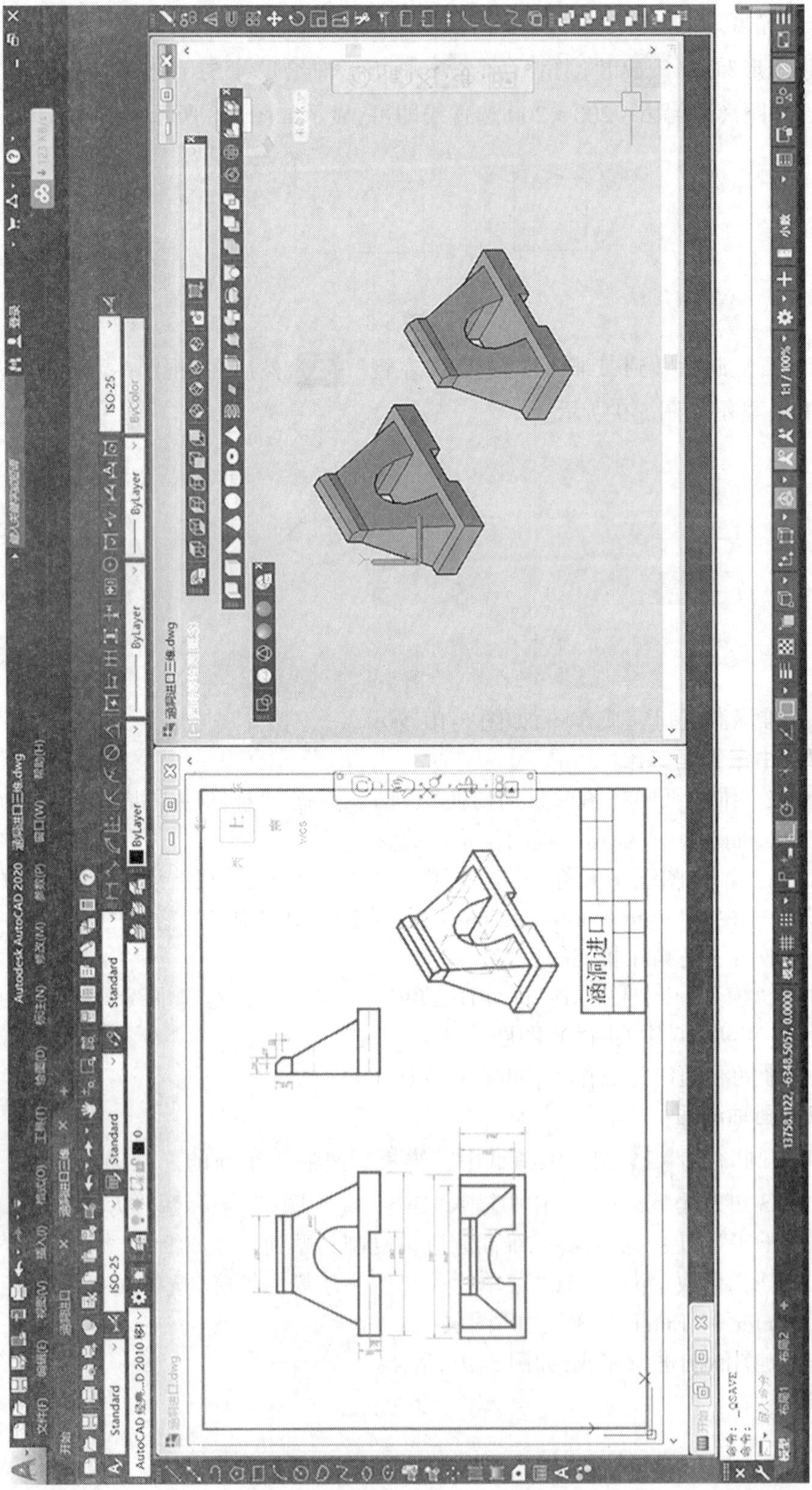

图 5-10

第二节 AutoCAD 2020 绘制渡槽槽身实训

创建渡槽的三维模型并生成其二维图形和轴测图。

一、已知条件

已知图幅 A3 尺寸是 420×297(长×宽),比例 1:10,标题栏为 140×40(长×宽),请用 AutoCAD 2020 创建渡槽的三维模型及生成其二维图形和轴测图,如图 5-11、图 5-12 所示。图框:420×297(长×宽),标题栏:140×40(长×宽)。

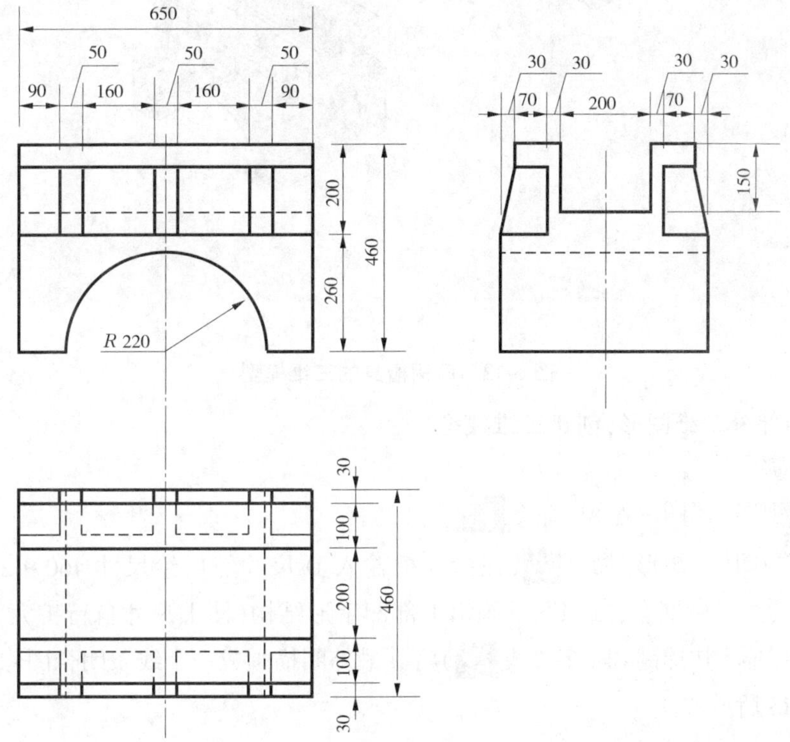

图 5-11 渡槽槽身的三视图

二、绘图步骤

(一)按绘图比例扩大图幅

用“缩放”命令,基点定在坐标原点“0,0”处,输入缩放比例值“10”,将整张图(包括图框标题栏)扩大 10 倍。双击滚轮全屏显示,以实现按形体的真实大小(所标注尺寸)绘图。

(二)新建图纸

用菜单栏文件—新建—Enter,在 AutoCAD 中打开建模、视图、视觉样式三个菜单栏。在菜单栏—窗口—垂直平铺(两个窗口同时显示)。

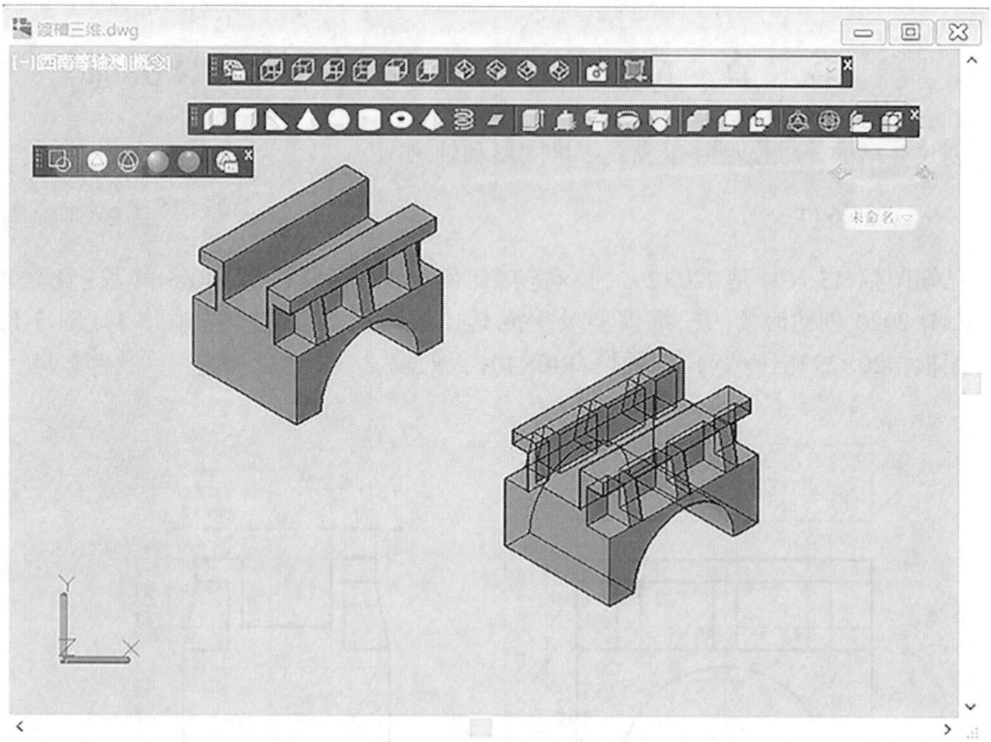

图 5-12　渡槽槽身的三维模型

(三)画部分二维图形,创建三维模型

1. 画桥墩

切换左视图“视图—左视”命令。

通过左视图用“矩形”命令,在命令栏输入 D 尺寸然后给尺寸 460 * 260 回车,再输入直线命令“L”后回车,按照图示画出上部凹字形结构(图上尺寸自行扩大 10 倍)。

在命令栏输入快捷键 PL(多段线)将其最外圈描画成一个线条闭合图像,回车即可,显示如图 5-13 所示。

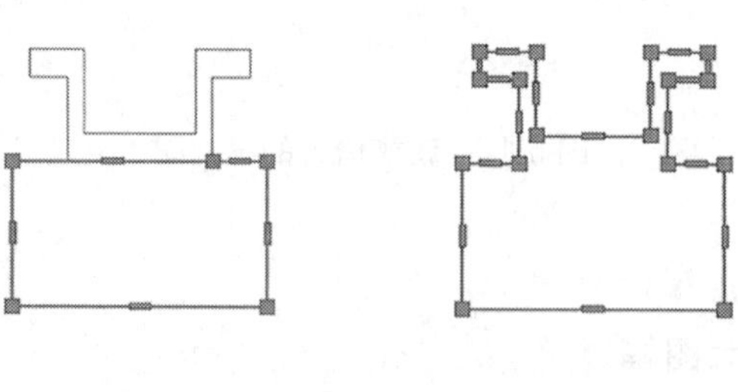

图 5-13

用“视图—西南等轴测”命令,再用“建模—拉伸”命令,拉伸尺寸给 650,显示如图 5-14 所示。

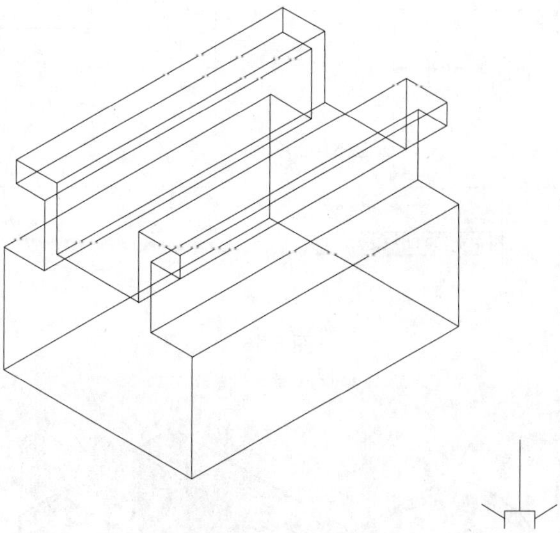

图 5-14

2. 画支撑板

切换左视图“视图—左视”命令。

运用“PL”命令将其支撑板描绘并拉伸“50”，然后切换主视图分别放置。放置其一侧再使用“镜像”命令，显示如图 5-15 所示。

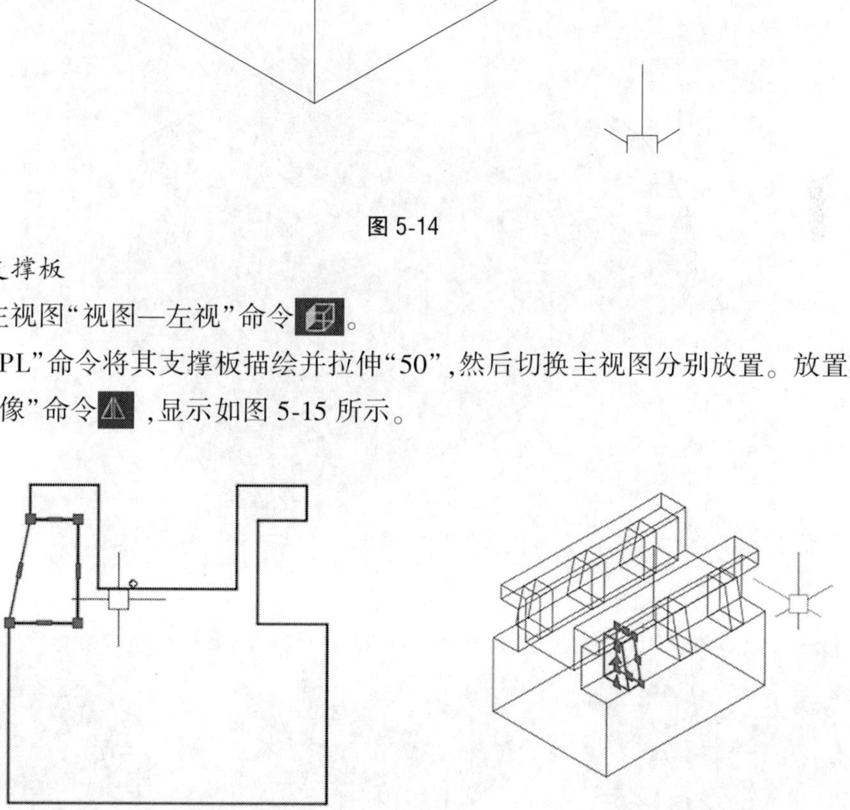

图 5-15

3. 画桥洞

切换正视图“视图—前视”命令。

取桥墩底部中点画圆，用“圆”命令，输入“半径 R22”然后拉伸大于 460 宽度，显示如图 5-16 所示。

调节视觉“样式—概念视觉样式”命令，显示如图 5-17 所示。

然后输入“建模—差集”命令，选中桥墩—Enter—选中桥洞即可，显示如图 5-18 所示。

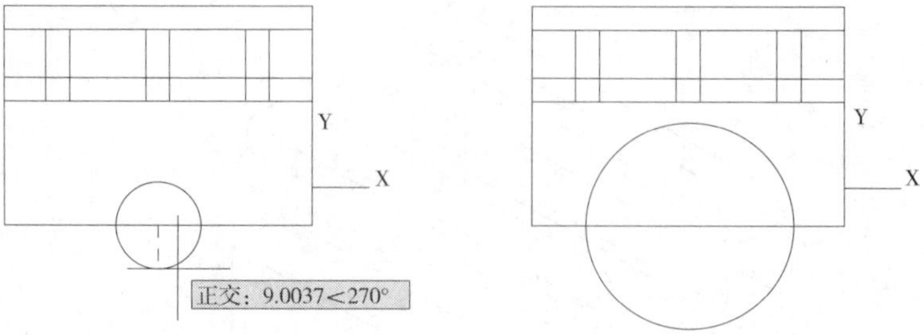

图 5-16

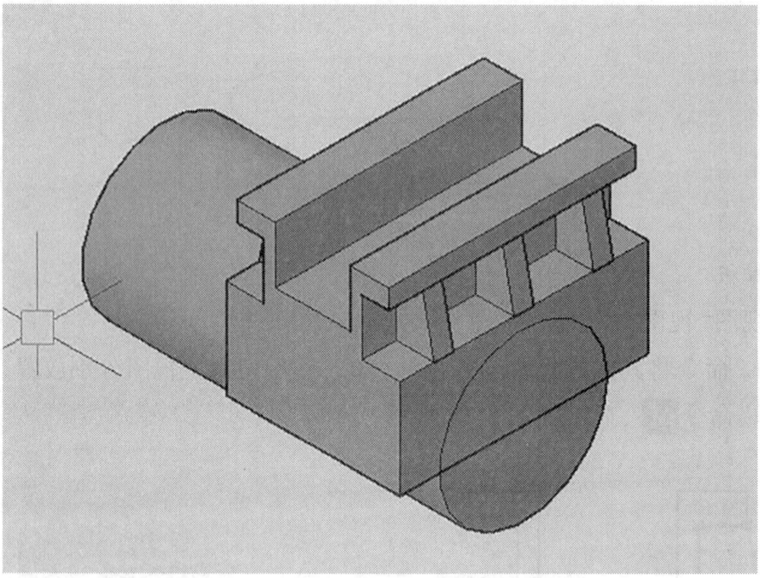

图 5-17

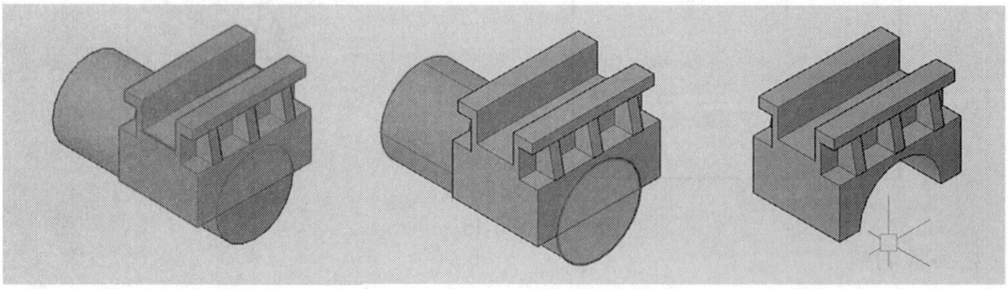

图 5-18

4. 合并渡槽

输入“建模—并集”命令，选中全部即可，显示如图 5-19 所示。

(四)由三维画二维

(1)在三维图纸中将图形分别切换“视图—前视”“视图—左视”“视图—俯视”并复制粘贴至二维图纸中，根据三视图位置摆放整齐。

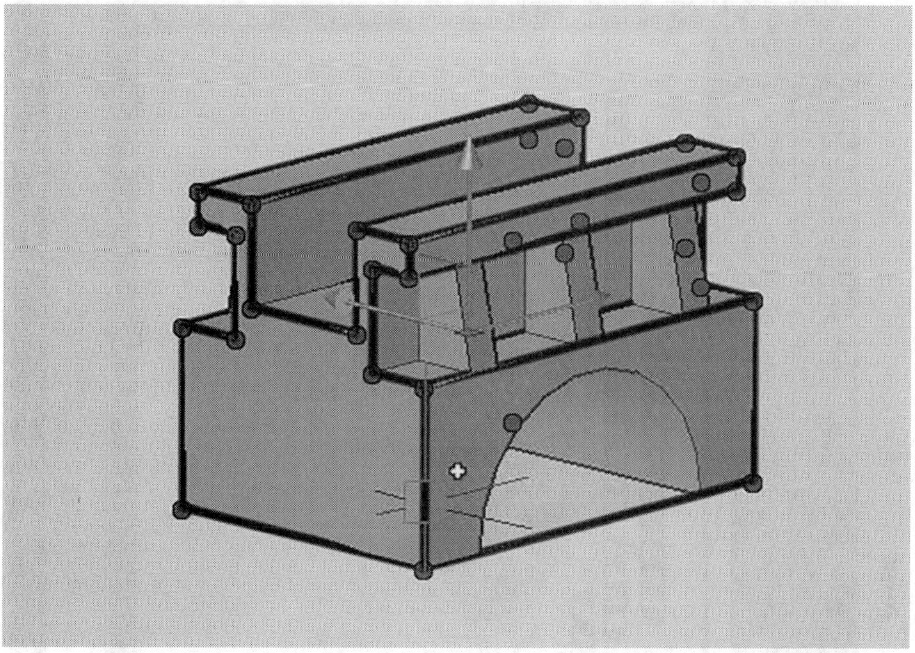

图 5-19

(2)在二维图纸中左下角“模型”切换“布局”,在“菜单栏—绘图—建模—轮廓”选择对象(选中三视图)回车—回车—回车(“是单独在图层中显示隐藏的轮廓线—是将轮廓线投影到平面—是删除相切的边”)。

(3)在“模型”中,选择图层将“PH-2B9”图层改为“蓝色”(虚线),“PV-2B9”图层改为“红色”(粗实线)并关闭“0”图层。

◆二维小模型完成作图,如图 5-20 所示。

(五)画轴测图

用“复制”命令,把三维图纸中三维模型复制一个新的三维小模型。在三维图纸中用 UCS 更改坐标,在命令栏中输入“UCS-V(视图)”,坐标系改为 *XY* 坐标轴,在二维图纸中打开“0”图层。然后将三维小模型复制粘贴到二维图纸中。

将“模型”切换“布局”,在“菜单栏—绘图—建模—轮廓”选择对象(选中小模型)Enter — Enter — Enter。再关闭“0”图层。

◆轴测图小模型完成,如图 5-20 所示。

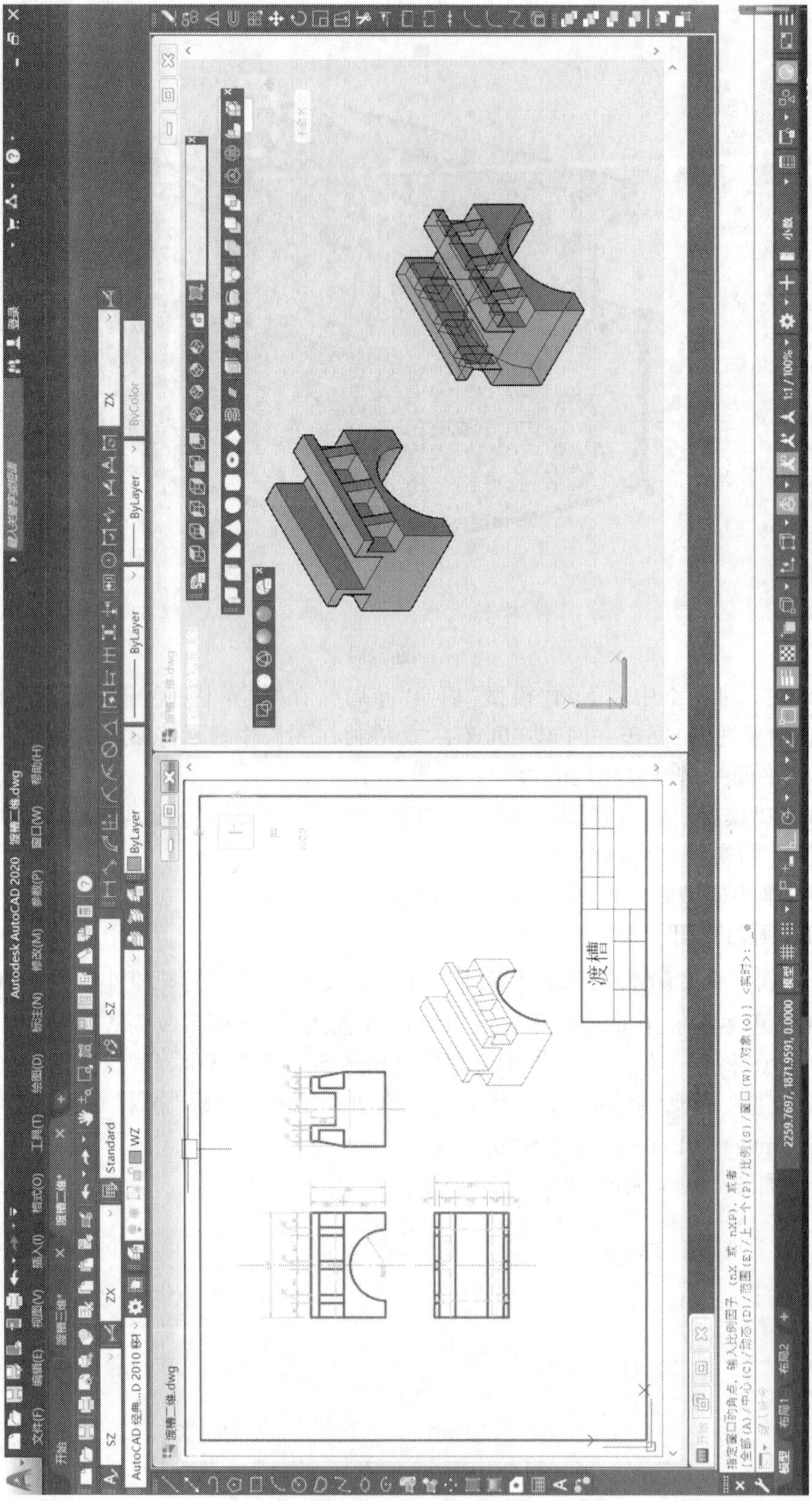

图 5-20

第三节　AutoCAD 2020 绘制小房子实训

创建小房子的三维模型并生成其二维图形和轴测图。

一、已知条件

已知图幅 A3 尺寸是 420×297(长×宽),比例 1:10,标题栏为 140×40(长×宽),请用 AutoCAD 2020 创建下面小房子的三维模型及生成其二维图形和轴测图,见图 5-21、图 5-22。

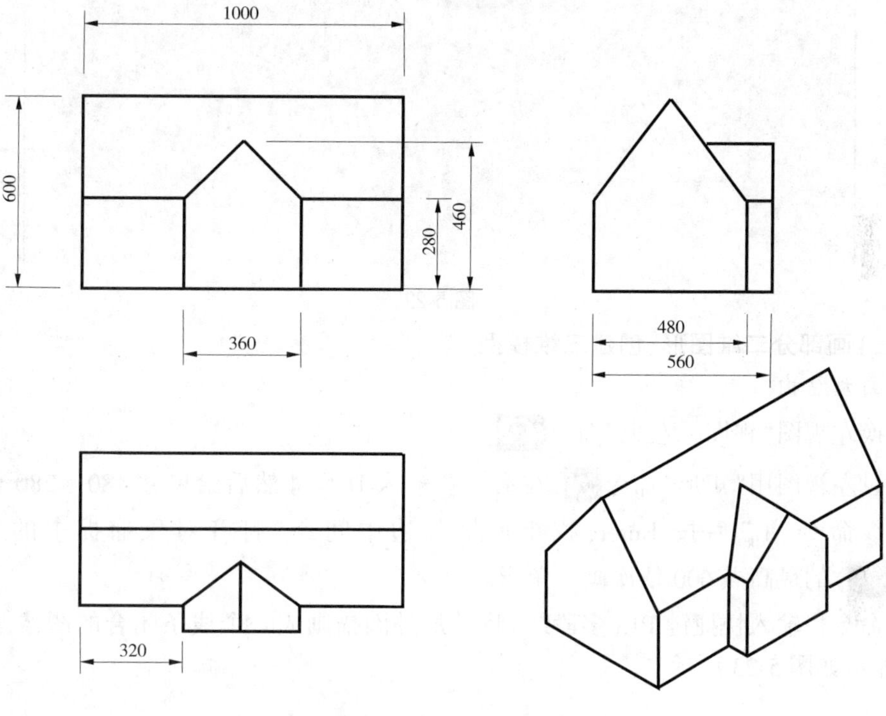

图 5-21　小房子三视图及轴测图

二、绘图步骤

(一)按绘图比例放大图幅

用"缩放"命令 ,基点定在坐标原点"0,0"处,输入缩放比例值"10",将整张图(包括图框标题栏)放大 10 倍。双击滚轮全屏显示,以实现按形体的真实大小(所标注尺寸)绘图。

(二)新建图纸

用菜单栏文件—新建—Enter,在 AutoCAD 中打开建模、视图、视觉样式三个菜单栏。在菜单栏—窗口—垂直平铺(两个窗口同时显示)。

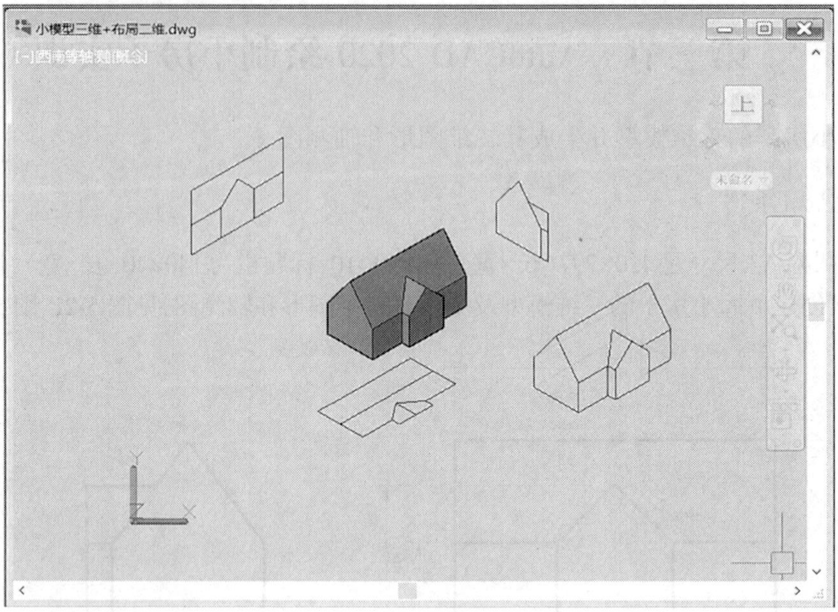

图 5-22

(三)画部分二维图形,创建三维模型

1. 画大结构

切换左视图“视图—左视”命令。

通过左视图用“矩形”命令,在命令栏输入 D 尺寸然后给尺寸 480 * 280 回车,再输入直线命令“L”后按 Enter,找矩形框长边中间点(打开对象捕捉中的“中点”)的最高点 600 依次画三角形。

在命令栏输入快捷键 PL(多段线)将其最外圈描画成一个线条闭合的图像,按 Enter 即可,显示如图 5-23 所示。

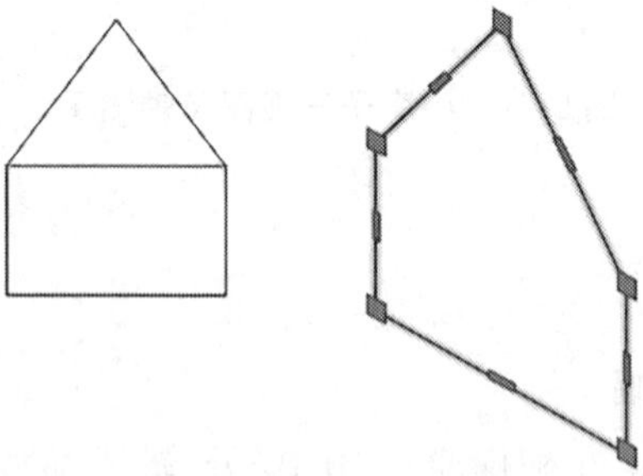

图 5-23

用“视图—西南等轴测”命令,用“建模—拉伸”命令,拉伸尺寸给 1000,显示如图 5-24 所示。

2. 画凸出小结构

切换正视图“视图—前视”命令。

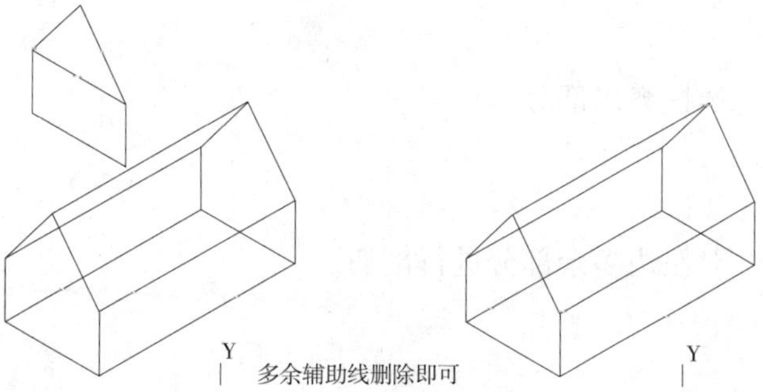

图 5-24

通过主视图用“矩形”命令，在命令栏输入 D 尺寸然后给尺寸 360 * 280 回车，再输入直线命令“L”按 Enter，找矩形框长边中间点(打开对象捕捉中的“中点”中点)的最高点 460 依次画三角形。

在命令栏输入快捷键 PL(多段线)将其最外圈描画成一个线条闭合图像，按 Enter 即可，显示如图 5-25 所示。

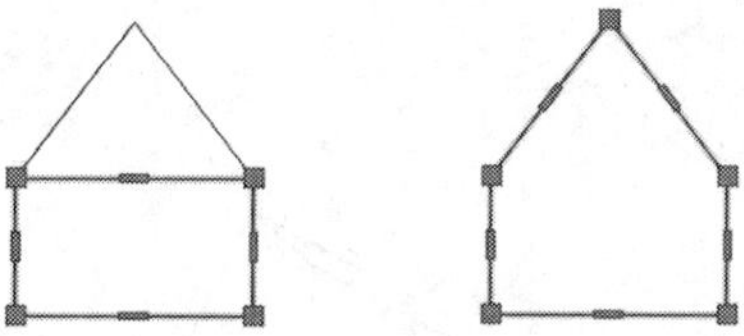

图 5-25

用“视图—西南等轴测”命令，再用“建模—拉伸”命令，拉伸尺寸给 560，显示如图 5-26 所示。

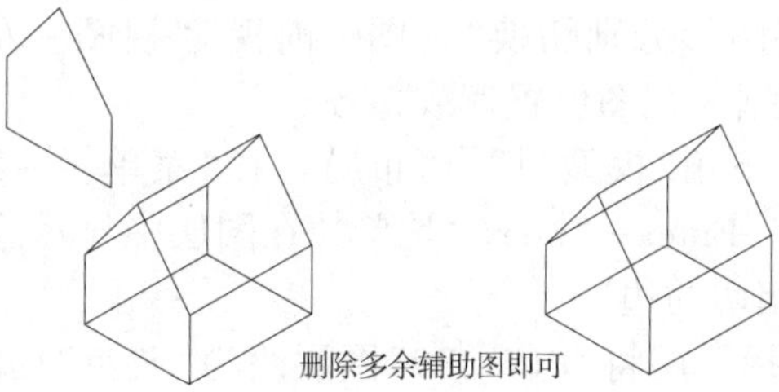

图 5-26

选中通过正视图拉伸的小结构，点击“移动”命令，选中中点移动到大结构中点处。接着点击“建模—并集”命令，选中两个模型。

3. 切换左视图“视图—左视”命令

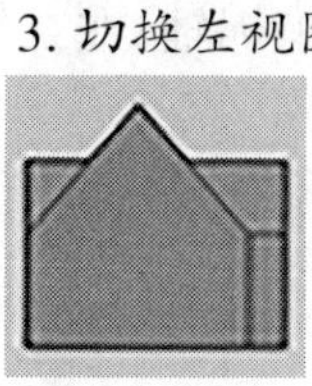

输入命令“SL”按 Enter

命令: SL SLICE
SLICE 选择要剖切的对象: 。

选择突出部分。

对左边多余部分进行剖切。

保留右半部分即可(鼠标向右半部分单击即可保留一部分),显示如图 5-27 所示。

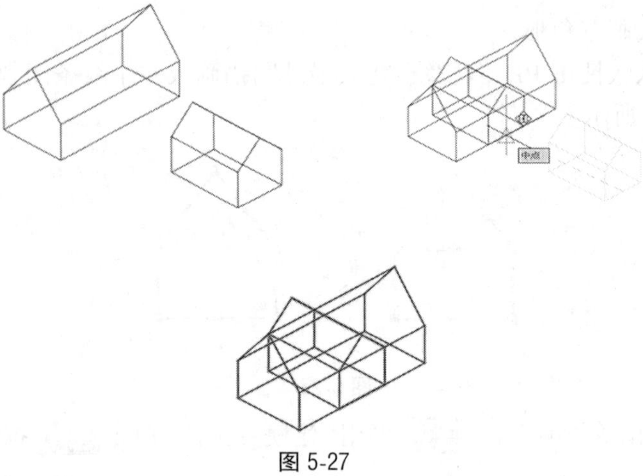

图 5-27

(四)由三维画二维

(1)在三维图纸中将图形分别切换"视图—前视""视图—左视""视图—俯视"并复制粘贴至二维图纸中,根据三视图位置摆放整齐。

(2)在二维中图纸左下角"模型"切换"布局",在"菜单栏—绘图—建模—轮廓"选择对象(选中三视图)Enter—Enter—Enter("是单独在图层中显示隐藏的轮廓线—是将轮廓线投影到平面—是删除相切的边")。

(3)在"模型"中,选择图层将"PH-2B9"图层改为"蓝色"(虚线),"PV-2B9"图层改为"红色"(粗实线)并关闭"0"图层。

◆二维小模型完成作图。

(五)画轴测图

用"复制"命令,把三维图纸中三维模型复制一个新的三维小模型。在三维图纸中用 UCS 更改坐标,在命令栏中输入"UCS-V(视图)",坐标系改为 *XY* 坐标轴,在二维图纸中打开"0"图层。然后将三维小模型复制粘贴到二维图纸中。

将"模型"切换"布局",在"菜单栏—绘图—建模—轮廓"选择对象(选中小模型)Enter — Enter — Enter,再关闭"0"图层。

◆轴测图小模型完成,显示如图 5-28 所示。

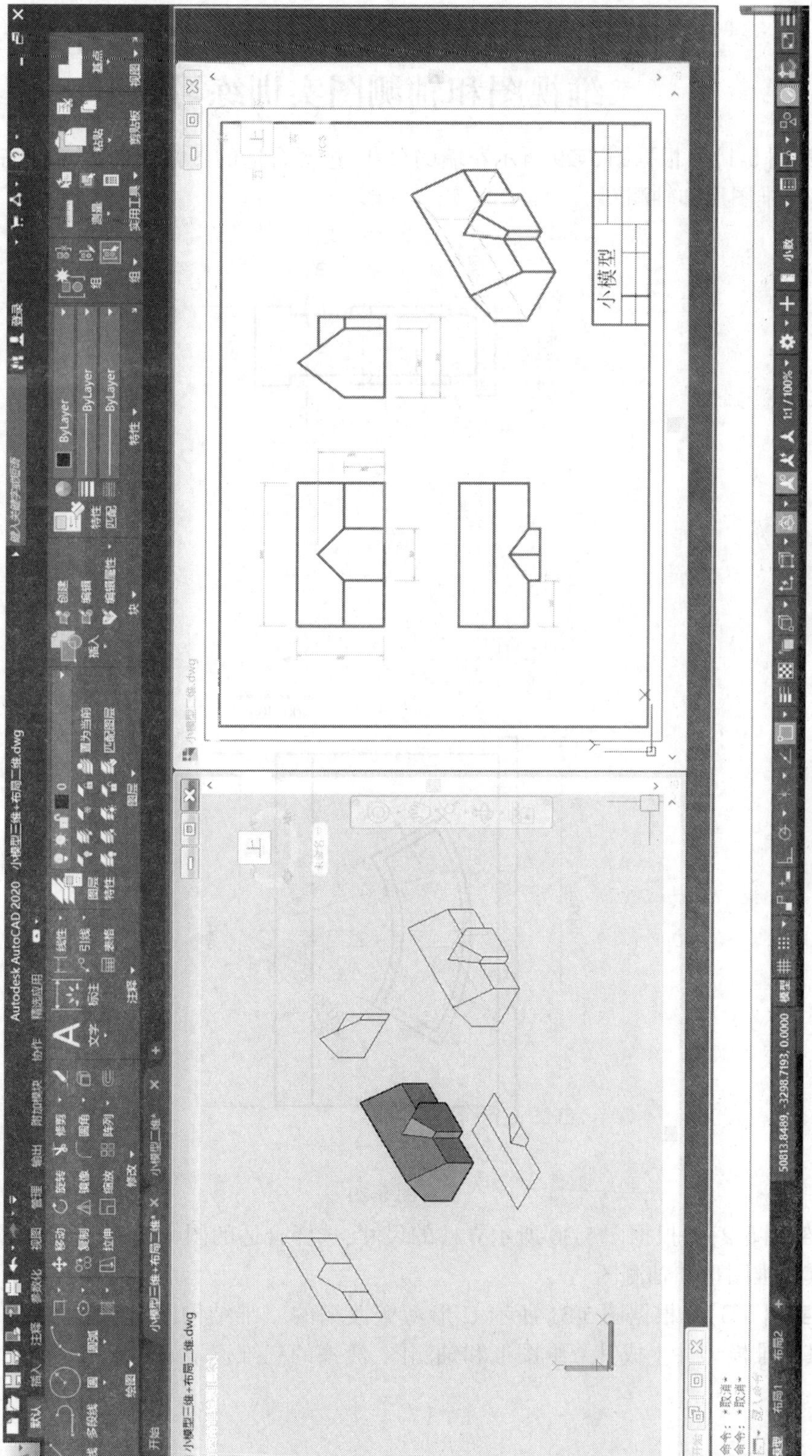

图 5-28

第四节　AutoCAD 2020 绘制三维及生成二维视图和轴测图实训练习题

【实训 5-1】　根据图 5-29 所示花墙的尺寸,选择合适的图幅比例,绘制其三维模型并生成其二维图形和轴测图。

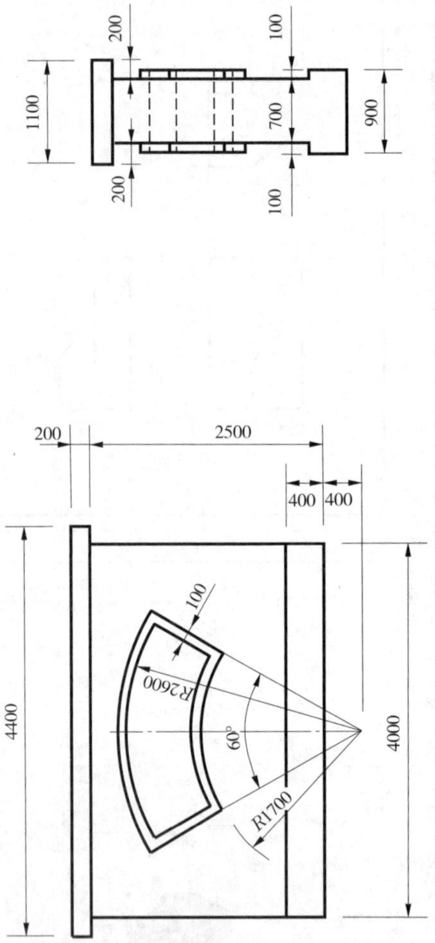

图 5-29

【实训 5-2】　根据图 5-30 所示立柱的尺寸,选择合适的图幅比例,绘制其三维模型并生成其二维图形和轴测图。

【实训 5-3】　根据图 5-31 所示 U 形薄壁渡槽的二维结构图,选择合适的图幅比例,绘制其三维模型并生成其二维图形和轴测图,渡槽的三维模型如图 5-32 所示。

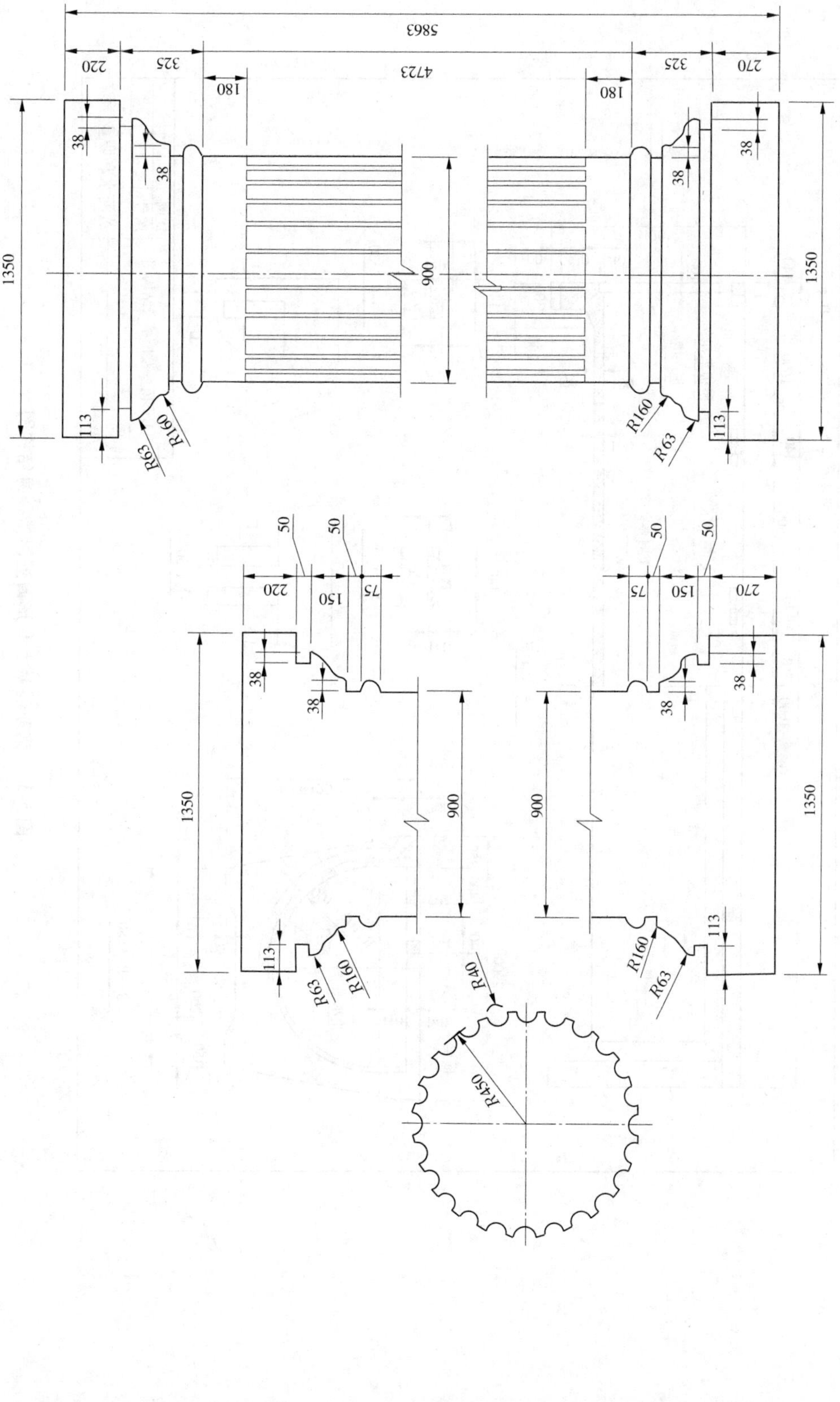
5863
220
325
4723
325
270
180
180
38
38
38
38
1350
900
1350
113
113
R63
R160
R160
R63
50
50
50
50
220
150
75
75
150
270
38
38
38
38
1350
900
900
1350
113
113
R63
R160
R160
R63
R40
R450

图 5-30

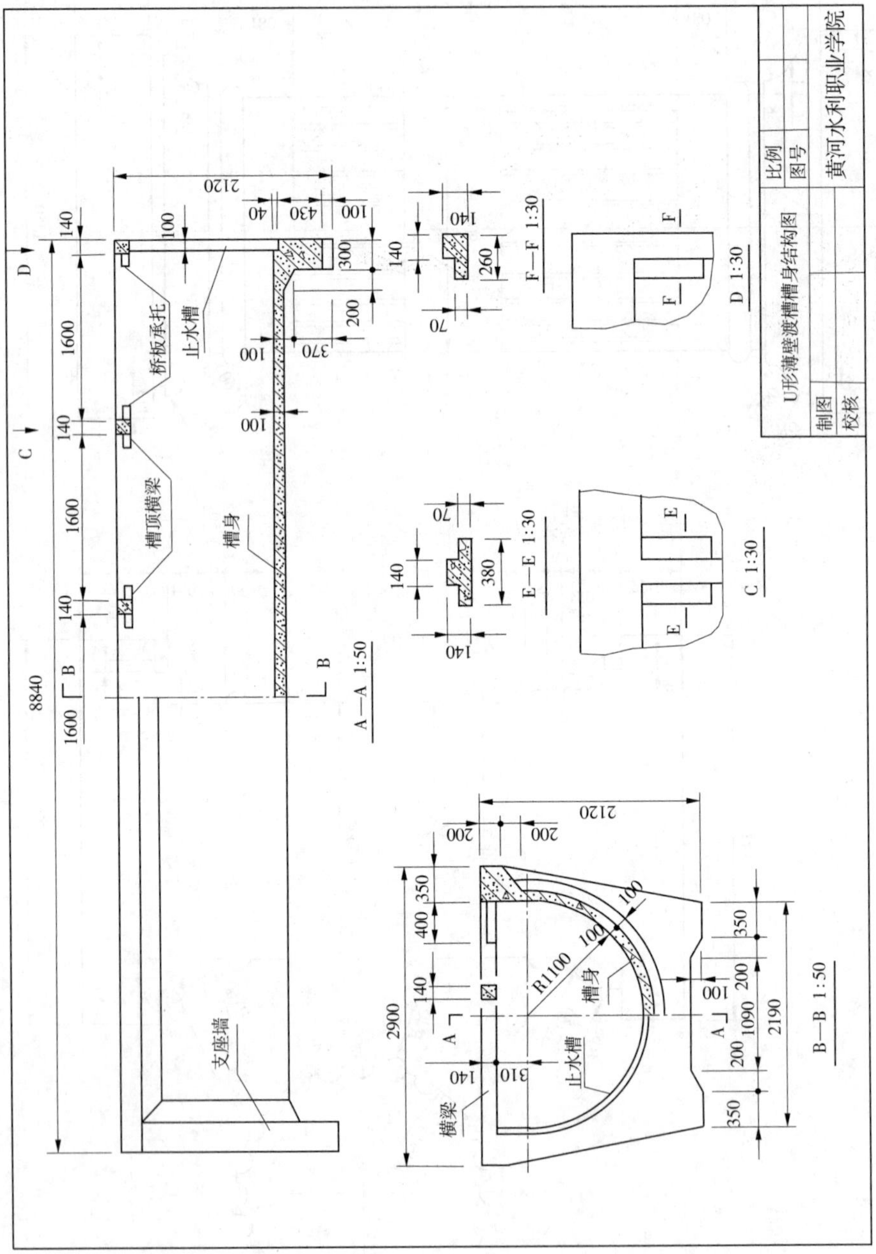

图 5-31 钢筋混凝土 U 形薄壁渡槽槽身结构图

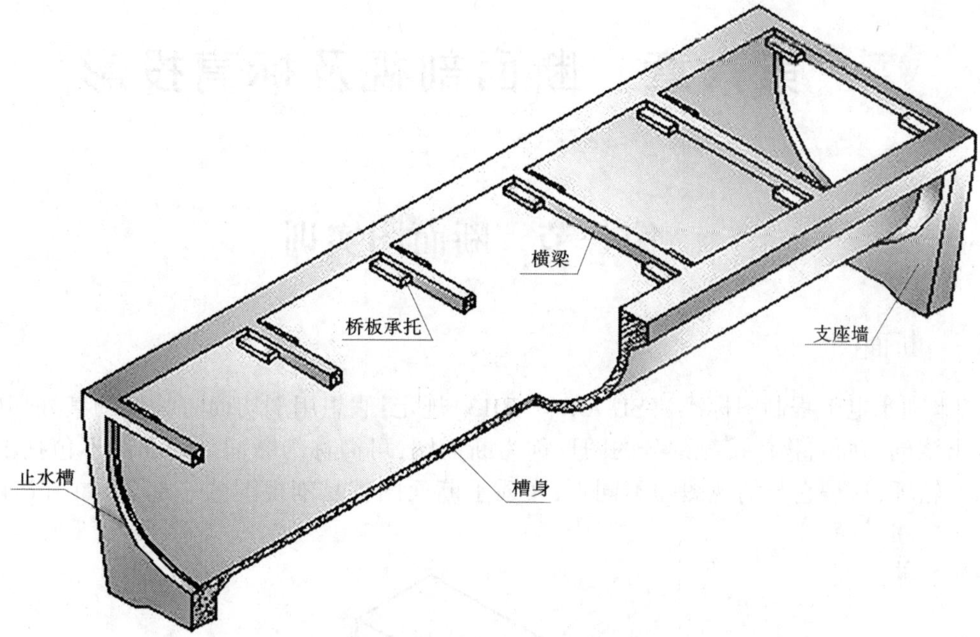

图 5-32　钢筋混凝土 U 形薄壁渡槽槽身立体图

第六章　断面剖视及标高投影

第一节　断面图实训

一、断面图

《水利水电工程制图标准》(SL 73.1—2013)规定:假想用剖切面将物体的某处切断,仅画出该剖切面与物体接触部分的图形称为断面图,可简称为断面。断面图不包括剖切面后的轮廓,这是它与剖视图的不同点,实质上断面图就是剖视图的一部分,如图 6-1 所示。

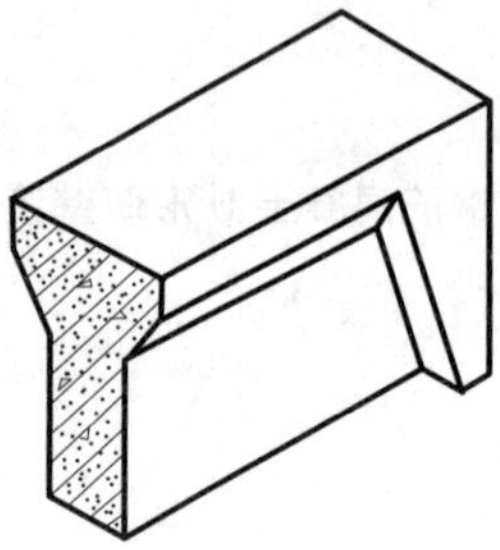

(a)空间分析

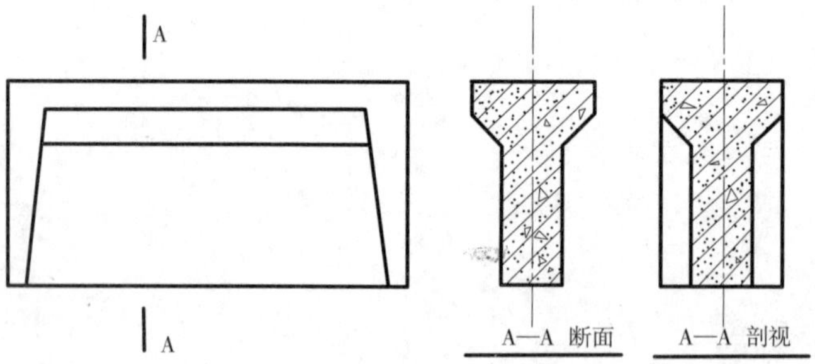

(b)主视图、断面图、剖视图

图 6-1　断面图与剖视图的区别

断面图主要用来表达物体某处断面的形状,如水工建筑物上的各段翼墙、大坝各段的断面形状等。为了表示截断面的真实形状,剖切平面一般应垂直于物体结构的主要轮廓线。

二、断面图的分类

断面图根据画在图上的位置不同,分为移出断面图和重合断面图两种。

(一)移出断面图

绘制在视图之外的断面图称为移出断面图,如图 6-2 所示。

(二)重合断面图

绘制在视图之内的断面图称为重合断面图,如图 6-3 所示。

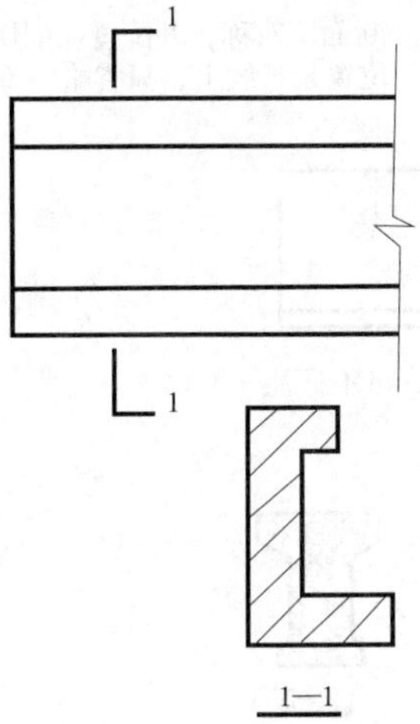

图 6-2　移出断面图

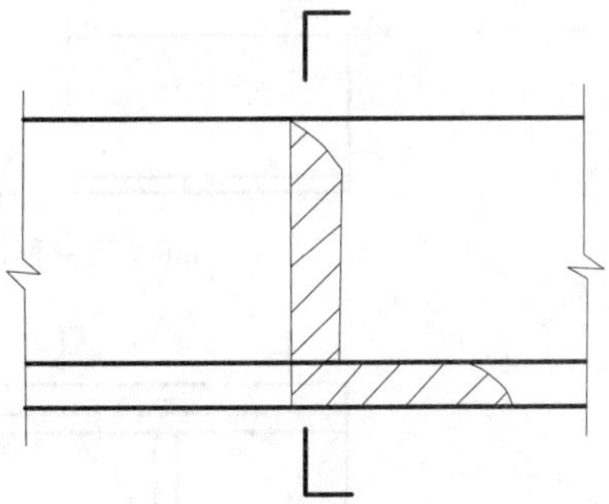

图 6-3　重合断面图

三、移出断面图的画法与标注实训

(一)移出断面图的画法要点

移出断面图的画法与剖视图相同,只是仅画出断面形状,移出断面是独立存在的图形,轮廓线应用粗实线绘制。

(二)移出断面图的配置与标注

(1)当移出断面图没有按照投影关系配置且断面图形不对称时,应全标注,如图 6-4(a)所示。

(2)如果断面图配置在剖切位置延长线上且断面图形对称,则省略标注,如图 6-4(b)所示。

(3)如果断面图配置在剖切位置延长线上且断面图形不对称,则只能省略字母,标注如图 6-4(c)所示。

(4)当断面图形对称,且移出断面配置在视图轮廓线的中断处时,可以不标注,如图 6-4(d)所示。

(5)移出断面也可配置在图纸的其他适当位置,这时如果图形对称或按投影关系配置,可省略投射方向线,但编号应写在剖切后的投射方向一侧,如图 6-4(e)所示。

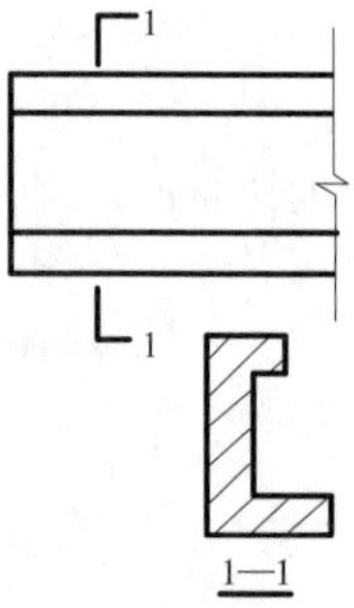

(a)断面全标注

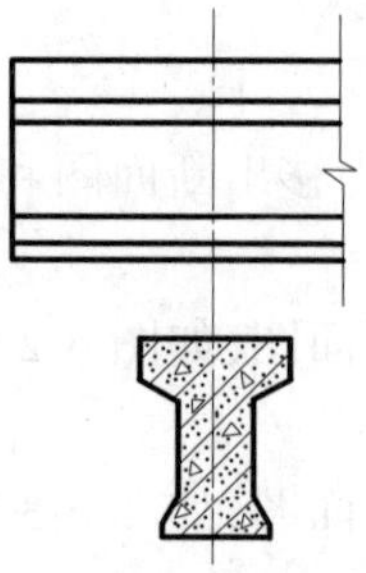

(b)断面对称，并配置在剖切位置延长线上，可不标注

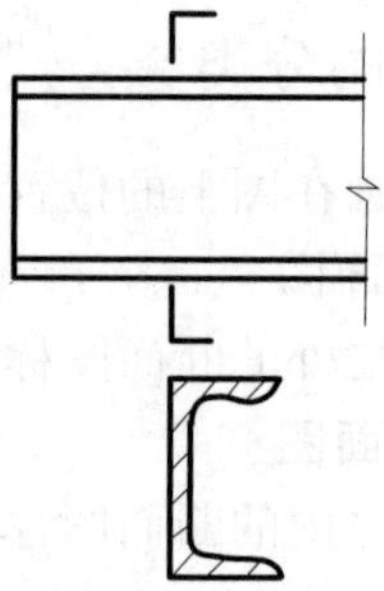

(c)断面不对称，并配置在剖切位置延长线上，只省略字母

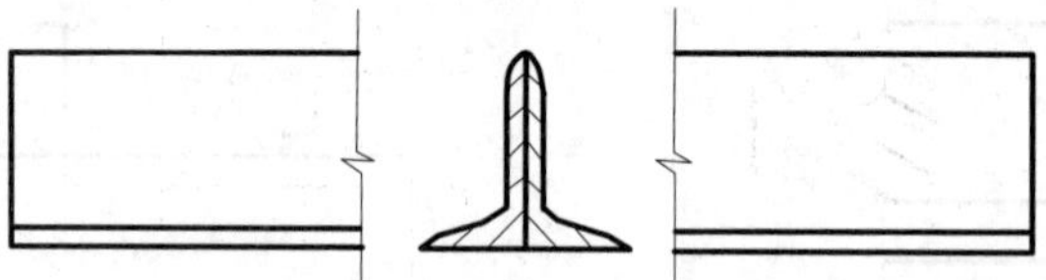

(d)断面图对称，并配置在视图中断处，可不标注

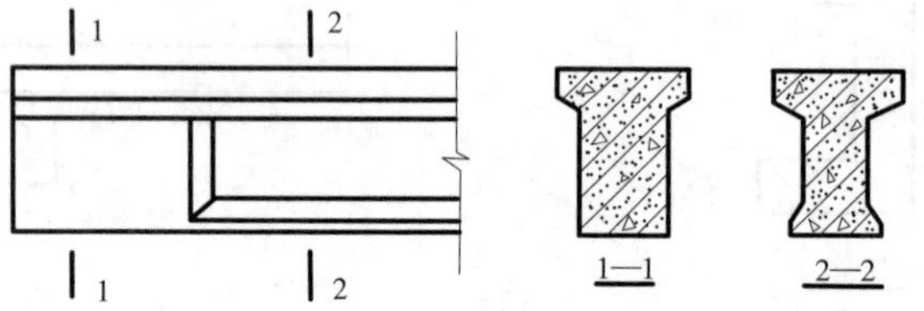

(e)断面对称，或按投影关系配置，可省略投射方向线，编号应写在投射方向一侧

图 6-4

四、重合断面图的画法与标注实训

(一)重合断面图的画法要点

重合断面图的轮廓线规定用细实线绘制。当视图中的轮廓线与重合断面的图形重合时，视图中的轮廓线仍连续地画出，不可间断。

(二)重合断面图的配置与标注

对称的重合断面图可不标注，如图 6-5(a)所示。不对称的重合断面图应标注剖切位置线，并用粗实线表示投射方向，但可不标注字母，如图 6-5(b)所示。

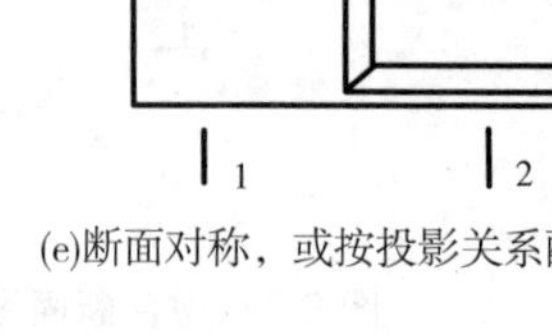

(a)重合断面图对称，可不标注

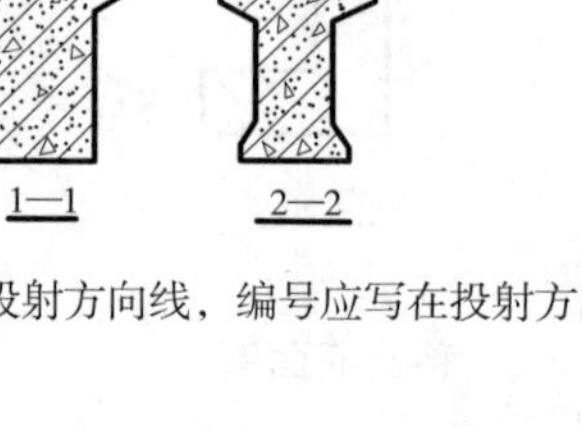

(b)重合断面图不对称应标注，但可省字母

图 6-5

第二节　剖视图实训

一、剖视图

技术制图标准规定：假想用剖切面剖开物体，将处在观察者和剖切面之间的部分移去，而将其余部分向投影面投射所得的图形称为剖视图，可简称为剖视，如图 6-6 所示。

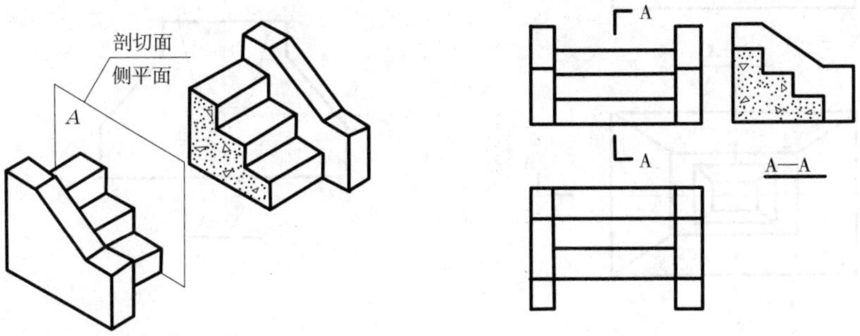

(a)空间分析　　(b)视图和剖视图

图 6-6

二、剖视图的画法与标注

(一)剖视图的画法

以改画图 6-7 所示混凝土杯形基础主视图为剖视图为例，介绍剖视图的画法思路。

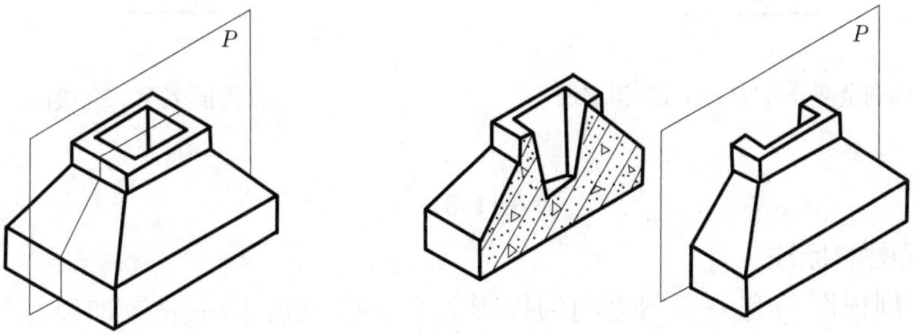

图 6-7

(1)剖。画剖视图，首先应确定剖切位置，在视图中应进行标注，如图 6-8(a)所示。为了表达物体内部结构的真实形状，剖切面的位置一般应平行于投影面，且与物体内部结构的对称面或轴线重合。

(2)去。移去剖切面与观察者之间的部分，在视图中应擦去移去部分的外形轮廓线，如图 6-8(b)所示。

(3)看。将剩余部分当成一个立体进行投射，在视图中将可见轮廓线全部画成粗实线，如图 6-8(c)所示。

(4)画剖面符号。在剖切面与物体接触的部分画出剖面符号，本例剖面材料为钢筋混凝土，如图 6-8(d)所示。

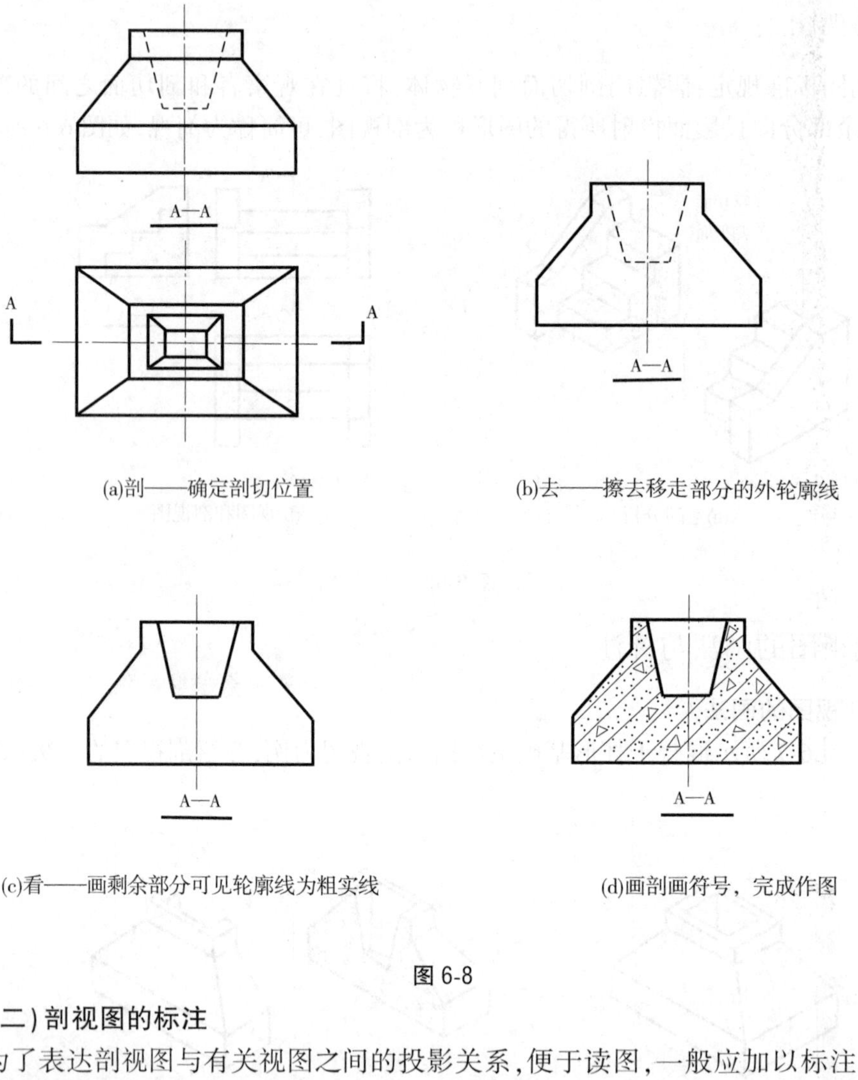

(a)剖——确定剖切位置　(b)去——擦去移走部分的外轮廓线

(c)看——画剩余部分可见轮廓线为粗实线　(d)画剖画符号，完成作图

图 6-8

(二)剖视图的标注

为了表达剖视图与有关视图之间的投影关系，便于读图，一般应加以标注。如图 6-6 所示，标注中应注明剖切位置、投射方向和剖视图的名称。

(1)剖切位置和投射方向。其用剖切符号表示，剖切符号是标明剖切面起、止和转折位置及投射方向的符号。剖切符号由剖切位置线和投射方向线组成一直角，均以粗实线绘制。剖切位置线的长度宜为 5～10 mm，投射方向线的长度宜为 4～6 mm。绘图时，剖切符号不宜与轮廓线接触。

(2)剖切符号的编号。其宜采用阿拉伯数字或拉丁字母，若有多个剖视图，应按顺序由左至右，由上至下连续编号，编号应写在投射方向线的端部，并一律水平书写。

(3)剖视图的名称。与剖切符号的编号对应，剖视图的名称写在相应剖视图的下方(或上方)，注出相同的两个字母或数字，中间加一条 5～10 mm 长的细实线，如“A—A”、

“1—1”。图名的字体应大一些。

(三)画剖视图应注意的问题

(1)明确剖切是假想的。剖视图是假想把物体剖切开后所画的图形,除剖视图外,其余视图仍应完整画出。

(2)不要漏线。剖视图不仅应该画出与剖切面接触的断面形状,而且还要画出剖切面后的可见轮廓线。对初学者而言,往往容易漏画剖切面后的可见轮廓线,应特别注意。

(3)合理地省略虚线。用剖视图配合其他视图表示物体时,图上的虚线一般省略不画。但如果画出少量的虚线可以减少视图数量,而且又不影响视图的清晰时,也可以画出少量的虚线。

(4)正确绘制剖面材料符号。位置要正确,符号要规范,应注意同一物体各剖视图上的材料符号要一致,即斜线方向一致、间距目测相等。

第三节　标高投影实训

修建在地面上的建筑物与所处的地面有很密切的关系,为了能准确表达工程形体,常需要画出地面形状。而自然地面相对复杂,用多面正投影图很难表达清楚。因此,人们在长期的生产实践中总结出了一种适合于表达建筑物与地面连接关系的方法——标高投影法。学习水利工程制图必须掌握标高投影图的画法与识读。

一、标高投影

标高投影不仅用来表达建筑物与所处地面的形状,还用来图解两者之间的连接关系,而图解得到的交线投影是工程施工放样的重要依据。

在标高投影中需要求作的交线(见图6-9)分为以下三种:

(1)坡脚线。建筑物的填方坡面与地面的交线称为坡脚线。

(2)开挖线。建筑物的开挖坡面与地面的交线称为开挖线。

(3)坡面交线。建筑物自身相邻坡面的交线称为坡面交线。

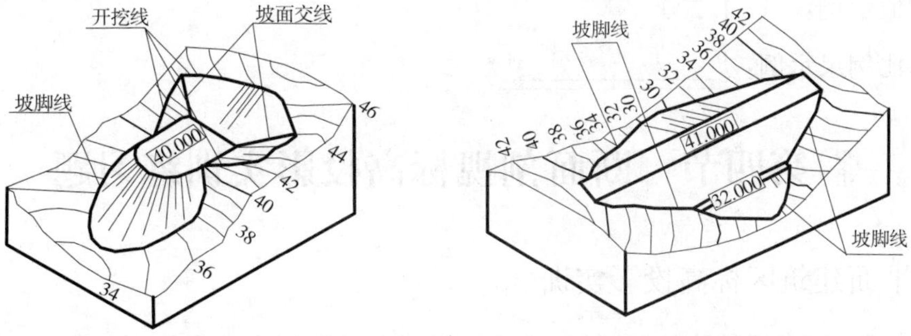

(a)地形面上修建平台　　(b)地形面上修建大坝

图6-9　标高投影需求作的交线分析

二、标高投影图的形成和要素

在物体的水平投影上加注某些特征面、线及控制点的高程数值,并注明绘图比例的单面正投影称为标高投影。如图 6-10 所示是四棱台的标高投影,其就是在四棱台的水平投影上加注上、下底面的高程,并给出绘图比例,为了形象地表示坡面,还加绘了示坡线。示坡线是一组长短相间的细实线,短画的长度是长画的 1/3~1/2,由高指向低,方向与该面的坡度线的方向一致。

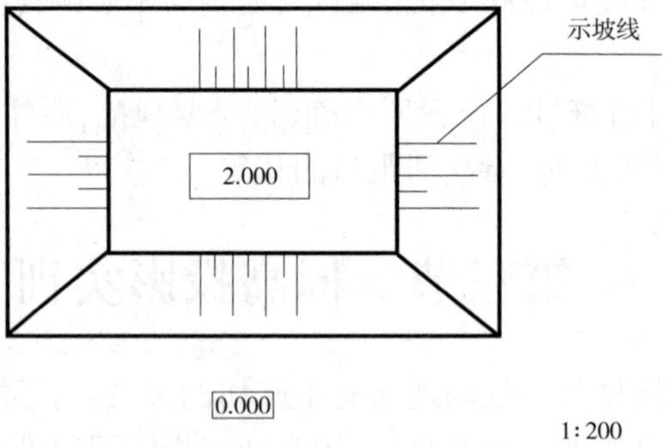

图 6-10　标高投影的形成

标高投影图的组成要素包括以下三项:

(1)物体的水平投影。

(2)高程数值。又称为高程或标高,它是指以某一水平面为基准面,空间点到基准面的距离。制图标准规定:基准面高程为零,基准面以上的高程为正,基准面以下的高程为负。根据基准面选取位置的不同,高程分为绝对高程和相对高程。绝对高程的基准面是与测量相一致的黄海平均海平面,相对高程的基准面是除此以外的其他水平面。高程常用的单位是米,一般精确到小数点后三位。

(3)绘图比例。绘图比例是度量物体水平投影大小的依据。常见的表示方法有比例值和图示比例尺两种形式。

比例值示例:　　1:200

图示比例尺示例: 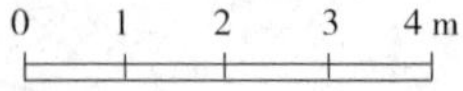

第四节　断面剖视标高投影实训练习题

一、平面建筑区标高投影实训

实际工程中,在建筑物与地面间、建筑物相邻两坡面间会产生相应的交线,完成建筑物的标高投影图主要就是求作这些交线的投影。

已知地面高程为 9 m,基坑底面高程为 5 m,坑底的大小形状和各坡面坡度如图 6-11(a)所示,完成基坑开挖后的标高投影图。

解析：

该建筑物表面比地面低，属开挖类建筑物，需要求作开挖线和坡面交线两类交线。开挖线是坡面与地面的交线，建筑物共有五个坡面，产生五条开挖线，因地面是高程为 9 m 的水平面，所以开挖线是各坡面上高程为 9 m 的等高线；五个坡面相邻相交产生五条坡面交线，空间形状如图 6-11(b)所示。

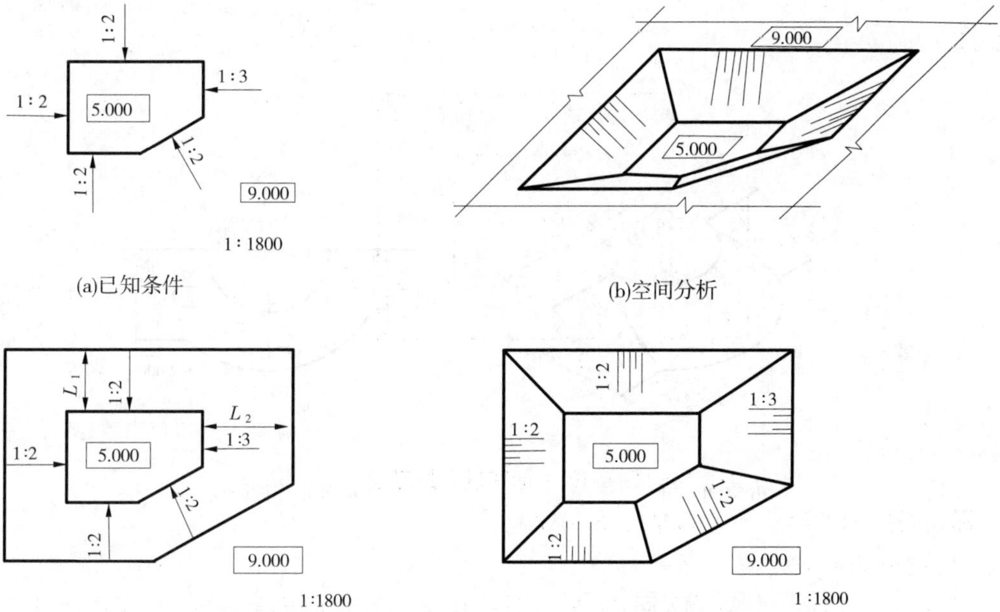

(a)已知条件　(b)空间分析

(c)求作开挖线　(d)连坡面交线，绘制示坡线

图 6-11　求作基坑标高投影图

求作：

(1)求开挖线，如图 6-11(c)所示。

坑底边线是各坡面上高程为 5 m 的等高线，开挖线是各坡面上高程为 9 m 的等高线，两等高线间的高差 $\Delta H=4$ m，水平距离 $L=\Delta H\times l=4l$，当 $l=2$ 时，$L_1=2\times4=8$(m)；当 $l=3$ 时，$L_2=3\times4=12$(m)。根据所求的水平距离按比例沿各坡面坡度线分别量取 $L_1=8$ m 和 $L_2=12$ m，得各坡面上的 9 m 高程点，过各点作坑底边平行线，可求得开挖线。

(2)求坡面交线，画出各坡面的示坡线，如图 6-11(d)所示。

直接连接相邻两坡面同高程等高线的交点，即得相邻两坡面交线。

垂直于各坡面等高线画出各坡面的示坡线，完成作图。

二、曲面建筑区标高投影实训练习

如图 6-12(a)所示，在高程为 2 m 的地面上，修筑一个高程为 6 m 的平台，完成标高投影图。

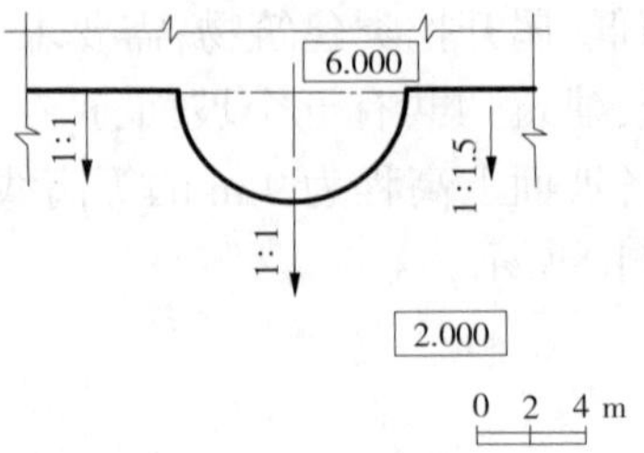

(a)已知条件

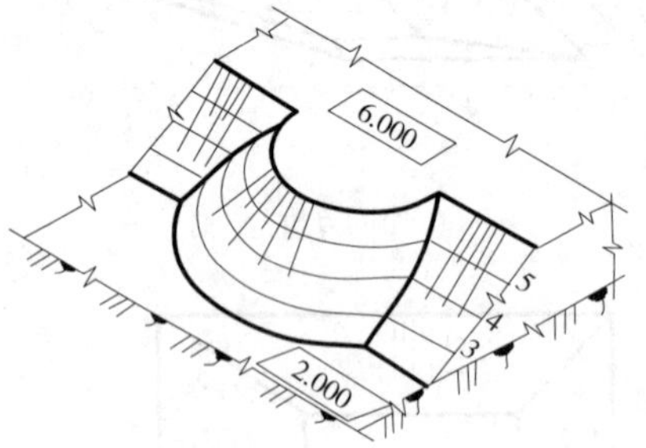

(b)空间分析

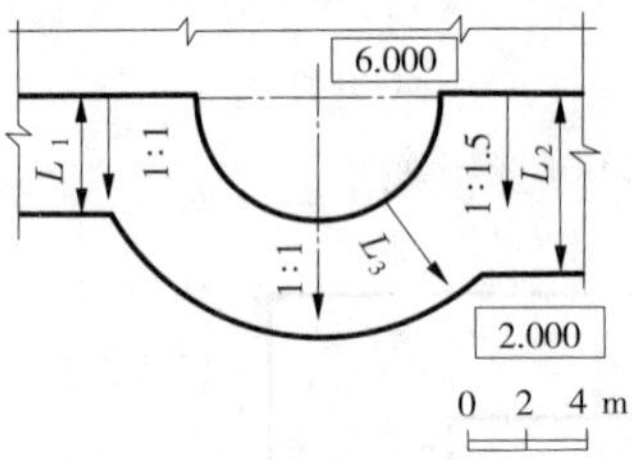

(c)先求作坡脚线

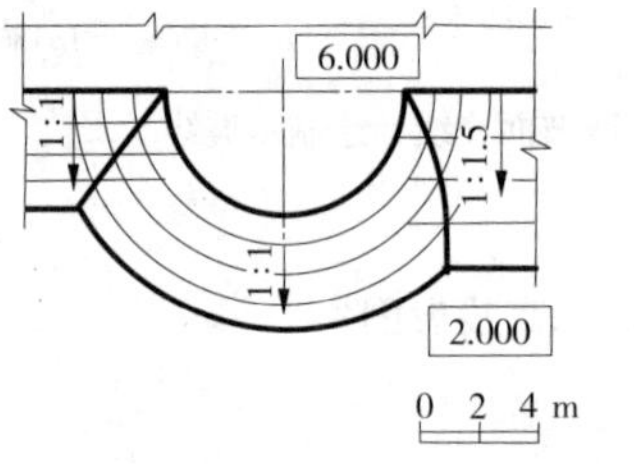

(d)再求作坡面交线

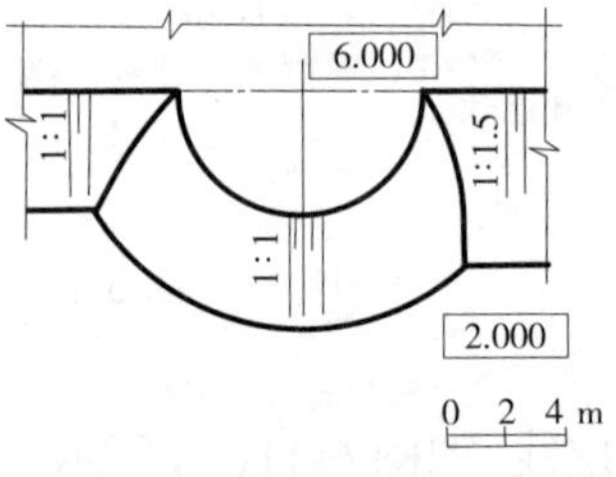

(e)画示坡线，完成作图

图 6-12　求作圆锥面护坡的标高投影

解析：

该建筑物属堆筑型建筑物，需要求作坡脚线和坡面交线两类交线。建筑物有三个坡面产生三条坡脚线，因地面是平面，两斜面与地面的交线是直线，圆锥面与地面的交线是圆曲线；两斜面与圆锥面相交产生两条坡面交线，都是非圆曲线，该曲线可由斜坡面与圆锥面上一系列同高程等高线的交点确定，如图 6-12(b)所示。

求作：

(1)求坡脚线，如图 6-12(c)所示。

因为地面是水平面，所以坡脚线是各坡面上高程为 2 m 的等高线，已知的平台轮廓线是各坡面上高程为 6 m 的等高线，各坡面上两等高线间的高差均为 $\Delta H=4$ m，各坡面的平

距 l 可由坡度得知。

因 $L=\Delta H\times l$，可得各坡面上水平距离为：

$$L_1 = \Delta H \times l_1 = 4 \times 1 = 4(\mathrm{m})$$
$$L_2 = \Delta H \times l_2 = 4 \times 1.5 = 6(\mathrm{m})$$
$$L_3 = \Delta H \times l_3 = 4 \times 1 = 4(\mathrm{m})$$

沿着各坡面上坡度线的方向量取相应的水平距离，即可画出各坡面的坡脚线，其中圆锥面的坡脚线是圆锥台顶圆的同心圆。

(2)求作坡面交线，如图 6-12(d)所示。

在各坡面上求作高程为 5、4、3 等高线，得相邻面上同高程等高线的一系列交点，即为坡面交线上的点，依次光滑连接各点，即得坡面交线。

(3)画出各坡面的示坡线，完成作图，如图 6-12(e)所示。

三、曲面建筑区实训

如图 6-13(a)所示，在山坡上修一个水平场地，场地高程为 40 m，四周做成坡面，其中填方边坡坡度为 1∶1.5，挖方边坡坡度为 1∶1，完成该平台的标高投影图。

解析：

因为所修水平场地高程为 40 m，高于平台的地面部分需要挖方，低于平台的地面部分需要填方，所以属半填半挖类建筑物。作图时首先确定填、挖方的分界线，即为与平台同高程的 40 m 地形等高线与水平场地边线的交点 M、N。填方部分包括一个圆锥面和两个与它相切的平面，挖方部分是三个坡面，都是平面，这些面与不规则地面的交线均为不规则曲线。填方部分的坡面与圆锥面相切，无坡面交线；挖方部分三个坡面两两相交，产生两条坡面交线，如图 6-13(b)所示。

求作：

如图 6-13(c)、(d)、(e)所示。

(1)求坡面交线。因为挖方部分三个坡面的坡度均为 1∶1，所以过 a、b 两点作 45°斜线即为坡面交线(如相交坡面的坡度不同，应求交线上两个共有点，连线得坡面交线)。

(2)求开挖线。以坡面交线和高程为 40 m 的地形等高线为界，画出各坡面上高程为 41 m、42 m、43 m…的等高线，并求出它们与地面上同高程等高线的交点，然后连点得开挖线。

(3)求坡脚线。先求画圆锥面与地面的交线，过圆心任意画一条坡度线，以平距 l = 1.5 m 截取若干点，即得高程为 39 m、38 m、37 m…的各点，然后以 O 为圆心，过这些点作一系列同心圆，即为圆锥面上的等高线，再作出与圆锥面相切的平面上高程为 39 m 的等高线，求出它们与地面上同高程等高线的交点，连点即得坡脚线。

(4)画出圆锥面及各坡面上的示坡线，并标注坡度，完成作图。

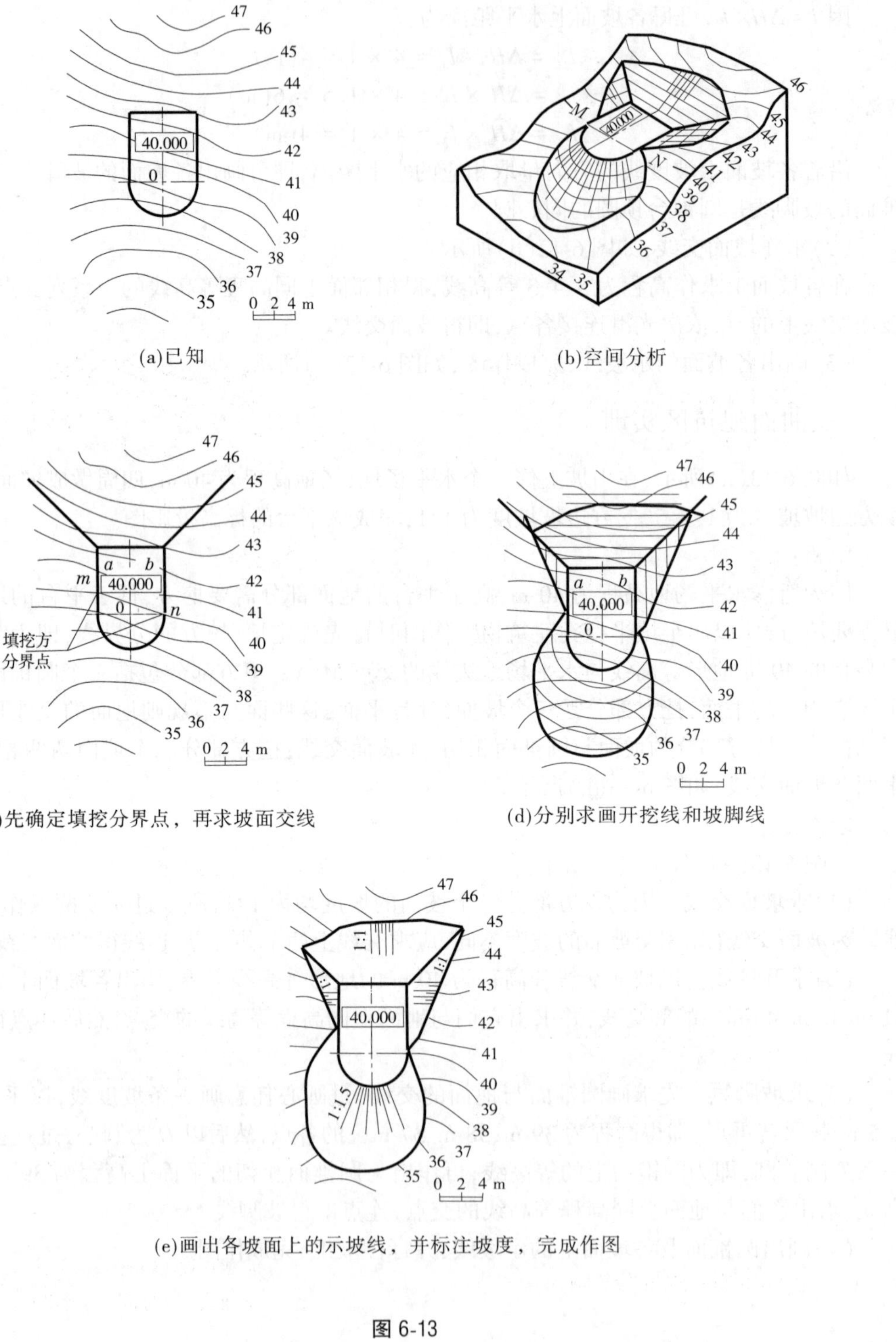

(a)已知

(b)空间分析

(c)先确定填挖分界点，再求坡面交线

(d)分别求画开挖线和坡脚线

(e)画出各坡面上的示坡线，并标注坡度，完成作图

图 6-13

四、土石坝标高投影实训

如图 6-14(a)所示为坝址处的地形图、土石坝的坝轴线位置及土石坝的最大横断面图,完成土石坝的标高投影图。

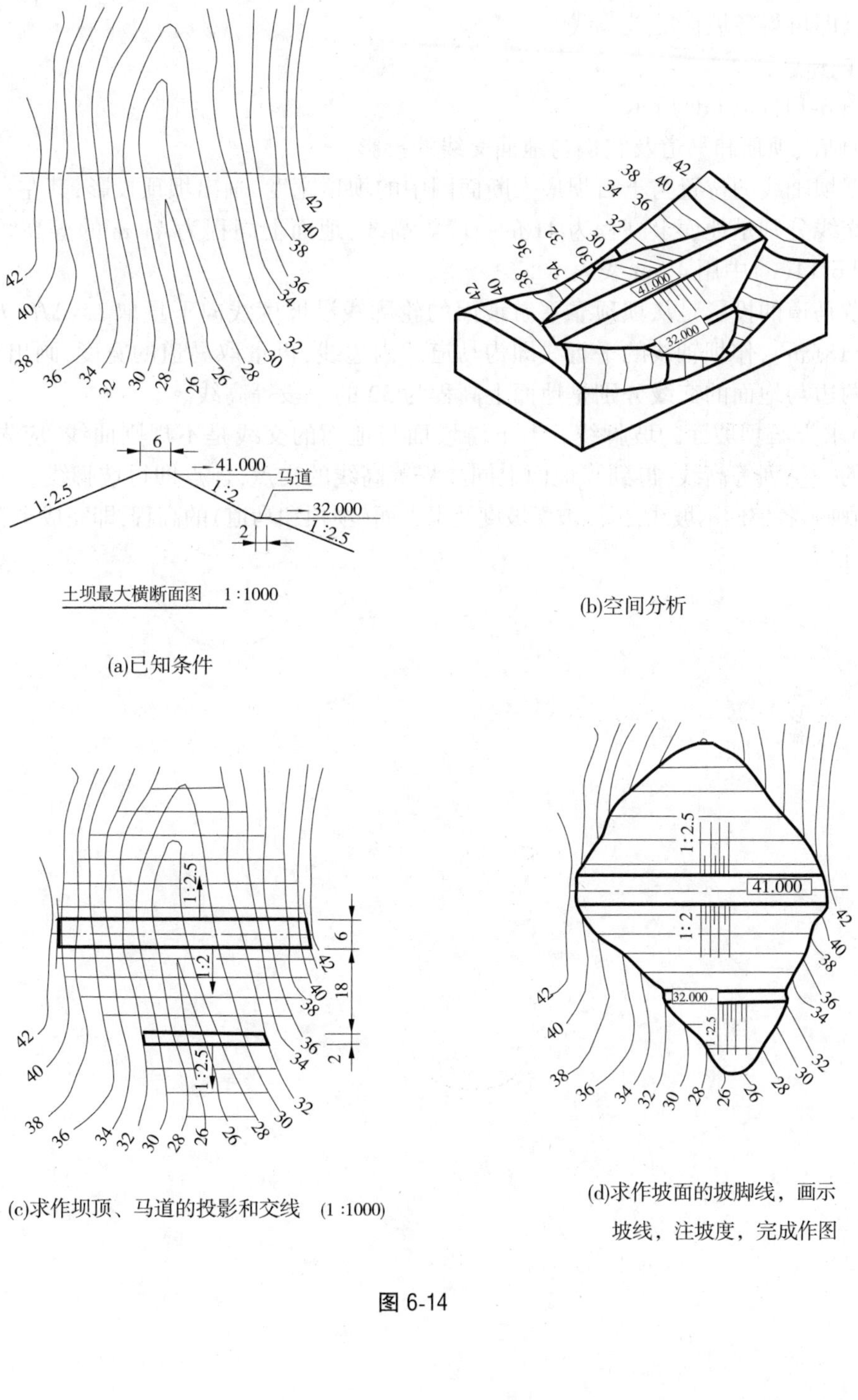

(a)已知条件

(b)空间分析

(c)求作坝顶、马道的投影和交线　(1:1000)

(d)求作坡面的坡脚线，画示坡线，注坡度，完成作图

图 6-14

解析：

土石坝坝顶、马道及上下游坡面与地面都要产生交线即坡脚线，这些交线均为不规则的曲线，土石坝相邻坡面的坡面交线均在坝顶和马道轮廓线上，如图 6-14(b)所示。

已知条件是土石坝的横断面，要作出这些交线，应首先在地形图上作出土石坝顶面和马道的标高投影，然后求出土石坝上各坡面等高线与地面同高程等高线的交点，依次连接这些交点即可得各坡面的坡脚线。

求作：

如图 6-14(c)、(d)所示。

(1)画出坝顶和马道及它们与地面交线的投影。

根据坝轴线的位置与土石坝最大断面图中的坝顶宽度，画出坝顶投影，其左右两边与地面的交线分别是地面上高程为 41 的一段等高线，地面上高程为 41 m 的等高线需插画得到[图 6-14(c)中用 41 m 线表示]。

下游马道的投影是从坝顶靠下游坡面的轮廓线沿坡度线向下量取 $L=\Delta H\times l=(41-32)\times 2=18(\mathrm{m})$，作坝轴线的平行线即为马道的内边线，再量取马道的宽度，画出外边线。其左右两边与地面的交线分别是地面上高程为 32 的一段等高线。

(2)求土石坝坡面的坡脚线。上下游坡面与地面的交线是不规则曲线，应先求出各坡面上的一系列等高线，得到与地面上同高程等高线的交点，连点即得坡脚线。

(3)画出各坡面示坡线，标注坡面坡度及水平面(坝顶和马道)的高程，即完成土石坝的标高投影图。

第七章　水利工程图与房屋图实训

第一节　水利工程图制图标准

在水利工程中,水利枢纽大都是由几个水工建筑物组合在一起协同工作的。例如,三峡水利枢纽,就是由溢流坝段、挡水坝段、水电站、船闸等建筑物组成的。

表达水工建筑物及其施工过程的图样称为水利工程图。

一、水利工程图的一般表达方法

(一)多个视图联合表达

1. 平面图

建筑物的俯视图在水利工程图中称为平面图。常见的平面图有表达单一建筑物的平面图和表达整个水利枢纽的枢纽平面布置图。平面图主要表达建筑物的俯视形状、各部分的平面布置关系、水平方向的尺寸等。

2. 立面图

在水利工程图中,主视图、左视图、右视图、后视图一般称为立面图(或立视图)。将视向顺水流方向所得到的立面图称为上游立面图;反之,将视向逆水流方向得到的立面图称为下游立面图。如图7-1中土石坝的上、下游立面图。立面图主要表达建筑物的立面形状和高度尺寸等。

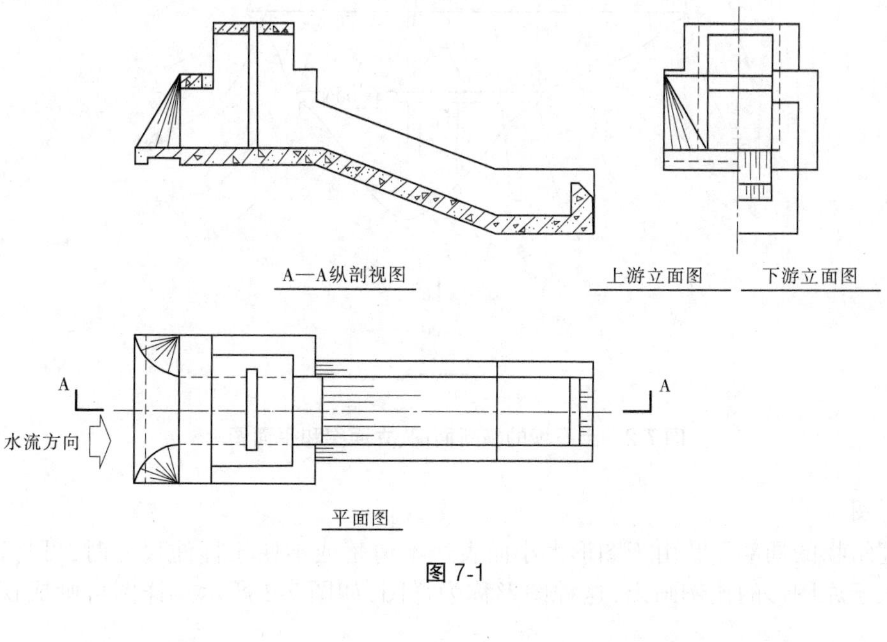

图 7-1

3. 剖视图、断面图

在水利工程图中,将平行于建筑物轴线剖切所得到的剖视图或断面图,称为纵剖视图或纵断面图。将垂直于建筑物轴线剖切所得到的剖视图或断面图,称为横剖视图或横断面图,如图 7-1A—A 为水闸的纵剖视图,图 7-2 B—B 为土石坝的横断面图。剖视图和断面图主要表达建筑物的内部结构形状、尺寸和材料等内容。

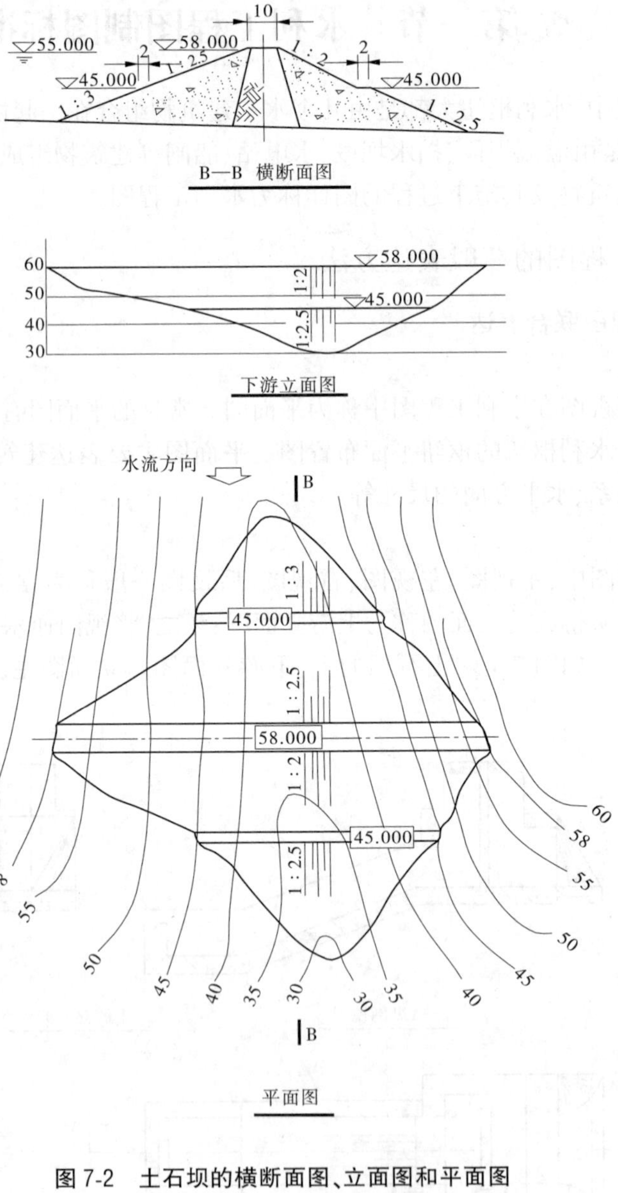

图 7-2　土石坝的横断面图、立面图和平面图

4. 详图

当建筑物的局部形状由于图形太小而表达不清楚或不便于标注尺寸时,可将这部分形状用大于原图形的比例画出,这种图形称为详图,如图 7-3 所示。详图可画成视图、剖

视图或断面图,它与被放大部分的表达方式无关。

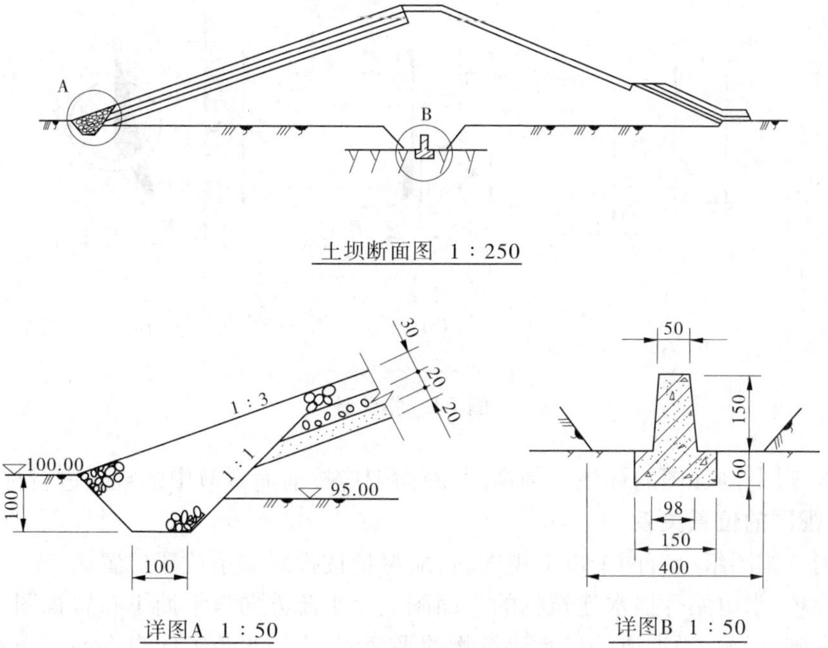

图 7-3

(二)视图的标注

(1)图名和比例的标注。为了明确各视图之间的关系,每个视图都应标注图名,图名统一标注在图形的下方(或上方),并在图名下面画一条粗实线。当整张图纸中只有一种比例时,应统一注写在图标内;否则,应按如下形式将比例注写在图名附近。

$$\underline{\text{平面图}1:500} \quad \text{或} \quad \frac{\text{平面图}}{1:500}$$

(2)详图的标注。详图一般应标注,标注形式为:在被放大的部分用细实线画小圆圈,并标注字母;详图用相同的字母标注图名,并注写比例,如图 7-3 所示。

(3)图样中如需注明水流方向,可按图 7-4 的形式画出表示水流方向的箭头符号。

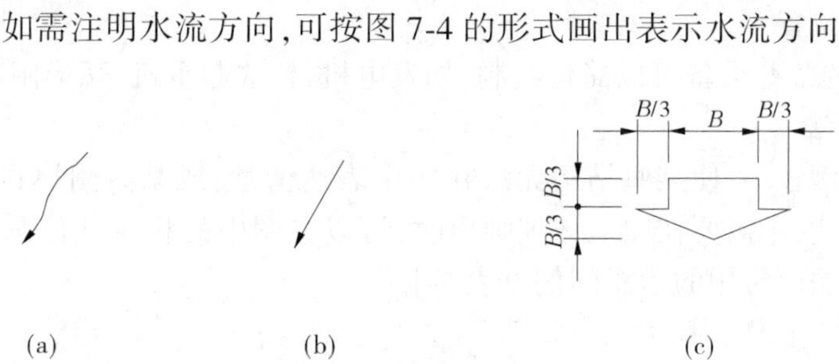

图 7-4　水流方向符号

(4)地理方位的标注。平面图中指北针根据需要可按图 7-5 的形式绘制,其位置一般在图的左上角,必要时也可画在图的右上角。

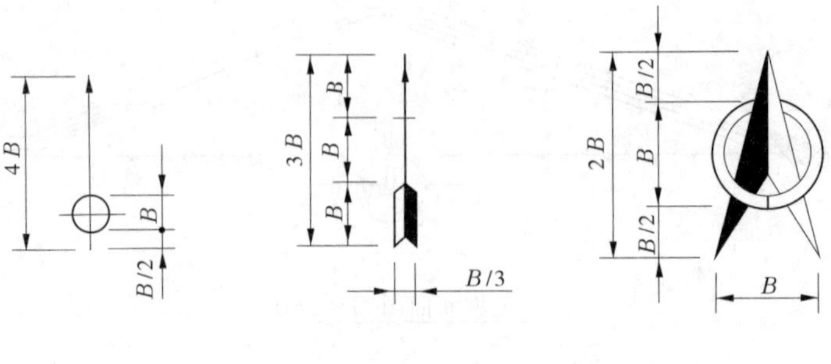

(a)　(b)　(c)

图 7-5　指北针

(5)剖视图、断面图的标注。剖视图、断面图应按前面章节中的规定进行标注。

(三)视图的位置关系

(1)当一幅图纸上有两个以上视图时,应尽量按投影关系放置位置。

(2)大坝、水电站等挡水建筑物的平面图应使水流方向自上而下布置视图。

(3)水闸、涵洞、溢洪道等过水建筑物的平面图,应使水流方向自左而右布置视图。

二、水利工程图的特殊表达方法

由于水利工程图的特殊性和复杂性,因此当用基本表达方法无法表达清楚或表达不够简洁时,可采用特殊表达方法。

(一)合成视图

两个视向相反且对称的视图或剖视图,可各画一半组合在一起,中间用点画线分开,这样形成的图形称为合成视图,如图 7-1 中的上、下游半立面图即为合成视图。

(二)简化画法

(1)对于图样中的一些细小结构,当其成规律分布时,可以简化绘制,如图 7-6 所示排水孔的画法。消力池底板上的排水孔成规律分布,可只画出一个(或几个)圆孔,其余只画出中心线表示位置。

(2)图样中的某些设备可以简化绘制,如发电机、桥式起重机、弧形闸门等。

(三)示意画法

当图形的比例较小,使某些结构无法在图中表达清楚,或某些附属设备(如闸门)另有专门的图纸表达,不需要在图上详细画出时,可以在图中的相应部位画出示意图例,这种画法叫示意画法。常用的示意图例见表 7-1。

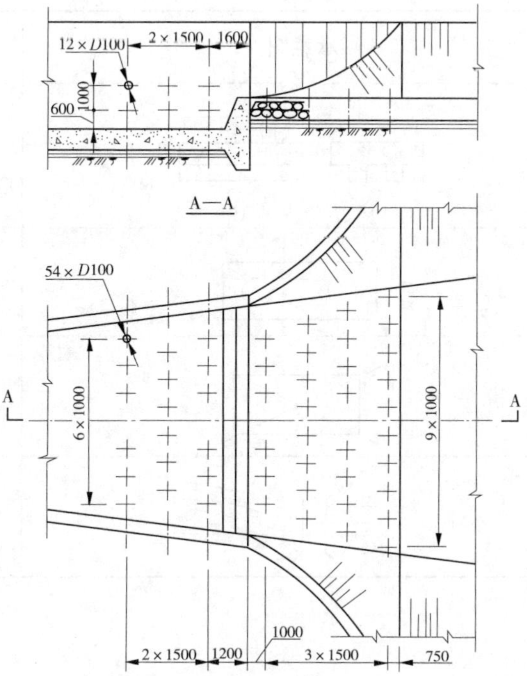

图 7-6　均布小结构的简化画法

表 7-1　示意图例

序号	结构种类	示意图	说明
1	平板闸门	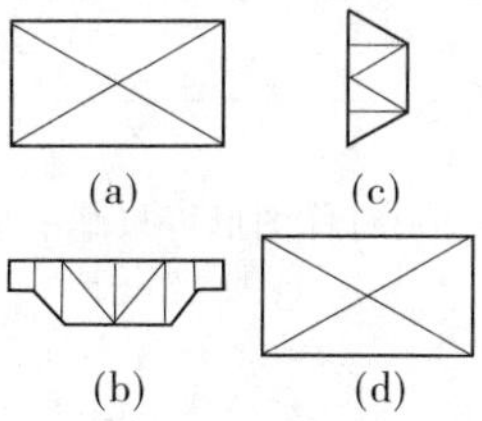	(a)下游立面图 (b)平面图 (c)侧面图 (d)上游立面图
2	弧形闸门	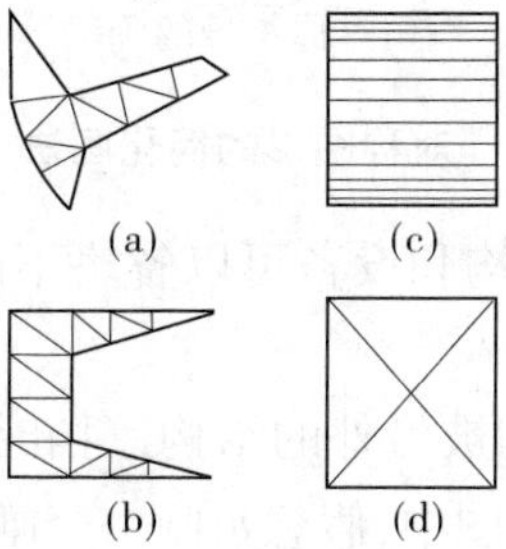	(a)侧面图 (b)平面图 (c)上游立面图 (d)下游立面图

续表 7-1

序号	结构种类	示意图	说明
3	栏杆	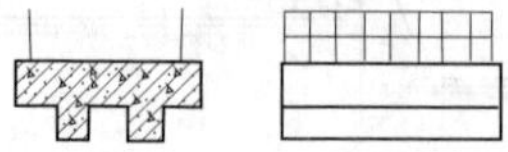 (a)　(b)	(a)纵剖视图 (b)侧面图
4	水电站	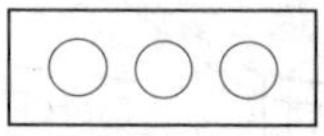	用在总平面图中,小圆个数代表水轮机机组台数
5	水闸	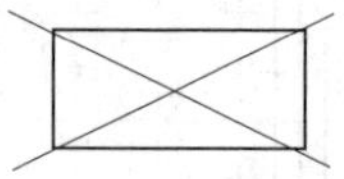	用在规划图中;拟建水闸画成线
6	桥	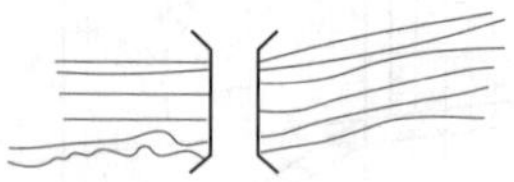	用在规划位置图中

(四)省略画法

(1)当图形对称时,可以只画对称的一半,但需要在对称线上绘制对称符号。如图 7-7(a)所示涵洞平面图。对称符号是细实线,其规定画法如图 7-7(b)所示。

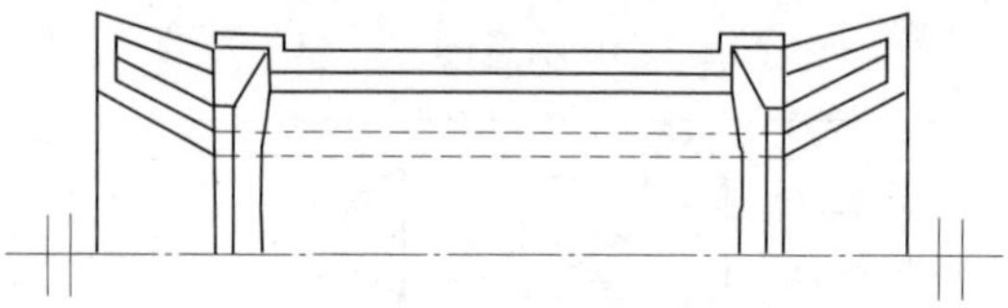

(a)对称图形可只画一半

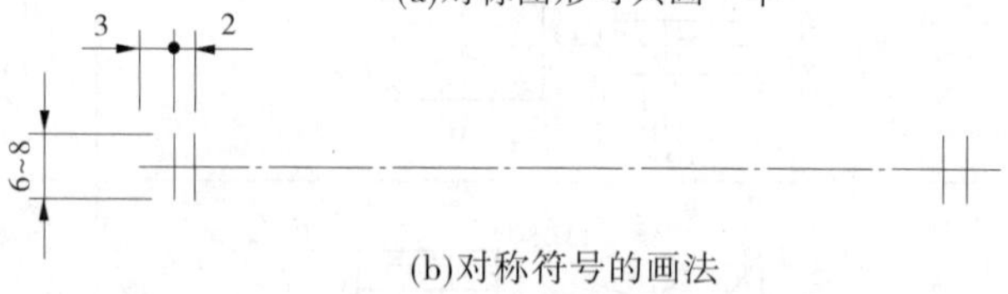

(b)对称符号的画法

图 7-7　对称图形的简化画法

(2)视图和剖视图中某些次要结构和设备可以省略不画。

(五)拆卸画法

当视图、剖视图中所要表达的结构被另外的结构遮挡时,可假想将这些结构拆掉,然后再进行投影,如图 7-8 所示水闸的平面图中,假想水闸一个闸孔的桥面板及胸墙被拆掉。

(六)掀土画法

被土层覆盖的结构,在平面图中是不可见的。为了清楚地表达这部分结构,可假想将覆盖的土层掀开再画图,这种画法叫掀土画法。如图 7-8 水闸平面图中所示。

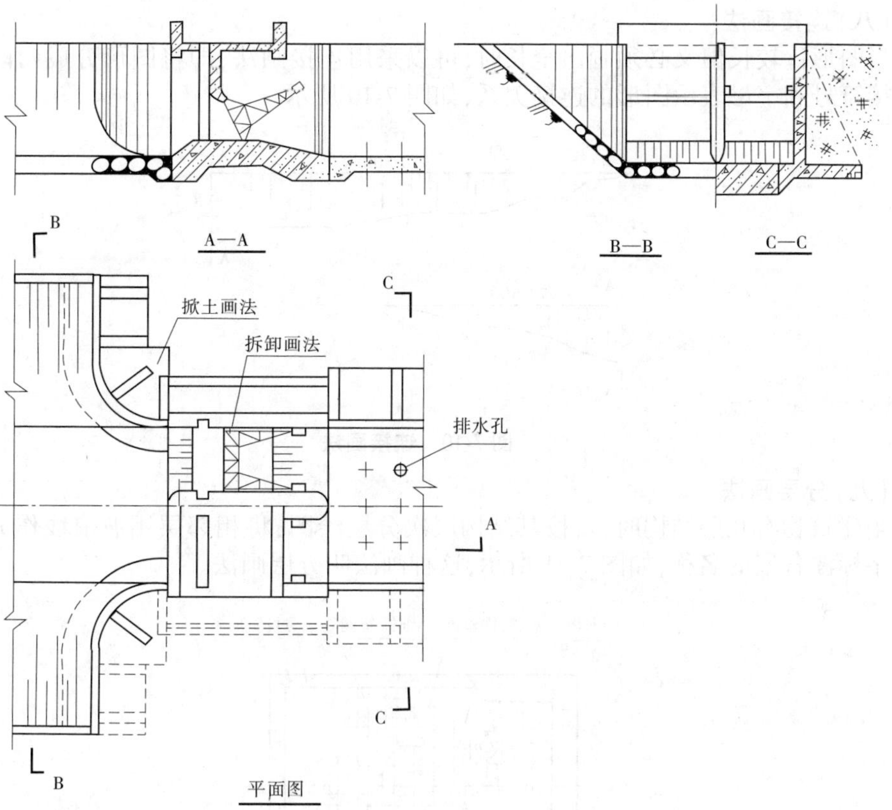

图 7-8　拆卸画法

(七)展开画法

当建筑物的轴线是曲线或折线时,可以沿轴线将曲线或折线展开成直线后,绘制成视图、剖视图或断面图,这种画法叫展开画法,如图 7-9 所示。当用展开画法画图时,应在图名后注写“展开”二字。

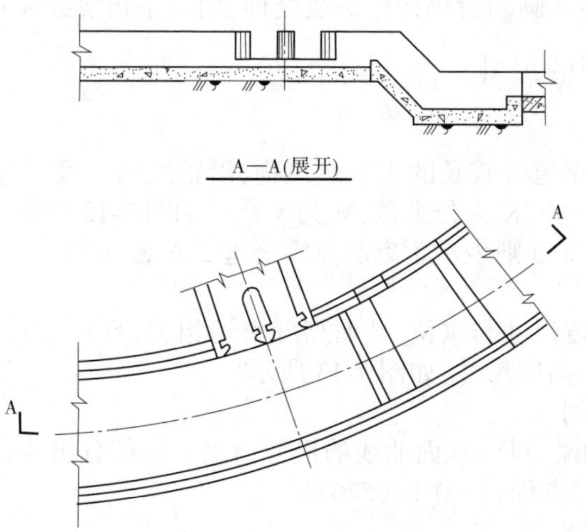

图 7-9　展开画法

(八)连接画法

当图形比较长但又必须画出全长时,可以采用连接画法,即将图形分成两段绘制,再用连接符号和字母表示图形的连接关系,如图 7-10 所示。

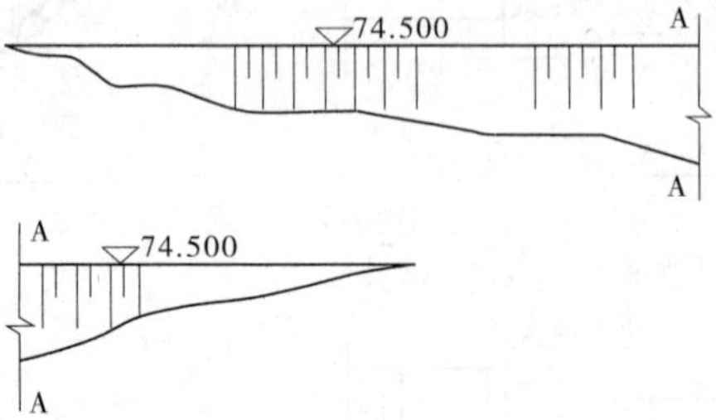

图 7-10 连接画法

(九)分层画法

当建筑物有几层结构时,可按其结构层次分层绘图,将相邻层用波浪线作分界线,并用文字标注各层的名称,如图 7-11 所示,这种画法叫分层画法。

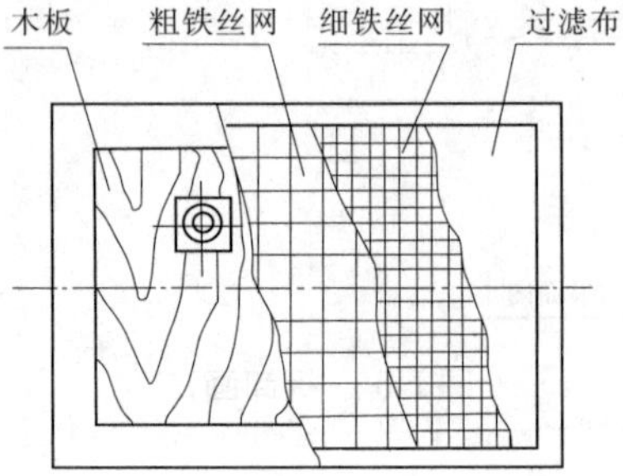

图 7-11 分层画法

(十)缝线的画法

建筑物中有各种缝线,如沉陷缝、伸缩缝、施工缝和材料分界线等。虽然缝线两边的表面在同一平面内,但在画图时仍按轮廓线处理,用一条粗实线表示。

三、水利工程图的尺寸

(一)长度尺寸

对于大坝、隧洞、渠道等较长的水工建筑物,沿轴线的长度尺寸一般采用“桩号”的标注方法,标注形式为 K+M,K 为公里数,M 为米数。如图 7-12 中隧洞入口处即起点桩号为 0+000,而桩号 0+226.820 则表示距离起点零公里 226.82 m。

(二)高度尺寸

水工建筑物的高度尺寸与水位、地面高度密切相关,且尺寸较大,多采用测量仪器确定,因此常用高程标注高度尺寸,如图 7-13 所示。

(三)非圆曲线尺寸

如图 7-14 所示的溢流坝,坝面曲线的尺寸由以下三部分组成:

(1)溢流坝面曲线方程:$Y=0.0205761X^2$。

(2)坐标系 OX、OY。

(3)溢流坝面曲线上特征点的坐标值。

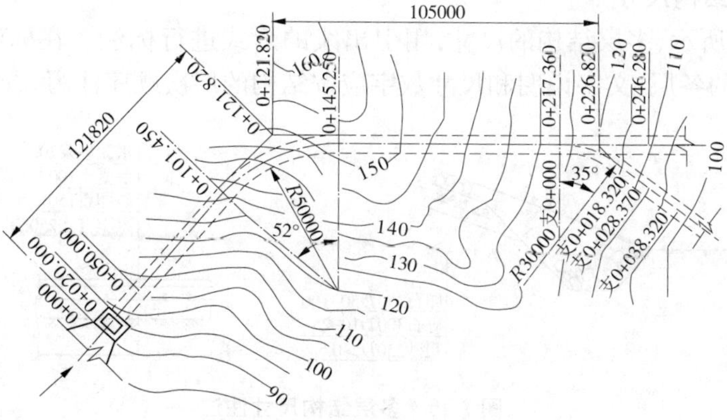

图 7-12 桩号的标注方法示例

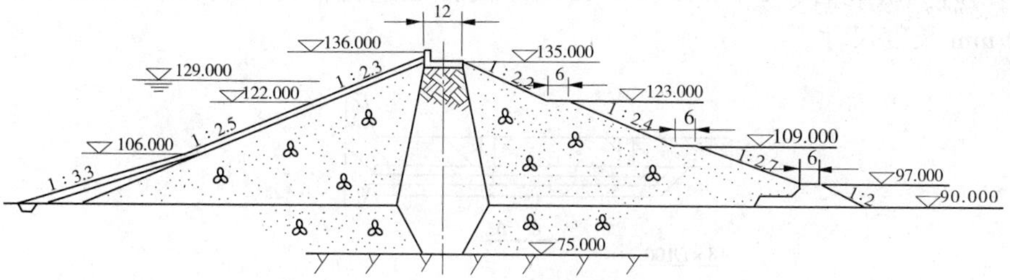

土坝最大横断面图 1：1500　　单位：m

图 7-13 高程的标注方法

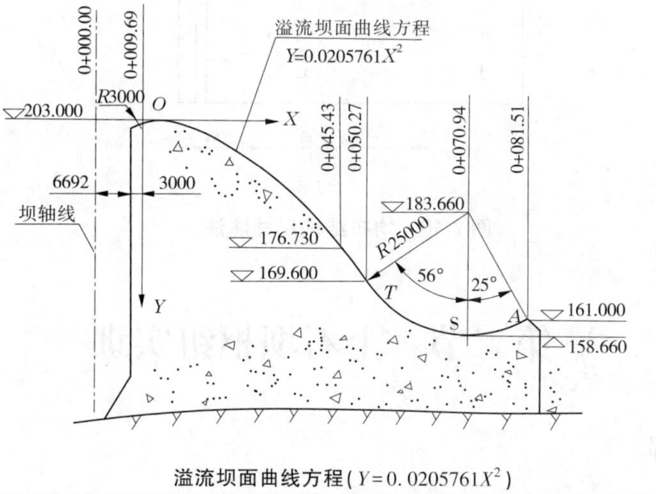

溢流坝面曲线方程（$Y=0.0205761X^2$）　　（单位：m）

X	0.000	1.000	2.000	3.000	5.000	10.000	15.000	20.000	25.000	30.000	35.000	40.000
Y	0.000	0.021	0.082	0.185	0.514	2.058	4.629	8.230	12.860	18.518	25.206	32.922

图 7-14 非圆曲线尺寸注法

(四)多层结构尺寸

如图 7-15 所示,多层结构的尺寸,用引出线的形式进行标注。在标注时引出线必须垂直通过被引的各层,文字说明和尺寸数字应按结构的层次顺序注写。

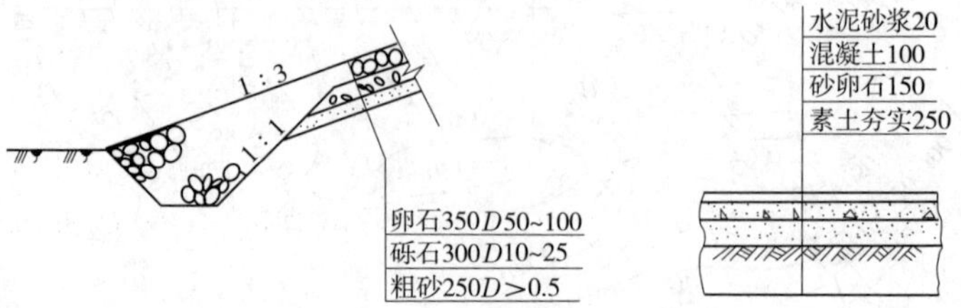

图 7-15　多层结构尺寸注法

(五)均布结构尺寸

均匀分布的相同结构尺寸可按图 7-16 所示的方法进行标注,如:3×1300 表示 3 个相等的 1300 mm 长度尺寸。

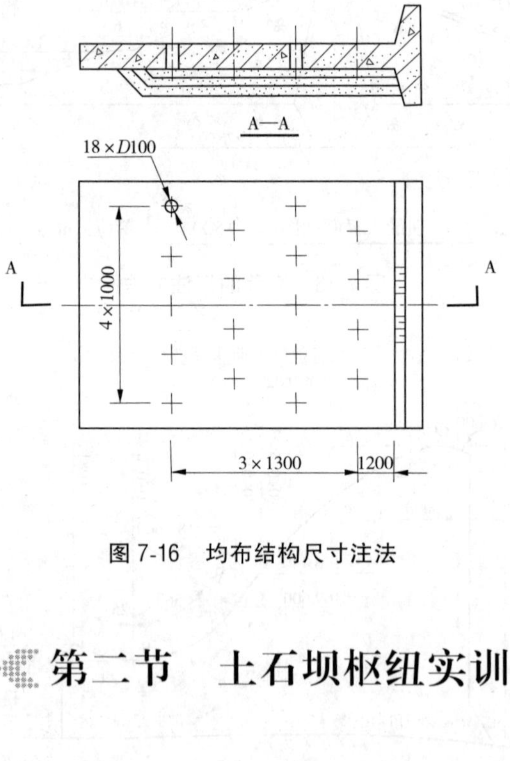

图 7-16　均布结构尺寸注法

第二节　土石坝枢纽实训

一、概括了解

从标题栏和图样上的说明中了解建筑物的名称、作用、绘图比例、尺寸单位等内容。

土石坝枢纽由土石坝、溢洪道、隧洞三部分组成。

(1)土石坝。是挡水建筑物。该土石坝由坝壳、黏土心墙、上下游坝面护坡、下游堆石棱体排水、坝顶等部分组成。黏土心墙的作用是防止水流渗透坝体,和坝壳形成一个整体,起挡水作用。上下游护坡起保护坝体的作用。坝坡上的戗台(又称马道)是为护坡的施工和维修设置的。下游坝脚处棱体排水的作用是安全排出坝体的渗透水,保证大坝的稳定。

(2)溢洪道。是泄水建筑物。其作用是在水库蓄满水期间排泄多余的洪水,保证大坝的安全。溢洪道主要由引水渠、控制段、泄槽、消能段、尾水渠等部分组成。

(3)隧洞。是引水建筑物。其主要作用是引水发电和灌溉,包括进口建筑物、洞身、出口建筑物等部分。

二、分析土石坝枢纽的表达方案

分析各视图的视向,剖视图、断面图的剖切位置、投影方向、详图的索引部位和名称、在每个图中哪些地方采用了特殊表达方法等,弄清每个视图的作用,以及各个视图之间的关系。

(1)枢纽平面布置图。主要表达土石坝、溢洪道、隧洞的平面形状,位置关系和各建筑物的坡脚线及开挖线等内容,见图7-17。

(2)土石坝结构设计图。其包括最大横断面图、坝顶构造详图(详图D)、棱体排水详图(详图C)、坝坡(详图B)、坝脚详图(详图A)。主要表达土石坝的断面实形、尺寸和坝体的细部构造、材料等内容,见图7-18。

三、枢纽平面布置图的内容与识读

这一步是读图的关键环节。首先了解每个图所表达的主要内容,根据这些内容进行形体分析,将建筑物分成几个部分,运用形体分析法深入细致地读懂建筑物的形状、构造、尺寸、材料等内容。

(1)图名、比例、单位。在图样下方标注了枢纽平面布置图的名称。绘图比例是1∶8000,绘图单位是m。

(2)地形、方位、河流方向。从图中的等高线可知地形形状,两岸为山峰,中间是河谷。由指北针和水流方向符号可知,方位是上北下南,水流方向为自北流向南。

(3)主要建筑物的位置关系。土石坝在河道正中间,左岸为引水隧洞,右岸为溢洪道。

(4)土石坝的平面形状及交线、尺寸及坡度:从图7-18中可以看出土石坝的平面形状,坝顶是矩形,高程是138 m;坝轴线长880 m,上游为三级坡、下游也为三级坡,并在高程为125 m、112 m处设有马道,图形的外边线是土石坝与地面的交线,即坡脚线。

(5)溢洪道的平面形状、尺寸及开挖线。沿溢洪道的轴线可以看到溢洪道的平面形状及各段的宽度变化。在图7-17中注有溢洪道底面高程及沿轴线各段的长度(用桩号表示),通过长度和高程可以了解斜坡面的坡度。溢洪道两侧为开挖线。

(6)隧洞的平面位置、各部分的主要轮廓、图例。沿洞轴线可以看出隧洞、支洞的平面位置,洞身的轮廓用虚线表示,进口建筑物、调压井、电站机组等用图例表示。

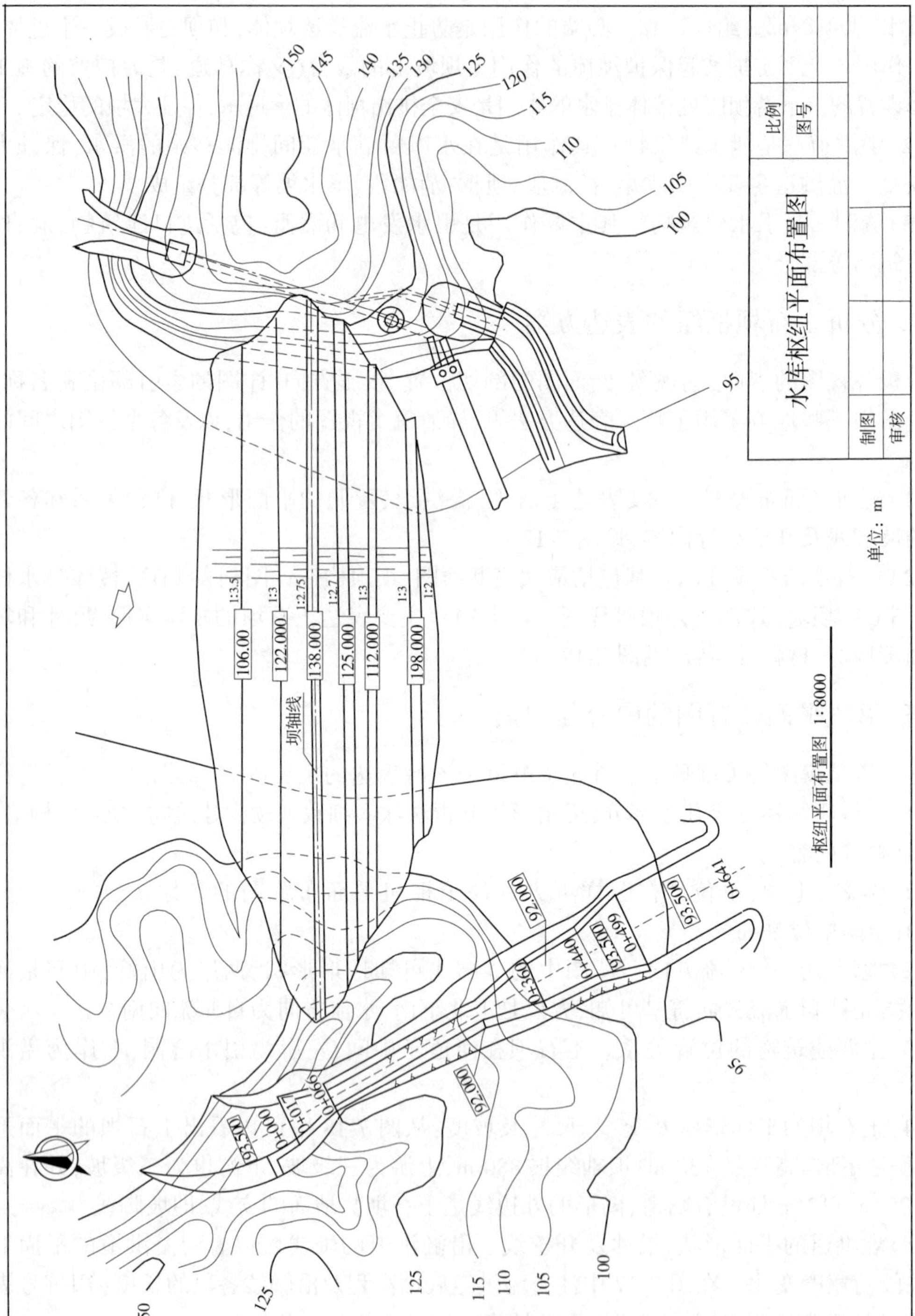

图 7-17　土石坝枢纽平面布置图

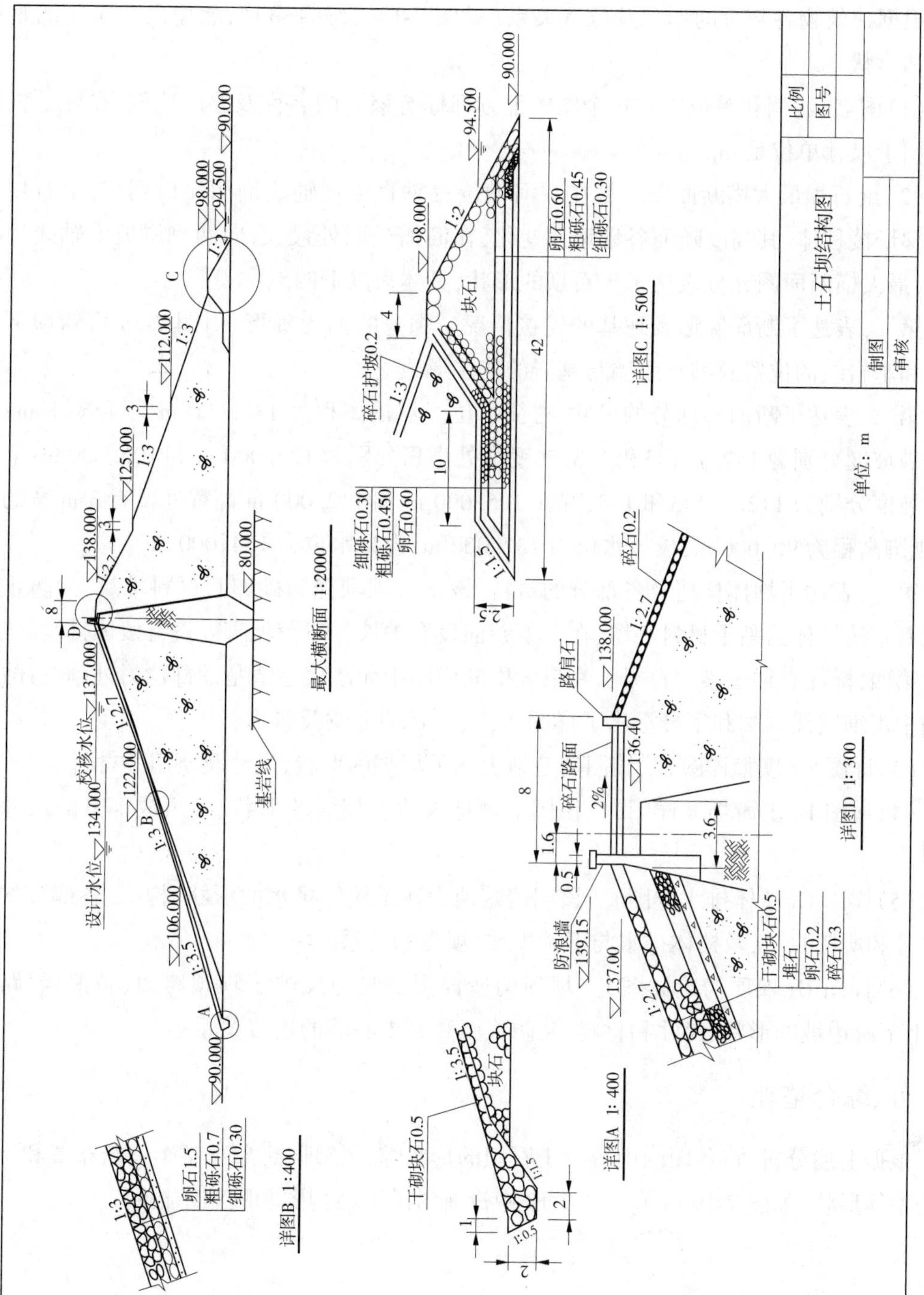
土石坝结构图
比例
图号
制图
审核
单位：m
最大横断面 1:2000
设计水位
校核水位
基岩线
90.000
106.000
122.000
134.000
137.000
138.000
125.000
112.000
98.000
94.500
80.000
1:3.5
1:3
1:2.7
1:3
1:3
详图A 1:400
防浪墙
139.15
137.00
碎石路面
2%
路肩石
136.40
干砌块石0.5
堆石
卵石0.2
碎石0.3
碎石0.2
详图B 1:400
卵石1.5
粗砾石0.7
细砾石0.30
详图C 1:500
碎石护坡0.2
块石
细砾石0.30
粗砾石0.450
卵石0.60
卵石0.60
粗砾石0.45
细砾石0.30
详图D 1:300
干砌块石0.5
块石

图 7-18 土石坝结构图

四、土石坝结构图的内容及识读

根据建筑物各部分的形状及位置关系(见图 7-18),综合整理,想象出建筑物的整体结构和形状。

(1)图名、比例和单位。在每个图的下方都标有该图的名称及绘图比例,在标题栏附近注明了尺寸单位是 m。

(2)土石坝最大横断面图。是在主河槽位置垂直于坝轴线剖切而得到的,土石坝是一个梯形棱柱体,其高度随河谷地形而变化,在河槽最凹处最大,向两侧岸坡沿轴线逐渐减小,最大横断面图充分表达了土石坝的形状,具体为以下四点:

第一,表达了断面实形及地基的连接情况。坝身断面为梯形,由图 7-18 可知坝下地面线和基岩线的位置及黏土心墙与基岩的连接形式等。

第二,表达了断面各部分的尺寸、特征水位。坝顶高程为 138.000 m,坝顶宽 8 m;上游护坡坡度分别为 1:2.7、1:3和 1:3.5,变坡处高程分别为 122.000 m 和 106.000 m;下游护坡坡度分别为 1:2.7、1:3和 1:3,并在 125.000 m 和 112.000 m 高程处设有 3 m 宽的马道,坝脚高程为 90.000 m,校核水位为 137.000 m,设计水位为 134.000 m。

第三,表达了坝体构造及各部分的材料:该土石坝坝壳为砂卵石材料堆筑,为防止漏水筑有直棱柱体的黏土材料心墙,在上下游面设有护坡。下游坝脚处设有棱体排水。

第四,标注有详图索引符号。在最大横断面图中无法表达清楚的部位另外画有详图,该图中用细实线圆圈和字母标出了详图 A、B、C、D 的部位及名称。

(3)详图 A(坝脚详图)。该图清楚地表达了坝脚的形状、尺寸及所用的材料。

(4)详图 B(上游坝坡详图)。该图清楚地表达了坝坡的形状、各组成部分的尺寸和材料。

(5)详图 C(棱体排水详图)。该图清楚地表达了棱体排水的形状、构造、各部分的详细尺寸和所用材料,及棱体排水与下游坝坡、坝壳的关系。

(6)详图 D(坝顶构造详图)。坝顶构造详图清楚地反映了坝顶路面、防浪墙、路肩石、上下游边坡的形状、尺寸和材料,及防浪墙和黏土心墙的连接关系等。

五、综合整理

根据上述分析,将各图的内容及土石坝的形状综合整理,想象出整个枢纽布置和土石坝的整体形状,如图 7-19 所示。图 7-19 中没有溢洪道结构图和隧洞结构图。

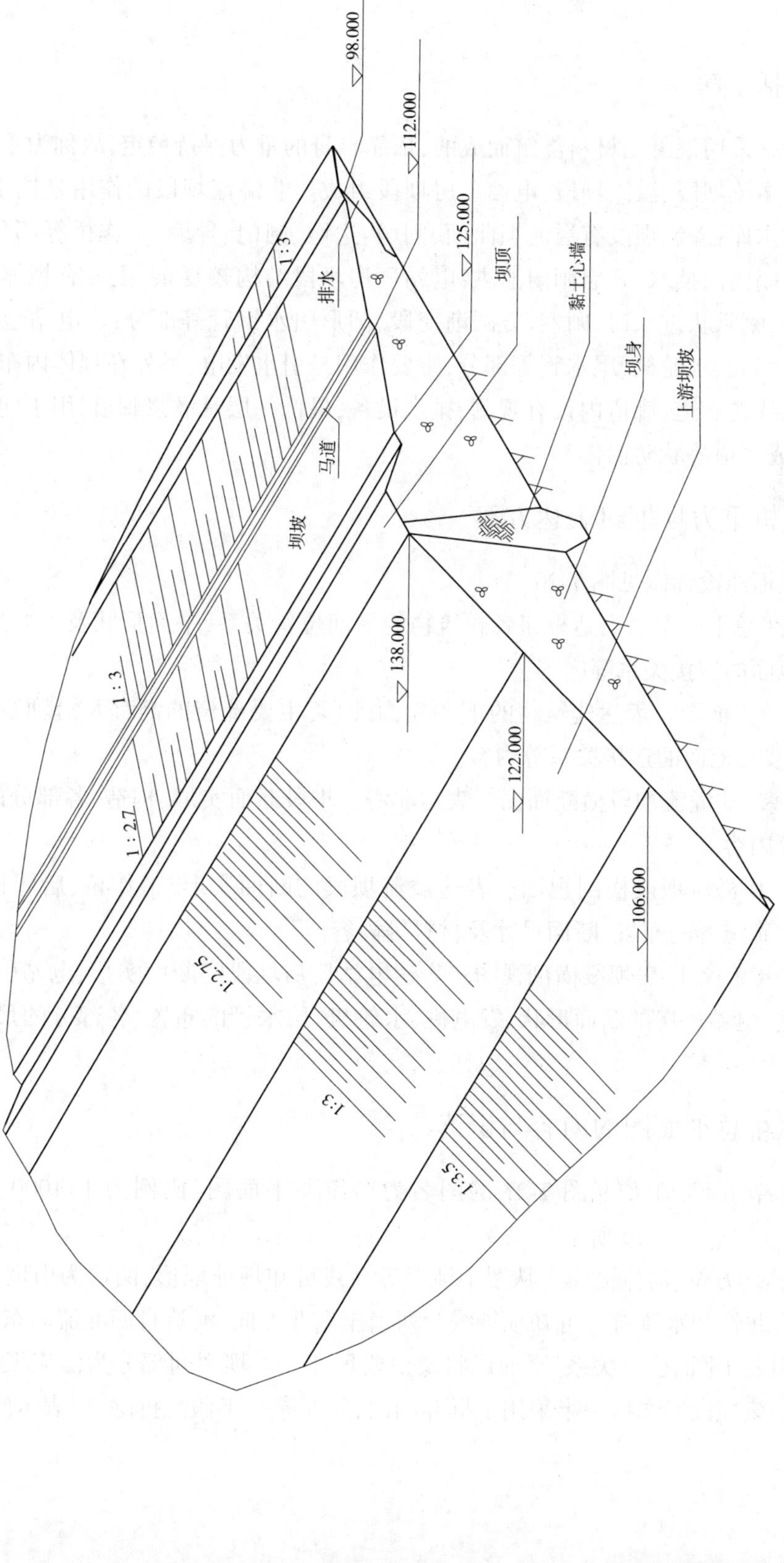

图 7-19 土石坝的整体形状

第三节 重力坝枢纽实训

一、概括了解

重力坝是采用混凝土材料浇筑而成的，依靠自身的重力保持稳定，故称为重力坝。该重力坝由非溢流坝段、溢流坝段、电站厂房坝段组成。非溢流坝段的作用是挡水，抬高上游水位形成水库；溢流坝段有溢流坝曲面、闸墩、边墩、闸门、导墙、工作桥等部分组成，主要作用是关闭闸门挡水、开启闸门泄洪；电站厂房坝段结构较复杂，主要有坝体、引水管，包括拦污栅、喇叭状进水口、闸室、方圆渐变段、圆形引水钢管等部分；水电站包括电站厂房、发电机、蜗壳、水轮机、尾水管等部分，主要作用是引水发电，另外在坝体内布置有三条平行于坝轴线的廊道，廊道内设有观测、排水设备，最低一层是灌浆廊道，用于向坝基灌注水泥浆，形成一道幕状防渗体。

二、分析重力坝枢纽表达方案

重力坝枢纽设计图见图 7-20。

(1)枢纽总平面图。表达枢纽各建筑物的平面位置关系、平面形状及主要尺寸，以及建筑物与地面的连接关系等内容。

(2)下游立面图。表达建筑物的下游立面外形，主要部位的高程及沿轴线的长度尺寸，下游坝坡与地面的连接关系等内容。

(3)A—A 非溢流坝段横断面图。表达非溢流坝段断面实形、构造、各部分的高程、尺寸及材料等内容。

(4)B—B 溢流坝段横剖视图。表达溢流坝段的断面实形、工作桥、启闭机排架、闸墩、闸门槽、廊道等的布置，断面尺寸及材料等内容。

(5)C—C 电站厂房坝段横剖视图。表达电站厂房坝段的断面实形、电站引水管道及进口的构造、电站厂房的断面形状、发电机、水轮机、尾水管的布置、各部分的尺寸及材料等内容。

三、枢纽总平面图的内容与识读

(1)图名、比例、单位。图 7-21 的图名为枢纽总平面图，比例为 1∶1000，尺寸单位是 cm。

(2)地形、方位、河流流向。从图中地形等高线可知坝址地形，两边为山坡，中间是河谷。根据指北针和水流符号可知坝轴线为西南至东北方向，河流自西北流向东南方向。

(3)各段的平面位置关系、平面形状及主要尺寸。大坝中间部分为溢流坝段，平面形状为矩形。该坝段工作桥一半采用了拆卸画法，靠左岸一半假想拆除，以表示闸墩形状，

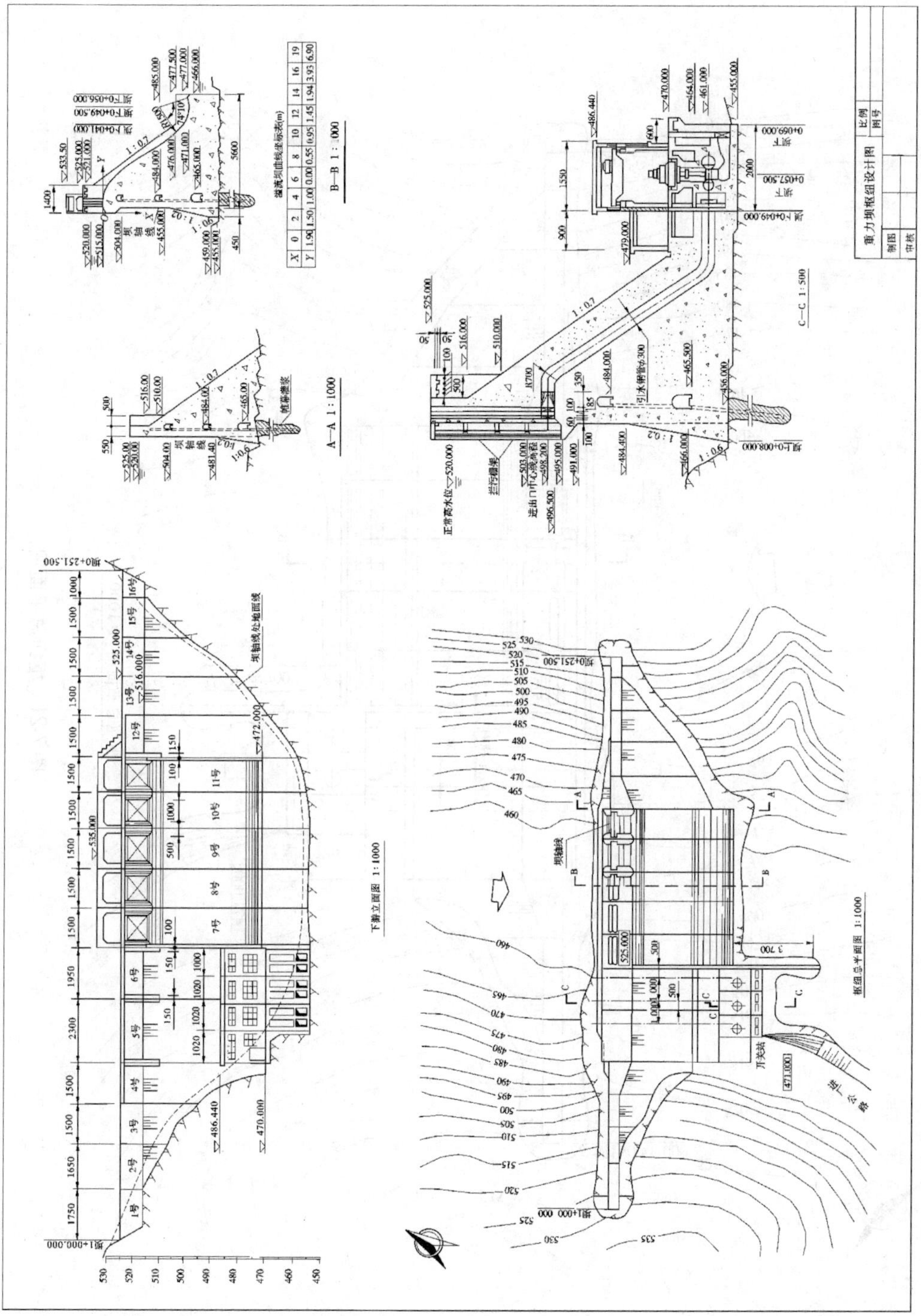
下游立面图 1:1000
枢纽总平面图 1:1000
A—A 1:1000
B—B 1:1000
C—C 1:500
重力坝枢纽设计图
比例
图号
制图
审核

图 7-20

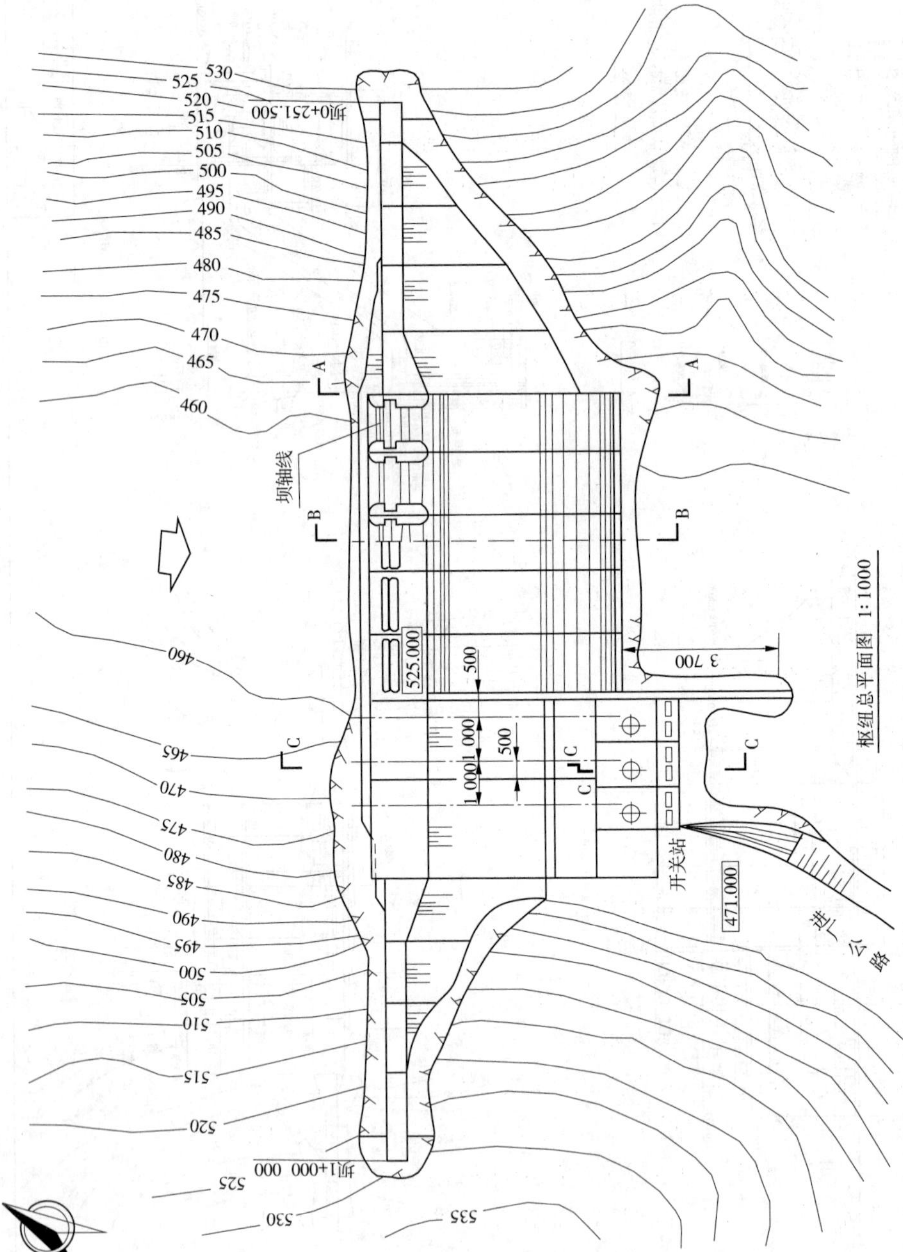
坝0+251.500
坝1+000 000
坝轴线
525.000
471.000
开关站
进厂公路
3 700
500
1 000
枢纽总平面图 1:1000

图 7-21 枢纽总平面图

靠右岸一半画出了工作桥,但未画排架,由此可以看出溢流坝面上共布置有 4 个中墩、2 个边墩,分为 5 个溢流孔,每个闸孔上安装有平板闸门。溢流坝段靠右岸一侧布置电站厂房坝段,其平面形状也是矩形,有 3 条引水管道(图中用管道的中心线表示)和 3 台发电机组(采用示意画法),管道中心距是 1000 cm。靠左、右岸边分别布置了非溢流坝段,其平面形状大体上是三角形,整个大坝沿坝轴线总长用"桩号"表示为 251.500 m。

(4)建筑物与地面的交线。沿建筑物周边可以看到重力坝枢纽与地面的交线,该交线可用等高线法或地形断面法求出,其外边线是基坑开挖时的开挖线。

(5)剖视图、断面图的标注。图中标出了断面图 A—A、B—B、C—C 的剖切位置和投射方向。

四、下游立面图的内容与识读

(1)图名、比例、单位。在图形的下方注有下游立面图的名称,比例是 1:1000,沿高度方向标有绘图比例尺,绘图单位是 cm,见图 7-22。

(2)下游立面形状。从左至右分析,该图表达了:1 号~4 号挡水坝段的下游立面形状,在斜面部分标有示坡线;5 号~6 号电站坝段的下游立面形状,厂房部分采用简化画法画出了厂房外形、门、窗及尾水管的出口形状;7 号~11 号溢流坝段的下游立面形状,它包括工作桥、排架、闸墩、边墩、闸门、溢流坝面、边墙等部分,其中平板闸门采用示意画法;12 号~16 号挡水坝段的下游立面形状。

(3)沿坝轴线各坝段的长度尺寸、闸孔宽度尺寸,坝顶的高程等,如 5 号坝段长度为 2300 cm;闸孔每孔宽度为 1500 cm,净孔口宽为 1000 cm;坝顶的高程为 525.000 m。

(4)下游坡面的开挖线及坝轴线处地面线。

五、溢流坝段剖视图的图示内容与识读

(1)图名、比例。溢流坝段的形状用剖视图表达,剖切面通过中间闸孔的中心线,图名是 B—B,比例 1:1000,见图 7-23。

(2)溢流坝的形状、尺寸、构造及材料。图 7-23 中表达出溢流坝的断面实形,包括上游面的形状、溢流坝面曲线、挑流圆弧等。溢流坝面曲线的尺寸用 *XOY* 坐标系及坐标表示。下游斜坡面的坡度为 1:0.7,挑流圆弧标有圆心的位置尺寸、半径及圆心角,另外还标有溢流坝顶、挑流鼻坎等处的高程,最大坝宽为 5600 cm。坝体内靠上游布置有三条廊道,图中画出了廊道的断面形状及位置,坝体材料为混凝土。

(3)工作桥、排架、闸墩、闸门槽、导墙的布置、形状及主要尺寸。

(4)坝基与地面的交线、形状、帷幕灌浆的位置。

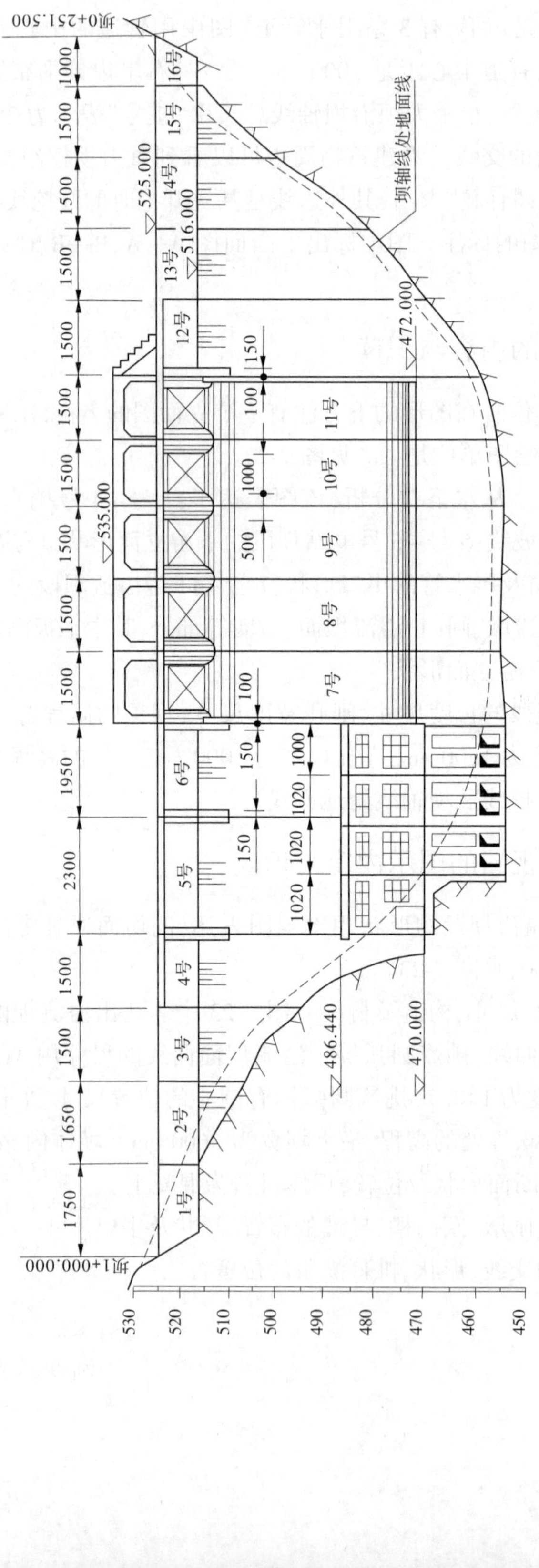

下游立面图　1∶1000

图 7-22

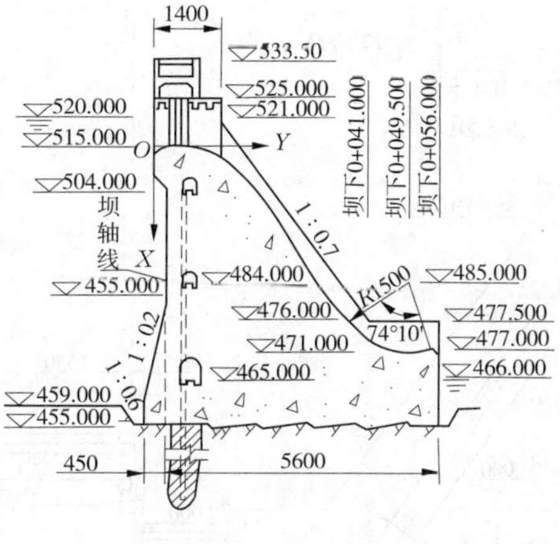

溢流坝曲线坐标表(m)

X	0	2	4	6	8	10	12	14	16	19
Y	1.90	1.50	1.00	0.00	0.55	0.95	1.45	1.94	3.93	6.90

B—B　1∶1000

图 7-23

六、非溢流坝段图示内容与识读

(1)图名、比例。非溢流坝段的形状用断面图表达,剖切面通过12号坝段一侧,图名是A—A,比例是1∶1000,见图7-24。

(2)非溢流坝的断面形状、尺寸、构造和材料。非溢流坝段是直棱柱体,上游下部的坝坡为1∶0.2,下游坝坡为1∶0.7,坝顶高程为525.000 m,坝顶宽度550 cm,最宽处1050 cm,坝体内与溢流坝段对应布置有三条廊道,坝体材料为混凝土。

(3)坝基与地面的交线形状及帷幕灌浆。

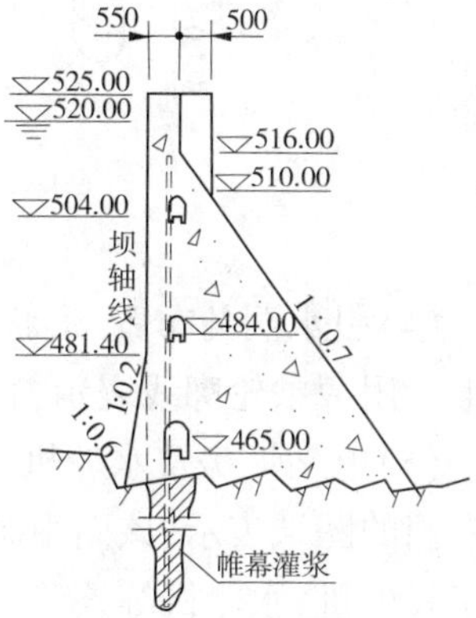

A—A　1∶1000

图 7-24

七、电站厂房坝段的内容与识读

(1)图名、比例。电站厂房坝段用剖视图C—C表达,剖切面通过引水管道及电站机组中心,比例为1∶500,单位是cm,见图7-25。

(2)挡水坝段的断面形状、尺寸、构造和材料。挡水坝段的断面形状、尺寸、构造及材料与上述非溢流坝段一样,坝顶宽度为1400 cm,图中表达了工作桥的断面形状、进口闸门吊孔的位置等。

(3)引水管道进口的构造及尺寸。从图7-25中可看出引水洞进口是喇叭口形状,并设有拦污栅,该图还反映了检修闸门、工作闸门的位置及方圆渐变段的形状等,图中还给出了各部分的尺寸。

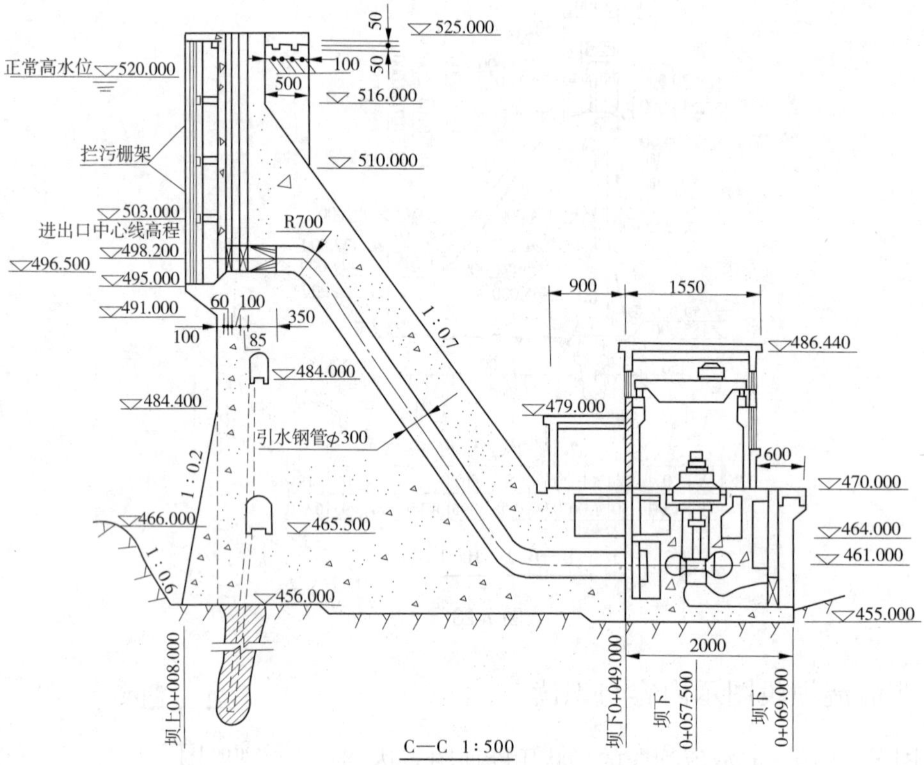

图 7-25 C—C 断面图

(4)引水洞的布置、形状及尺寸。引水管道布置在坝体内,为“龙抬头”形式,其纵断面形状用两条轮廓线表示,直径是 300 cm。

(5)电站厂房及水轮机、发电机的布置。电站厂房及水轮机、发电机的结构复杂,另有专门的图纸表示,该图中画出了厂房、蜗壳、尾水管的主要形状及尺寸,采用示意画法画出了发电机、水轮机等。

(6)坝基、厂房与地面的交线及帷幕灌浆等。

八、综合整理

根据上述分析,将各部分的内容及形状综合整理,想象出重力坝枢纽的整体结构和形状。

第四节 房屋建筑图制图标准

一、房屋的组成及各部分的作用

房屋建筑根据使用功能和使用对象的不同分为很多种类,一般可归纳为民用建筑和工业建筑两大类，它们基本的组成内容是相似的。现以图 7-26 所示的某住宅楼为例，说明房屋的组成及其作用。

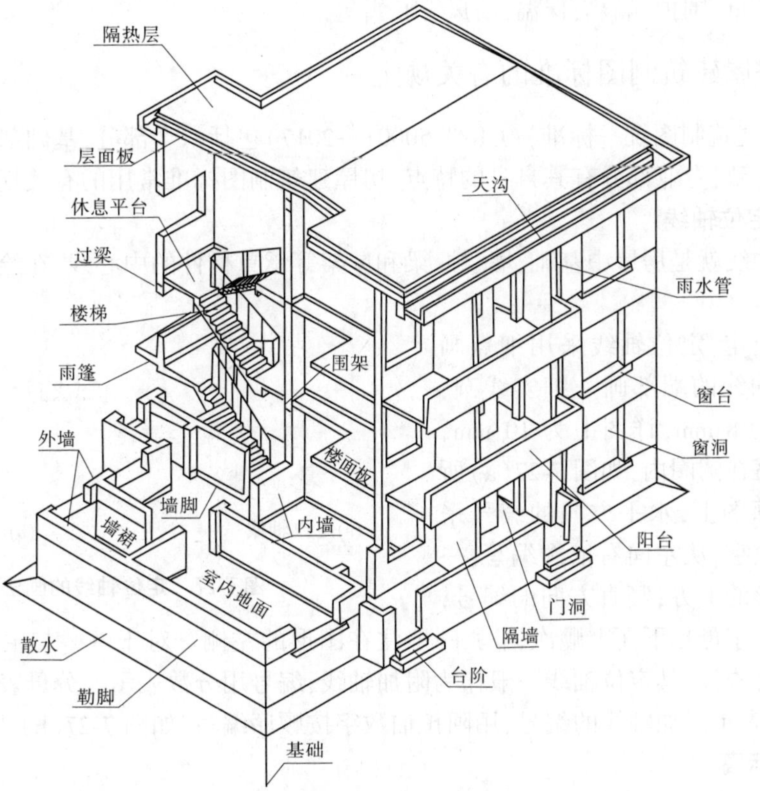

图 7-26 某住宅楼立体图

(一)基础

基础指房屋地面以下的部分，其作用是承受房屋的所有荷载，并将由承重墙、柱传下来的荷载传给地基。常见的基础形式有独立基础、条形基础和伐板基础等。

(二)墙体和柱

墙和柱是建筑物垂直方向的承重构件，它把所承受的荷载传给基础，墙可分为：纵墙和横墙、承重墙和非承重墙、外墙和内墙。外墙起防寒、保温作用，内墙起分隔作用。

(三)梁和楼板

梁和楼板是建筑物的水平承重构件，用以承受各种活动荷载和自重，并把它传到墙和柱上去，楼板还有分隔楼层的作用。

(四)台阶和楼梯

台阶和楼梯起着沟通内外与上下交通的作用。楼梯由楼梯段、楼梯平台和栏杆（栏板）组成，有多种形式。

(五)门、窗和阳台

门起着交通、疏散、分隔的作用，窗和阳台的作用是通风、采光，门、窗的结构形式已基本标准化。另外，在门、窗的顶部，为了承托上部墙体，设有过梁。

(六)屋顶

屋顶是房屋的最上部结构,包括屋面板、防水层、隔热层、天沟、雨水管等。屋顶的作用是水平承重,围护,隔热,保温,防风,雨、雪等。

二、房屋建筑制图标准的有关规定

《房屋建筑制图统一标准》(GB/T 50001—2017)包括六个部分,基础部分与技术制图标准基本一致,专业部分有其自身的特点,房屋建筑制图标准常用的有关规定如下。

(一)定位轴线

定位轴线就是房屋中基础、墙、柱、梁和屋架等承重构件的中心线,在绘制施工图时应专门画出。

标准规定,定位轴线采用细点画线表示。轴线的端部画一细实线圆,直径一般为 8 mm,详图上为 10 mm,轴线编号写在圆圈内,如图 7-27(a)所示。在平面图上,水平方向的编号采用阿拉伯数字,从左向右依次编写,一般注在图形的下方;竖直方向的编号,用大写拉丁字母自下而上顺次编写,一般注在图形的左侧。对于一些与主要承重构件相联系的次要构件,其定位轴线一般作为附加轴线,编号用分数表示。分母表示前一轴线的编号,分子表示附加轴线的编号,用阿拉伯数字按顺序编写,如图 7-27(b) 所示。

(a)定位轴线　　(b)附加轴线

图 7-27　定位轴线的画法

(二)标高

在总平面图、建筑平面图、立面图、剖视图中,常用标高符号表示某一部位的高程,标高符号应按图 7-28 所示的形式以细实线绘制。高程数值以米为单位,一般注至小数点后三位,在总平面图中可注写至小数点后二位。

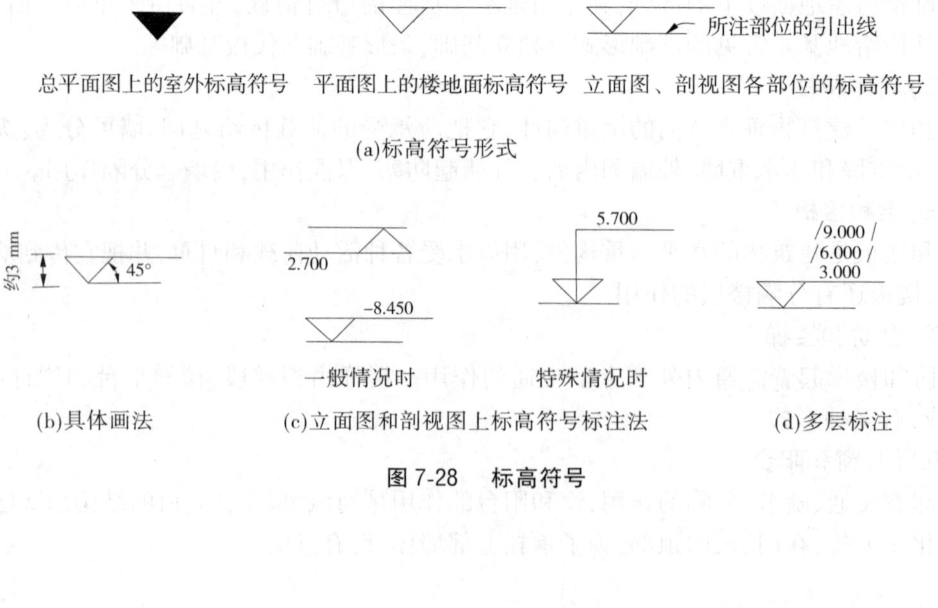

(b)具体画法　　(c)立面图和剖视图上标高符号标注法　　(d)多层标注

图 7-28　标高符号

(三)索引符号与详图符号

图样中的某一局部或构件,如需要另画详图,应标出索引符号。索引符号表示详图的位置、详图的编号及详图所在的图纸编号。如图 7-29(a)所示,用一条引出线指出需要画详图的部位,并在引出线的另一端画一个直径 10 mm 的细实线圆,通过圆心画一水平线,上半圆中用阿拉伯数字写出详图的编号,下半圆中用阿拉伯数字写出详图所在的图纸号。如果详图与被索引的图样在同一张图纸内,则在下半圆中间画一条水平细实线。

详图的位置和编号,应以详图符号表示,详图符号用一直径为 14 mm 的粗实线圆绘制,详图与被索引的图样同在一张图纸内时,应在符号内用阿拉伯数字注明详图编号,如不在同一张图纸内时,可在符号内通过圆心画一条水平细实线,在上半圆中注明详图编号,在下半圆中注明被索引图纸号,如图 7-29(b)所示。

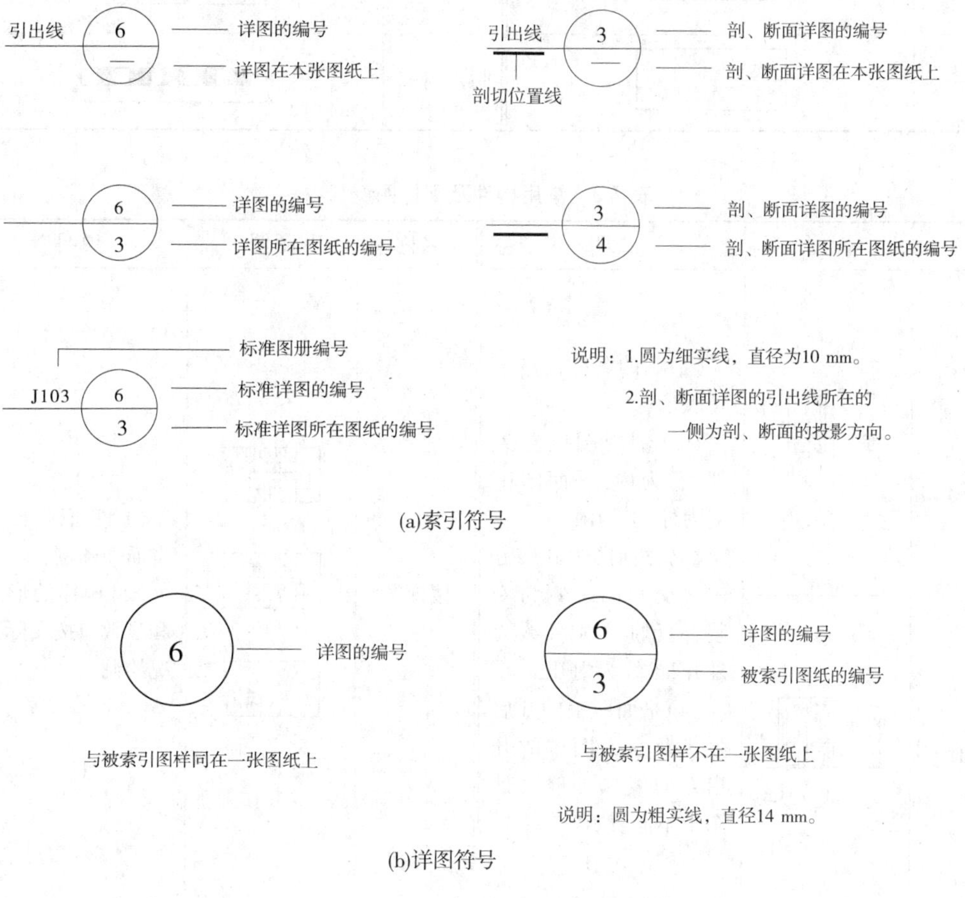

图 7-29 索引符号与详图符号

(四)图例

由于房屋的结构复杂,构、配件和建筑材料种类繁多,因此标准规定了一系列图例来代表建筑物、配件、卫生设备、建筑材料等。常见的建筑材料图例见表 7-2。常用构件及配件图例见表 7-3。总平面图中常用图例和指北针的画法见表 7-4。

表 7-2　常用的建筑材料图例

名称	图例	名称	图例
砂、灰土	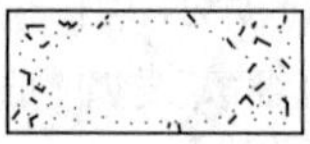	木材	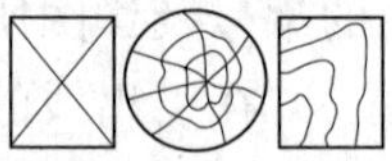
粉刷	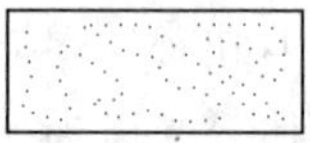		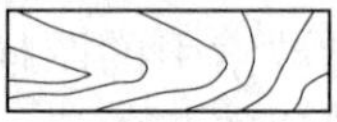
普通砖	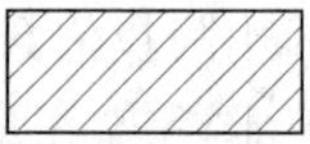	金属	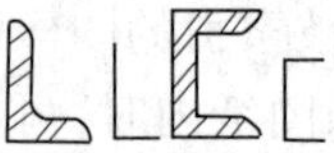
饰面砖	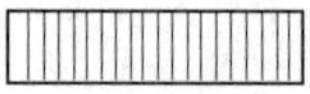		
毛石	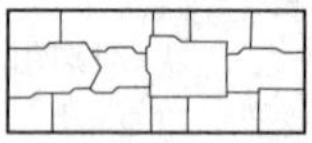	防水材料	

表 7-3　常用构件及配件图例

名称	图例	说明	名称	图例	说明
单扇门（包括平开式单面弹簧门）	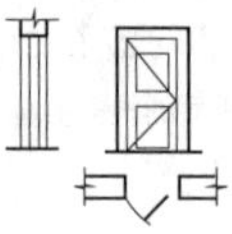	(1)门的名称代号用 M 表示； (2)剖视图上左为外、右为内，平面图中下为外、上为内； (3)立面图中开启方向线交角的一侧为安装合页的一侧，实线为外开，虚线为内开； (4)平面图上的开启弧线及立面图中的开启方向线在一般设计图中不需表示	楼梯图	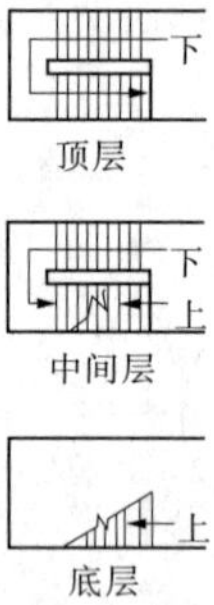	(1)它们是楼梯平面图图例； (2)楼梯的形式和步数应按实际情况绘制
双扇门	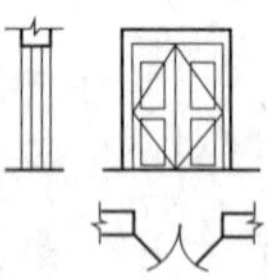				

续表 7-3

名称	图例	说明	名称	图例	说明
单层外开平开窗	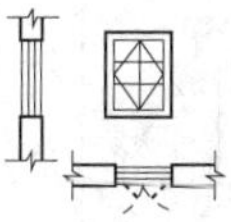	(1)窗的名称代号用C表示；(2)立面图中的斜线表示窗的开关方向，实线为外开，虚线为内开；开启方向线交角的一侧为安装合页的一侧，一般设计图中可不表示；(3)平、剖视图中的虚线仅说明开关方式，在设计图中不需表示	通风道	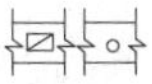	平面图图例
			污水池	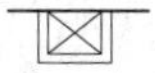	
			洗脸盆	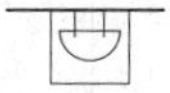	
单层外开上悬窗	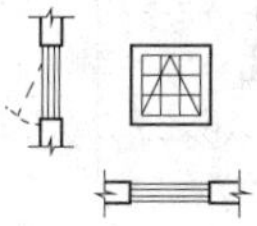		浴盆	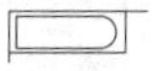	
			坐式大便器	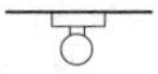	
空门洞	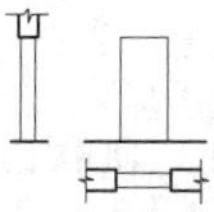	左图是空门洞立面图、剖视图、平面图的图例	花格窗		

表 7-4　总平面图中常用图例和指北针的画法

名称	图例	名称	图例
新建建筑物	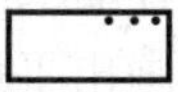 右上角用点数或数字表示层数	原有的道路	
原有建筑	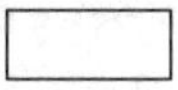	台阶	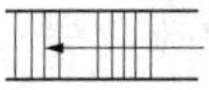 箭头表示方向
拆除建筑	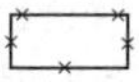	填挖边坡	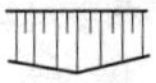
围墙及大门	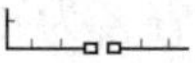	阔叶灌木	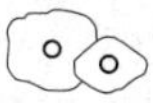
新建的道路	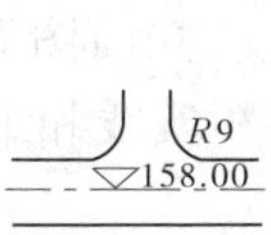	指北针	 直径 24 mm 尾部宽 3 mm

三、房屋建筑图的种类

(一)总平面图

将新建工程一定范围内的新建、拟建、原有建筑物连同其周围的地形、地物状况，用水平投影画出的图样，称为总平面图，如图 7-30 所示。

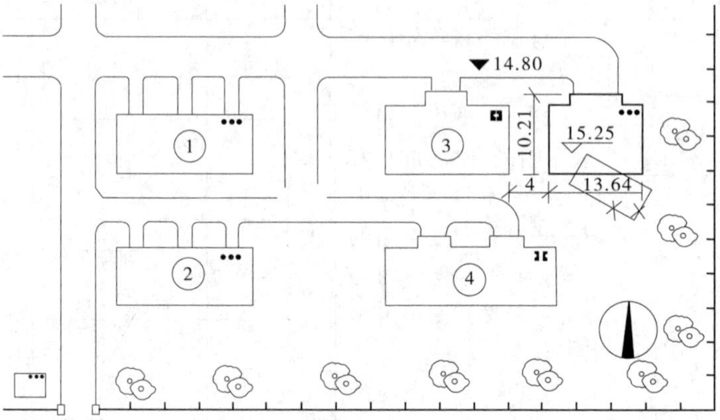

某住宅楼总平面图 1∶500

图 7-30 总平面图示例——某住宅楼

总平面图的特点是：表示范围大，绘图比例小，常用 1∶500 和 1∶1000 的比例。建筑物、地物等用图例表示，示意性强，但对新建筑物的定位尺寸、高程等要求准确。

（二）建筑平面图

假想用水平剖切面沿门窗洞的位置将房屋剖切开，移去上面的部分，将剖切面以下的部分向水平投影面投射所作的水平剖视图，即为建筑平面图，简称平面图，如图 7-31 所示。在多层房屋中，当各层平面布置不同时，每层都要画出平面图，如底层平面图、二层平面图等。若中间几层平面布置完全相同，可用一个平面图表示，称为标准层平面图。

在平面图中，凡是被剖切平面剖到的墙、柱等断面轮廓线，都应画成粗实线；门的开启线用中实线表示；其他可见轮廓线、尺寸线、图例等用细实线表示。另外，门、窗、楼梯、卫生设备等在平面图中用图例表示。

（三）建筑立面图

在与房屋立面平行的投影面上所作的正投影图称为建筑立面图，简称立面图，如图 7-31 所示。立面图的命名，可根据房屋的外貌特征命名为正立面图、背立面图、左侧立面图、右侧立面图等；也可根据房屋的朝向命名为南立面图、北立面图、西立面图、东立面图等；还可根据轴线编号命名为：①~⑤立面图、Ⓐ~Ⓔ立面图等。在立面图中为了清楚地区分立面形状轮廓线，分别用特粗实线、粗实线、中粗实线和细实线表示，外墙面的装饰做法及材料用文字说明。

（四）建筑剖视图

假想用一个或多个铅垂剖切面将房屋剖开，所得到的剖视图称为建筑剖视图，简称剖视图，如图 7-31 所示。剖视图的数量根据房屋的复杂程度而定，剖切面一般为横向，必要时也可选纵向，剖切位置应选择在能反映房屋内部结构的部位，如门、窗洞及楼梯间处。剖视图的剖切位置、投射方向、名称等内容在底层平面图中进行标注。剖视图的名称与所标注的剖切符号的编号一致，如 1—1 剖视图、2—2 剖视图等。

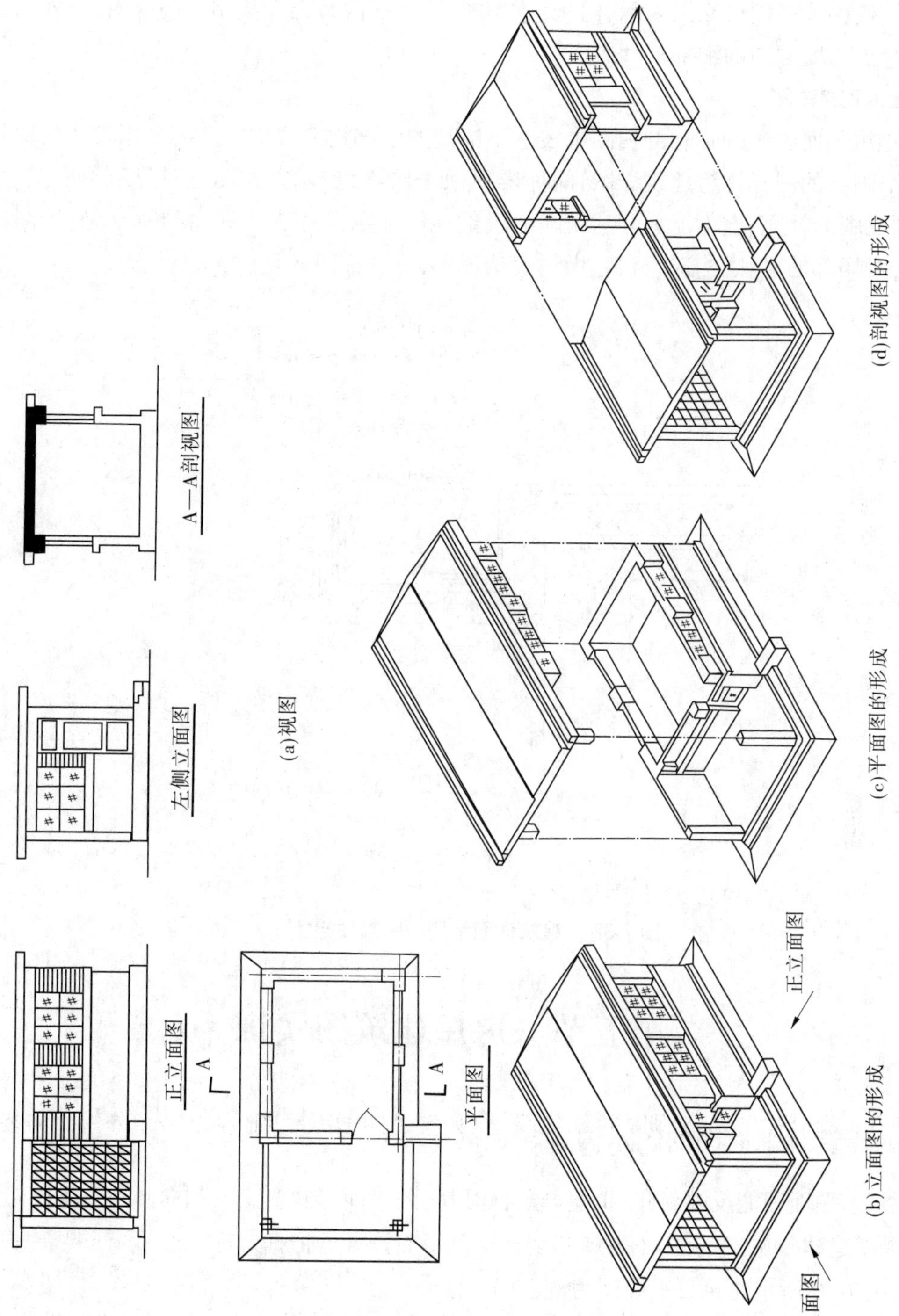
正立面图
左侧立面图
A—A剖视图
A
A
平面图
(a)视图
正立面图
左侧立面图
(b)立面图的形成
(c)平面图的形成
(d)剖视图的形成

图 7-31

在剖视图中，剖断的墙、楼板的轮廓线用粗实线表示，当比例较小时，剖断的钢筋混凝土梁、板、楼梯等断面可涂黑表示，门、窗等用图例表示，内装饰做法用文字说明，另外剖视图上应标出高度方向的细部尺寸。

(五)建筑详图

对建筑平面图、立面图、剖视图中表达不清楚的细部构造或构、配件，采用较大的比例局部详细画出的图样称为建筑详图，简称详图，如图 7-32 所示。详图是对建筑平面图、立面图、剖视图的补充，它不能离开建筑平、立、剖视图而独立存在。详图的特点是：绘图比例较大，对局部的形状、构造、材料、做法表达详尽，尺寸标注齐全。

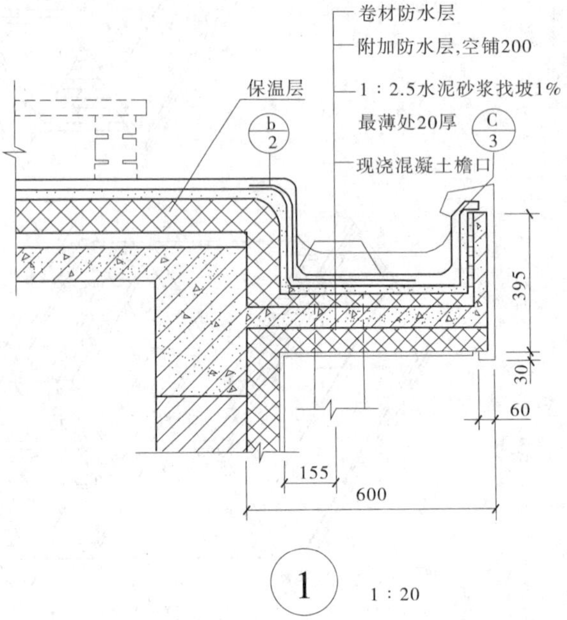

图 7-32　建筑详图示例——某住宅楼

第五节　房屋建筑图实训

一、建筑总平面图的图示内容与识读

建筑总平面图能反映新建、拟建、原有建筑物的平面形状、位置、朝向和与周围环境的关系，是新建建筑施工定位、土方施工及施工总平面设计的依据。

以图 7-30 所示建筑总平面图为例读图。

(1)新建房屋的名称、形状、层数、位置、标高等。新建房屋的外轮廓用粗实线表示，名称是某住宅楼，其右上角的小黑点表示是三层楼房，与③号楼的间距为 4 m，是新建房屋的定位尺寸(一般用定位坐标表示)。它的室外标高是 14.80 m，室内底层地面标高是 15.25 m。

(2)原有房屋的名称、形状、位置、层数等。原有房屋的名称在图中用编号表示,并用细实线表示房屋的外轮廓和位置,层数分别是 3 层和 4 层。

(3)拟建和拆除的房屋。在总平面图中拟建的房屋用虚线表示,拆除的房屋画“×”。

(4)地形、地物、道路、指北针等。总平面图中用等高线或地面高程点表示地形,用细实线表示道路,而围墙、树木、指北针等均用图例表示。

(5)图名、比例。该图名称为某住宅楼总平面图,绘图比例为 1:500。

二、建筑平面图的图示内容与识读

建筑平面图主要表示房屋的平面形状,房间的布置和大小,墙和柱的位置、大小和材料,门窗的位置和类型等内容。

以图 7-33 所示建筑平面图为例读图。

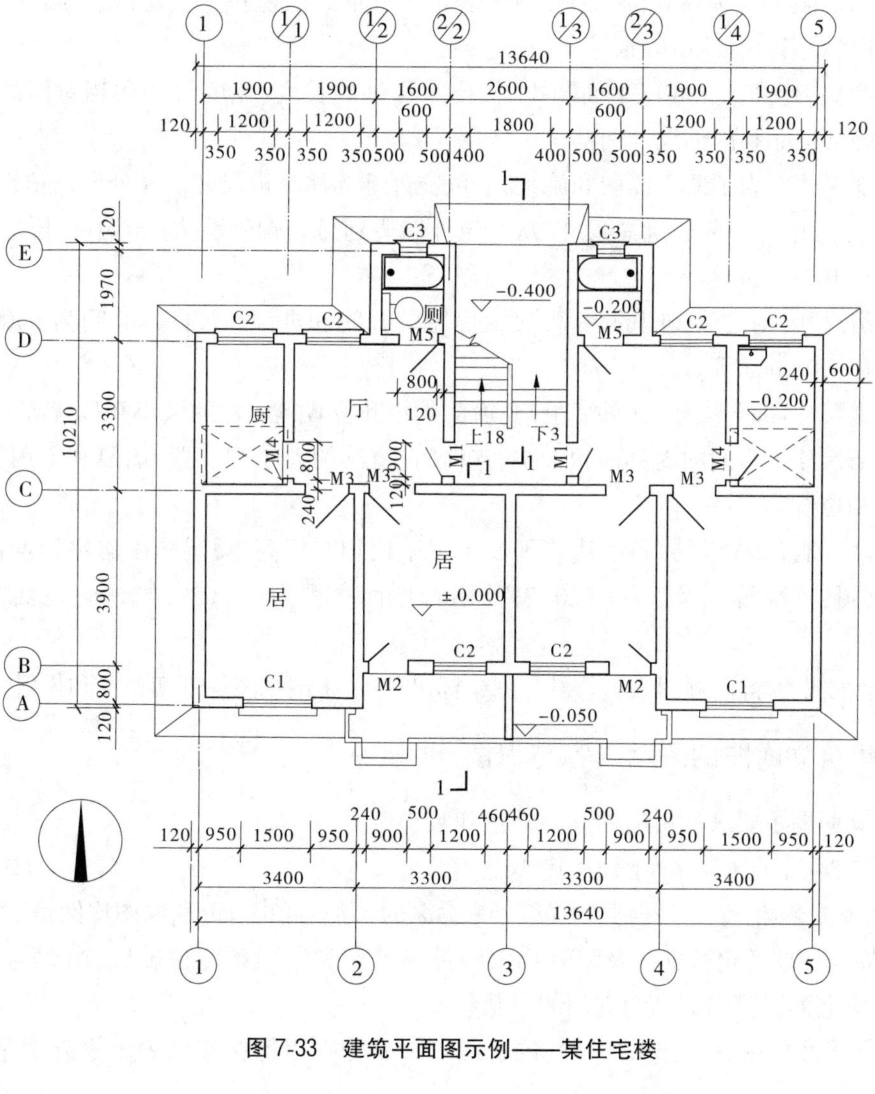

图 7-33　建筑平面图示例——某住宅楼

(1)图名、比例、指北针。该图是底层平面图,绘图比例为1:100,居室、阳台面朝南,楼梯进口面朝北。

(2)定位轴线的编号,墙、柱、房间的位置,房间的形状、大小、名称等。从房屋南侧面看:共有①~⑤五条横向定位轴线,对应五道横墙,分隔为四个居室。从轴间尺寸可以看出居室的开间分别是3400 mm和3300 mm。另有Ⓐ~Ⓔ五条定位轴线,对应五道纵墙,把居室、厅、厨房、厕所分隔开。从轴间尺寸可以看出其进深分别是:4700 mm、3900 mm、3300 mm和1970 mm。

(3)楼梯间的布置。楼梯间布置在北面中间,开间是2600 mm,进深是5270 mm,楼梯用图例表示,箭头表示上、下楼的运动方向,从底层到二层需要上18级踏步,从底层到室外需要下3级踏步。

(4)门、窗、室内厨卫设备等。图中门、窗用图例表示,并标注有门、窗的代号和编号。其中,M1~M5表示五种形式的门,C1~C3表示三种形式的窗户。坐便器、浴盆等用图例表示,另有室外阳台、台阶、散水等。

(5)尺寸和标高。在底层平面图中,标出了详细的长度、宽度尺寸和相对标高,其中尺寸包括外部尺寸和内部尺寸两部分。

①外部尺寸。为了便于读图和施工,一般在外部标注三道尺寸。从外向内依次为:

第一道尺寸:房屋外轮廓总尺寸,从一端外墙边到另一端外墙边。图中总长是13640 mm,总宽是10210 mm。

第二道尺寸:定位轴线间的距离,表示房屋的开间和进深。如①~②间为3400 mm,Ⓑ~Ⓒ间为3900 mm等。

第三道尺寸:细部尺寸,如外墙上门、窗的大小和位置,墙、柱的大小和位置等。

②内部尺寸。房间的内部面积大小、室内门、窗洞的大小和位置,墙厚和室内固定设施的大小和位置等。

③标高。地面、楼板的高程,建筑平面图中采用相对标高,规定图中居室地面高程为±0.000,则厨、厕地面高程为-0.020,室外阳台地面高程为-0.050,楼梯间地面高程为-0.400。

(6)剖视图的标注,详图索引符号。图中标出了1—1剖视图的剖切位置和投射方向。

三、建筑立面图的图示内容与识读

建筑立面图主要表达房屋的立面外形和装饰做法。

以图7-34所示建筑立面图为例读图。

(1)图名、比例。该图是根据轴线编号来命名的,为①~⑤立面图,绘图比例是1:100。

(2)立面两端的定位轴线及编号。图中标出了①和⑤两条定位轴线,由此与平面图对照可知该立面图反映的是南立面的形状。

(3)立面外形轮廓,门窗的形状、位置等。图中分别用特粗实线表示室外地平线,用

图 7-34　建筑立面图示例——某住宅楼

粗实线表示房屋的最外轮廓,用中粗实线表示门窗洞、窗台、阳台、檐口、室外台阶等可见轮廓;门、窗图例,装饰分格线等用细实线表示。

(4)外墙面各部分的材料及做法。图中用文字说明的方法标注出了外墙面的做法。檐口、墙裙做成水刷石墙面,其余墙面刷米黄色涂料,窗台用白水泥和107胶刷白等。

(5)标高尺寸。在立面图中标出了室外地坪、楼地面、阳台、檐口、门、窗、楼顶等部位的标高。

四、建筑剖视图的图示内容及识读

建筑剖视图主要表示房屋内部结构、分层情况、各层高度、楼地面、楼梯和屋面的构造等内容。

以图 7-35 所示建筑剖视图为例读图。

(1)图名、比例。该剖视图的名称为 1—1 剖视图,对照平面图可以看出,它是沿楼梯间、走廊、居室和阳台用阶梯剖切面剖开房屋而形成的。绘图比例是 1∶100。

(2)定位轴线的编号,墙、梁、楼板、楼层的布置。剖视图中标出了两端的定位轴线Ⓐ

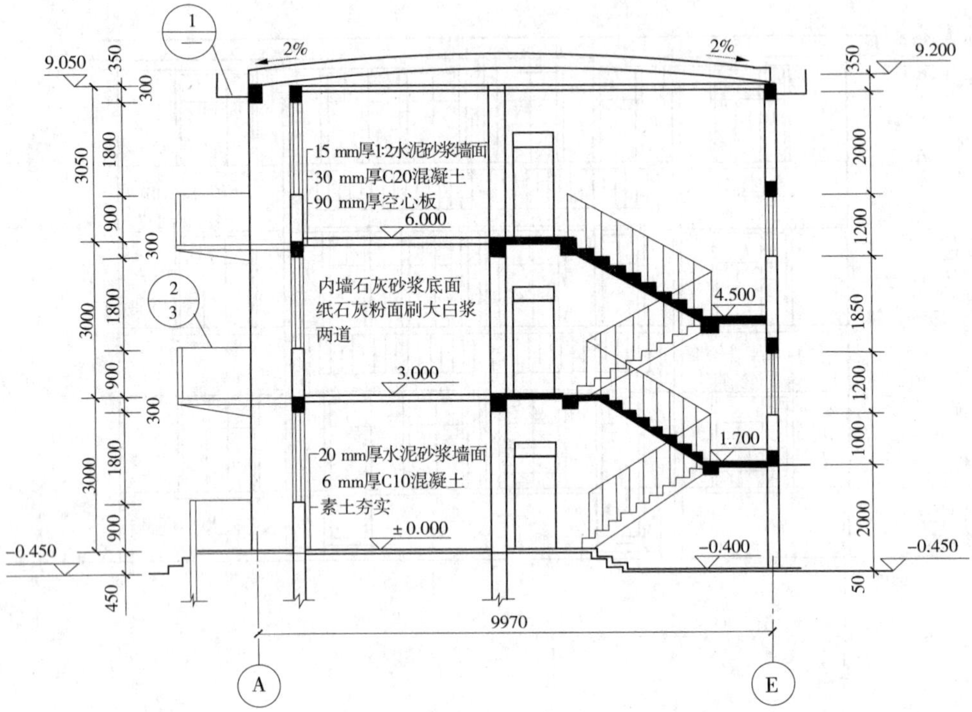

1—1剖视图 1∶100

图 7-35　建筑剖视图示例——某住宅楼

和Ⓔ,并看到了剖断的Ⓑ、Ⓒ墙的轮廓和地面,二层和三层楼板、屋顶的轮廓,图中门窗顶上的过梁、屋面板等钢筋混凝土构件涂黑表示。该楼房共三层,层高是 3 m。

(3)楼梯形状。由于剖切面通过楼梯间,因此看到了整个楼梯沿垂直方向的形状。每层设有两个梯段,称为两跑式楼梯,中间设有休息平台。从入口进入楼内经 3 级踏步到达底层地面,高程为±0.000,底层楼梯第一梯段有 11 级踏步至休息平台,高程为 1.700 m,第二梯段有 7 级踏步至二层楼面,高程为 3.000 m;二层楼梯的两梯段均为 9 级踏步,二层休息平台高程为 4.500 m,三层楼面高程为 6.000 m,由于每层的第二梯段和休息平台被剖断,因此涂黑表示,楼梯栏杆采用了示意画法。

(4)门、窗、阳台。门、窗用图例表示,阳台只画出了主要轮廓,另有详图表示。

(5)尺寸和标高。在剖视图中,标出了高度方向的详细尺寸和高程。图中外部高度尺寸共有二道,分别标注在外墙的外侧。从外向内依次为:第一道尺寸是层高尺寸,从本层室内地面到上一层室内地面或屋顶,本例层高分别是 3000 mm、3000 mm 和 3050 mm。第二道尺寸是细部尺寸,如门、窗洞的高度和位置、阳台的高度、天沟的高度等,本例中Ⓑ墙窗高为 1800 mm,窗台高 900 mm,Ⓔ墙门洞高 2000 mm,窗高为 1200 mm,窗下墙高 1000 mm 等。

从图 7-35 中可以看出，室外地面高程为 -0.450 m，楼梯间与室内地面高程分别为 -0.400 m 和±0.000 m，休息平台的高程为 1.700 m 和 4.500 m，二、三层楼地面的高程为 3.000 m 和 6.000 m，屋顶和天沟的高程为 9.050 m 和 9.200 m。

(6)室内装饰做法。图中用文字说明的方法标出了地面、楼面和内墙的装饰做法。

(7)详图索引符号。图中分别标出了天沟和阳台的详图索引符号。

五、建筑详图的内容及识读

建筑详图主要用来表示房屋局部(如卫生间、楼梯间等)、局部构造(如外墙构造、天沟等)建筑构、配件(如门、窗等)。

图 7-36 所示为天沟详图，表达了天沟和屋面的形状、构造、材料和尺寸。天沟为现浇钢筋混凝土结构，沟底铺 20 mm 以上厚的 1∶2.5 水泥砂浆，上做附加防水层空铺 200 mm，再做卷材防水层；屋面上设保温层；天沟挑出总长 600 mm，总高 395 mm。

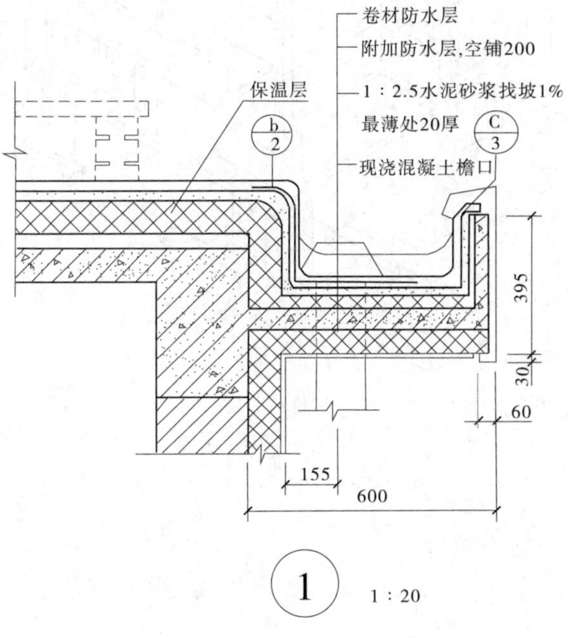

图 7-36

六、综合整理

根据上述识读各图的图示内容，将它们联系起来，综合整理，从而想象出房屋的整体形状、细部构造、装饰做法、所用材料和大小等，如图 7-37 所示。

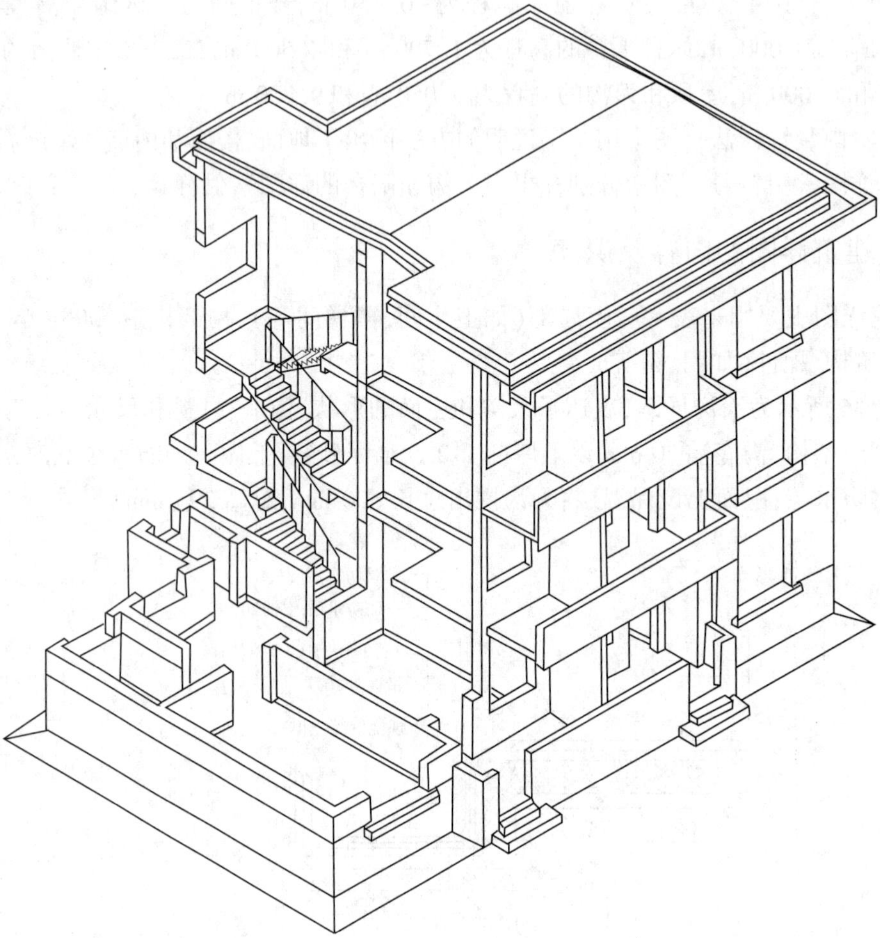

图 7-37

第八章　AutoCAD 2020 进水闸实训

已知进水闸二维图纸(见图 8-1),请识读各部分内容,想象空间形状,用 AutoCAD 2020 绘制二维图形并创建三维模型。

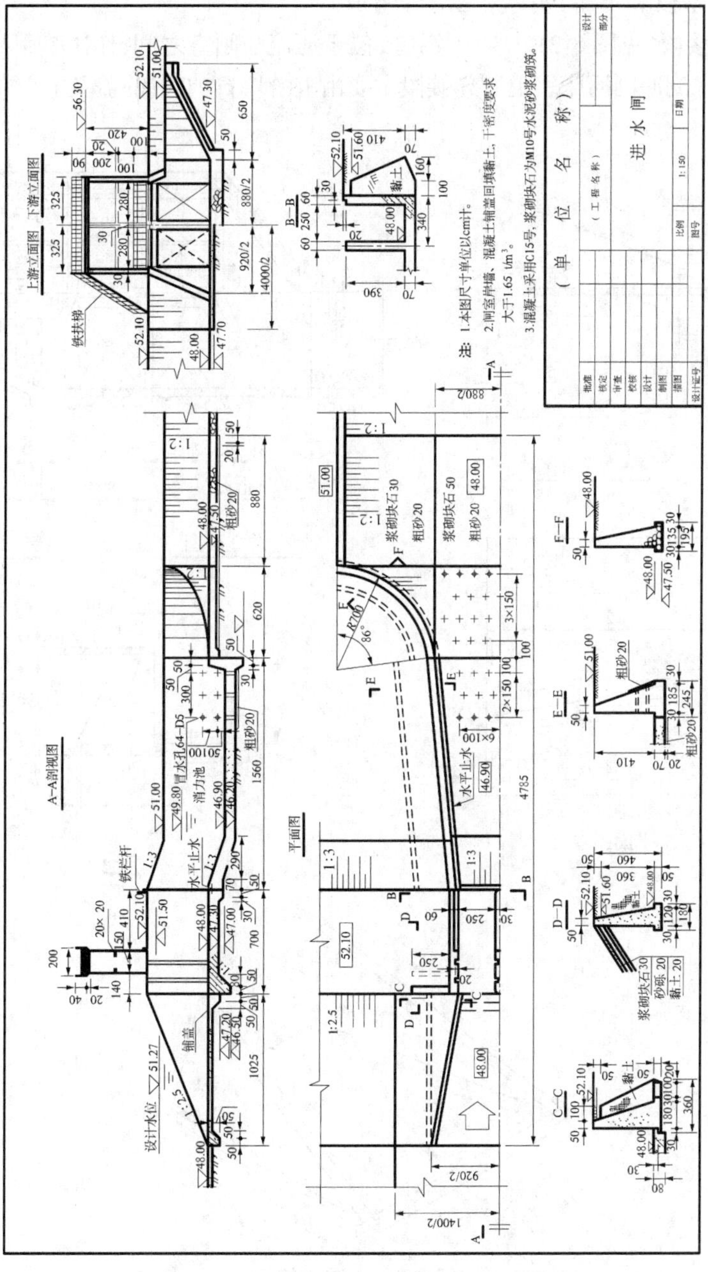

图 8-1

第一节　认识进水闸结构设计图

一、概括了解

水闸可分为进水闸、分洪闸、泄水闸等。修建在引水渠首的水闸叫进水闸，又称渠首闸。进水闸的作用是控制水位和调节引水流量。水闸有许多类型，结构大同小异，一般由上游连接段、闸室段和下游连接段三部分组成。

（1）上游连接段（见图 8-2）。上游连接段位于河流与闸室之间，作用是引导水流平顺地进入闸室，并防止水流冲刷河床。上游连接段主要由上游块石护底、铺盖及上游翼墙等组成。

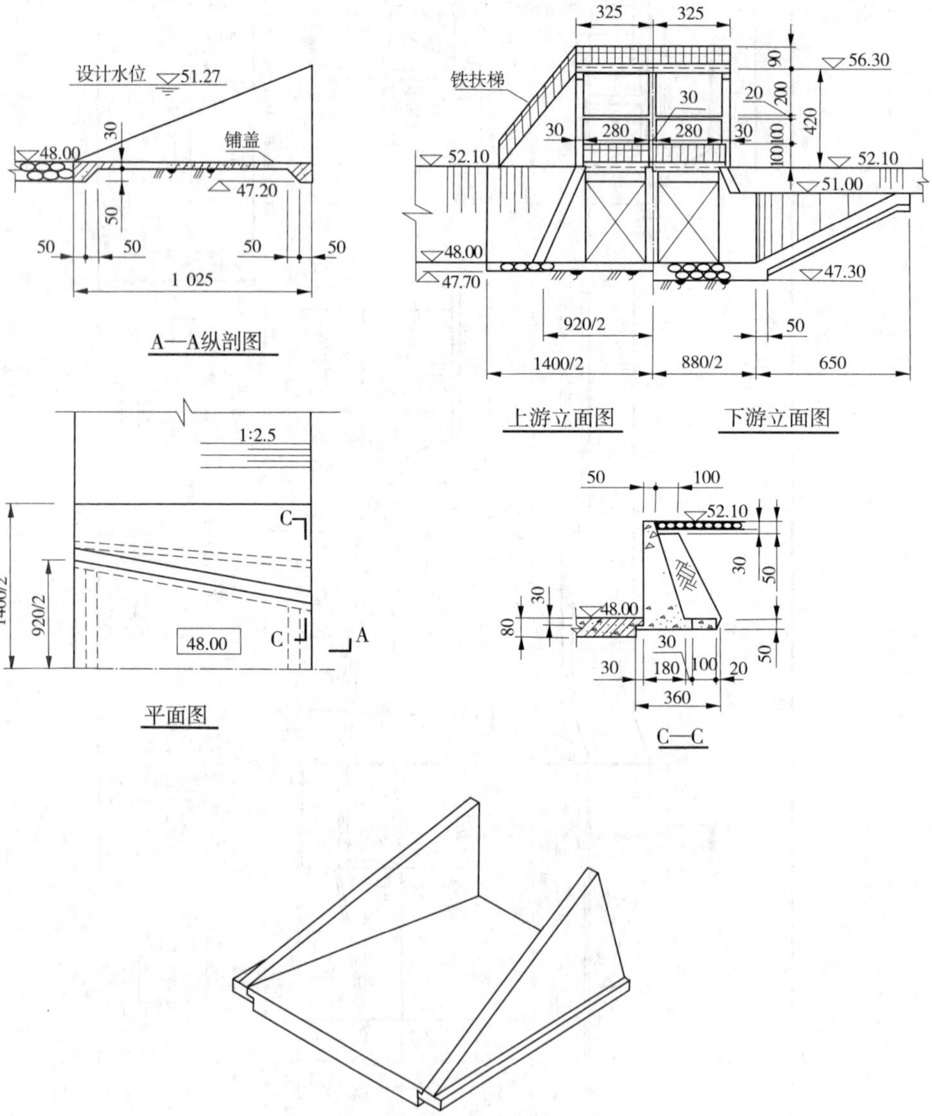

图 8-2　上游连接段

(2)闸室段(见图 8-3)。闸室是水闸的主要组成部分,通过关闭和开启闸门来调节上游水位和过闸水流的流量。闸室的结构比较复杂,闸室段主要由底板、闸墩、边墩、闸门、交通桥、排架、工作桥等组成。

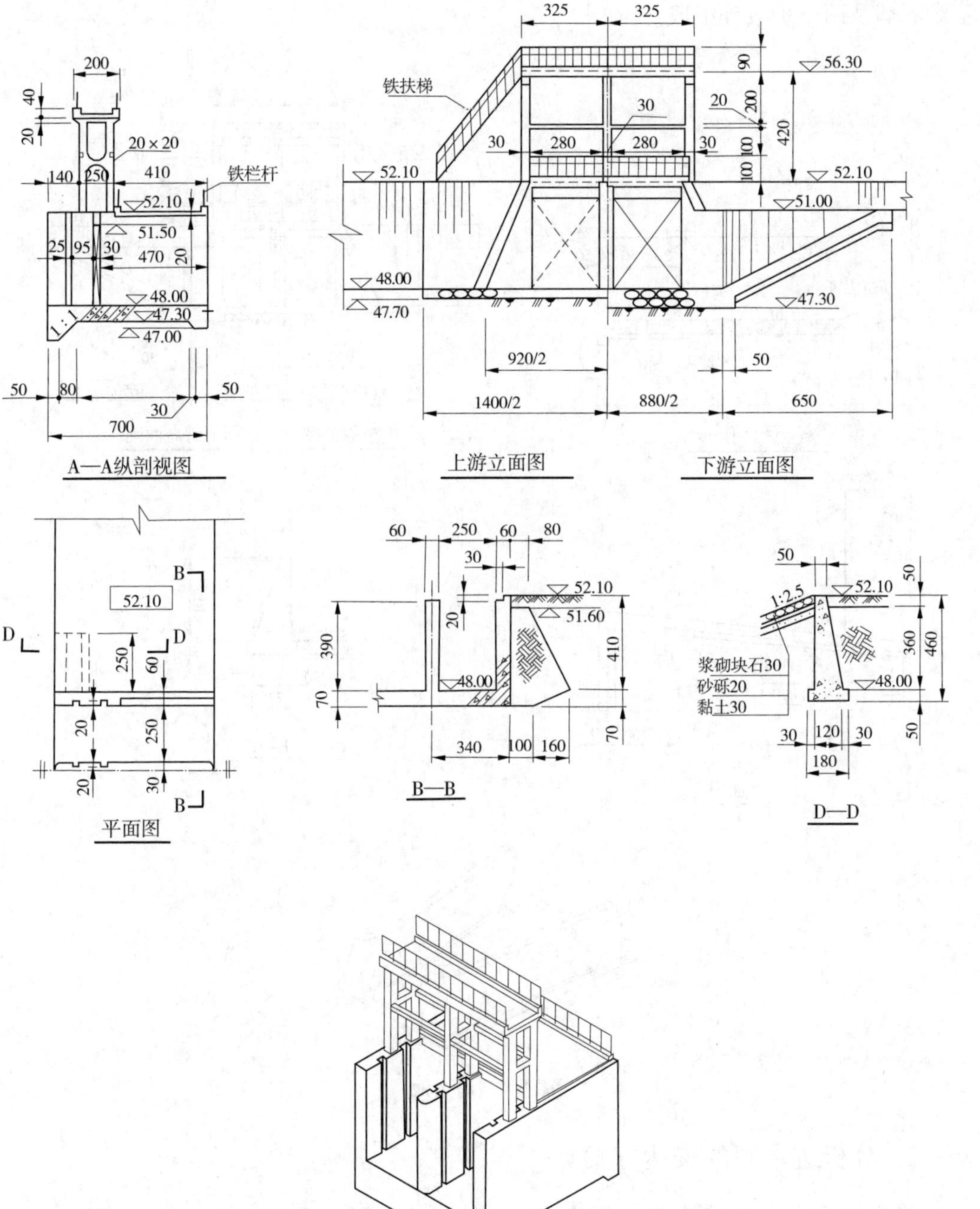

图 8-3 闸室段

(3)下游连接段。下游连接段主要有两个作用,一是减小流速消除过闸水流多余的能量,防止水流冲刷下游河道;二是改变过流断面的形状,即由矩形变成梯形,保证水流平顺地进入下游渠道。下游连接段主要由消力池护坦(见图8-4)及边墙(见图8-5)、海漫、下游翼墙及两岸护坡等组成。

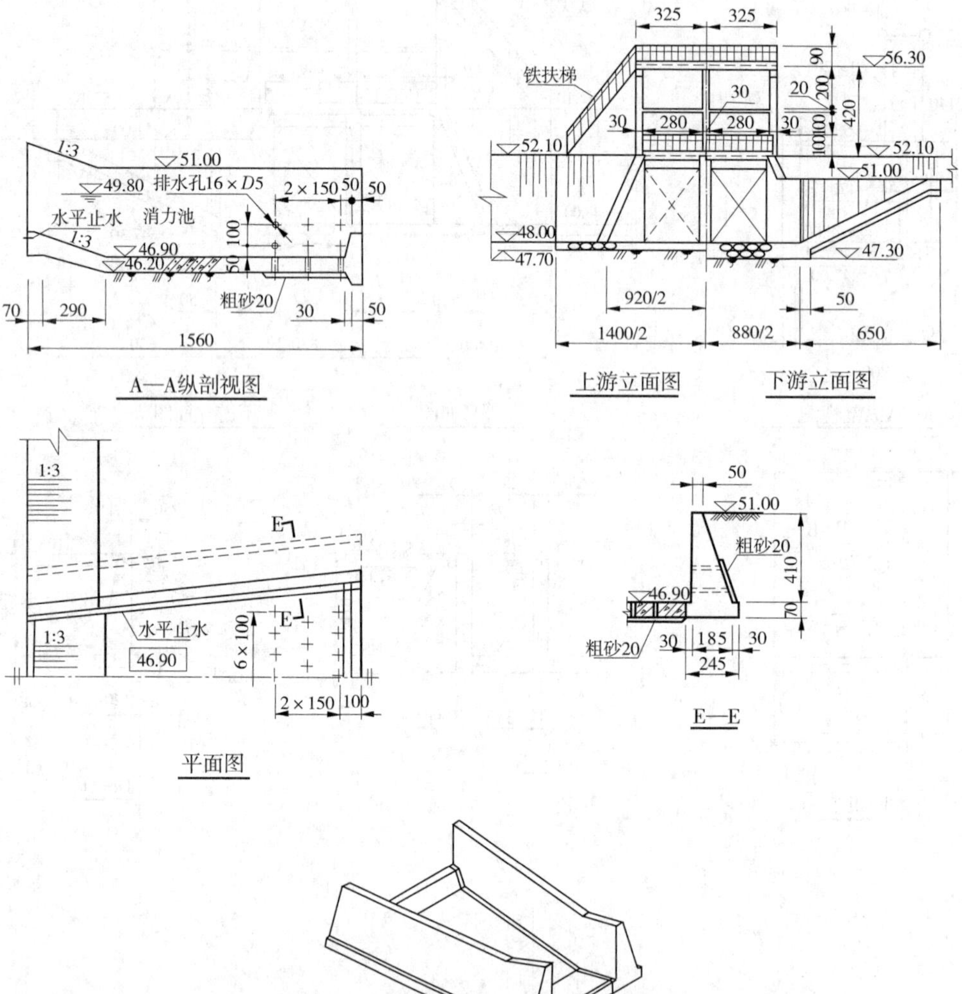

图8-4　消力池

二、分析进水闸的表达方案

该进水闸用一组建筑物结构图表达。建筑物结构图主要表达某一建筑物的形状、大小、构造、材料等内容,其特点是:视图种类多、比例大、表达清楚。

(1)平面图。由于平面图左右对称,因此采用省略画法,以对称中心线为界只画出左岸一半的图形,主要表达各段的平面布置、平面形状,如翼墙呈八字形和圆弧形、闸墩形

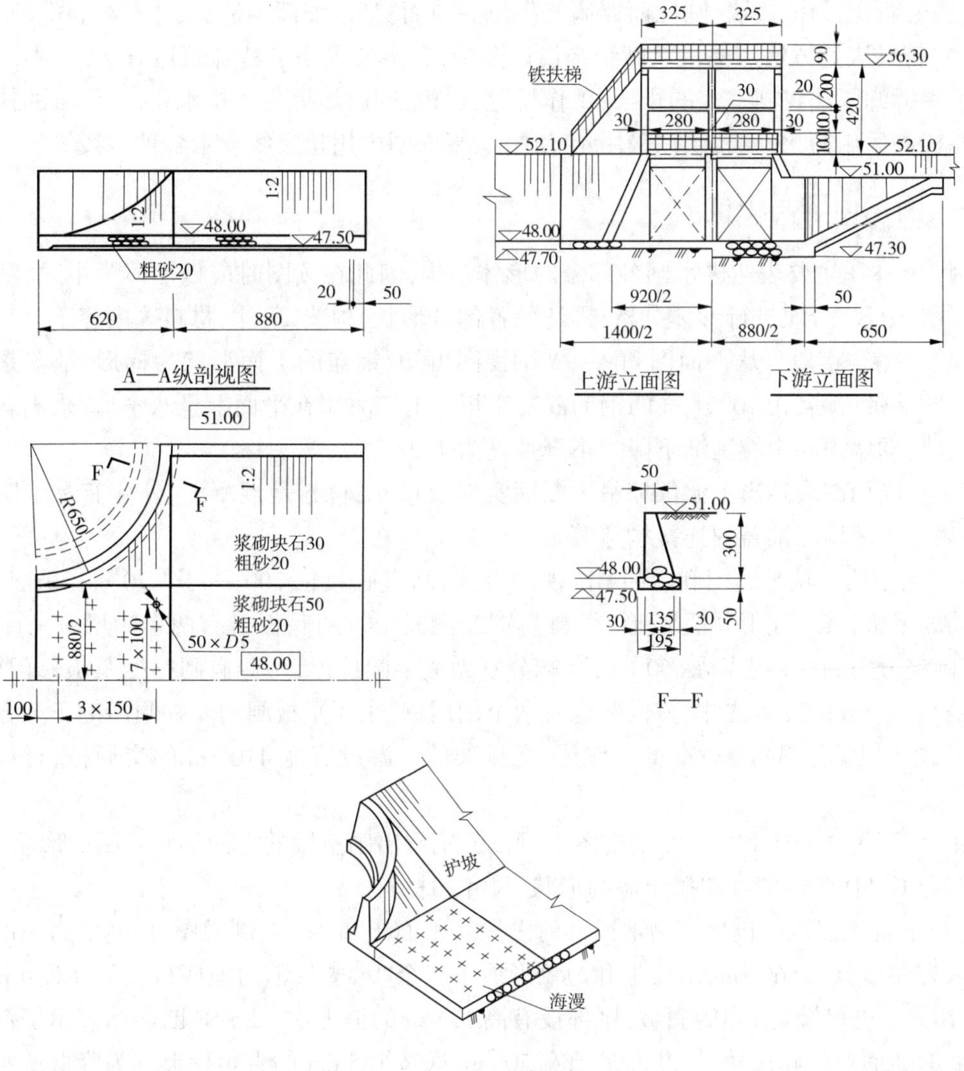

图 8-5 海漫段

状、主门槽、检修门槽位置等;还表达了各段长度、宽度尺寸,剖视图、断面图的标注等内容。

(2)A—A 纵剖视图。该图采用单一全剖视图、剖切面平行于水闸轴线,通过整个水闸。它主要表达底板的纵断面实形,如铺盖、闸室底板、消力池底板、海漫、上下游护底等;还表达了底板的构造及材料,边墙的侧立面形状,闸门槽位置及各部分的长度、高度尺寸及排架的形状等。

(3)上、下游立面图(立视图)。由于上游立面图和下游立面图是两个视向相反且对称的图形,因此各取一半画成合成视图,该图主要表达水闸进出口立面形状、排架和工作桥、交通桥以及各部分的尺寸等。

(4)断面图。采用 B—B、C—C、D—D、E—E、F—F 五个断面图,分别表达闸室、上游翼墙、挡土墙、消力池边墙、圆柱面翼墙等部位的断面实形、细部构造、尺寸和材料等。

(5)特殊表达方法。该进水闸结构设计图中,有多处采用了特殊表达方法,其中平面图中采用拆卸画法将闸室上的排架、工作桥、交通桥、闸门等拆去。排水孔、工作桥的扶梯和桥栏杆均采用简化画法,闸门采用示意画法,平面图中用粗实线表示各种缝线等。

三、图示内容与识读

因为图 8-1 主要表达进水闸各部分的形体结构,因此在读图时应以形体为主线,结合各个视图,分段、分块进行形体分析,弄清楚各部分形状、构造、尺寸、材料等内容。

(1)上游连接段。从平面图和 A—A 剖视图可知:铺盖的平面形状为梯形,铺盖是厚 30 cm,两端带齿墙,长 1025 cm 的钢筋混凝土板。上游翼墙在平面上呈八字形,采用斜降式挡土墙,即墙顶随岸坡逐渐下降。下降坡度为 1:2.5。

C—C 断面图表达出上游翼墙最大断面实形及尺寸,材料是混凝土,外侧有黏土防渗体,并表达了翼墙与铺盖的连接构造等。

(2)闸室段。从平面图和 A—A 剖视图可知:闸室底板长 700 cm,厚 70 cm,是前、后带齿墙的平板,其平面形状是矩形,材料为钢筋混凝土。闸底板上有两个边墩和一个中墩,将闸室分为两孔。中墩厚 60 cm,两端分别做成半圆柱形,两侧有闸门槽及检修门槽。边墩是厚 60 cm 的直棱柱体,靠内侧也有两个闸门槽,采用平板闸门。在闸门的正上方设有排架,排架上面是宽 200 cm 的工作桥,在排架的下游设有宽 410 cm 的交通桥,材料均为钢筋混凝土。

在上、下游立面图和 A—A 剖视图上可以分别看出闸室段的立面形状和断面形状。

结合 D—D 断面图可知挡土墙的形状、尺寸和材料。

(3)下游连接段。包括消力池段和海漫段从平面图和 A—A 剖视图可知:消力池的平面形状为梯形,长 1560 cm,由底板和边墙形成了一个“水槽”,消力池底板顶部高程 46. 90 m,厚 70 cm,进口端是 1:3的斜坡,尾部设有高 1. 1 m 的消力坎。E—E 断面图表示了消力池翼墙的断面形状和尺寸,该断面是顶宽 50 cm,底宽 185 cm 的直角梯形。为降低渗水压力,在消力池的底板和边墙上设有 50 个直径ϕ 50 mm 的冒水孔,冒水孔处设有 20 cm 厚的粗砂反滤层。渐变段进口处是矩形,出口处与梯形断面的尾水渠相连,海漫和下游护底长度分别为 620 cm 和 880 cm,用浆砌石做成,海漫上设有冒水孔,下有 20 cm 厚的粗砂反滤层。翼墙由半径 650 cm 的圆柱面做成,F—F 断面图表达了翼墙的断面实形、尺寸和材料,护坡是由浆砌块石做成的 1:2的斜坡面。

四、综合整理

根据上述形体分析,弄清水闸各部分的形状、位置关系及构造、尺寸、材料等内容,综合整理,想象出水闸的整体结构和形状,如图 8-6 所示。

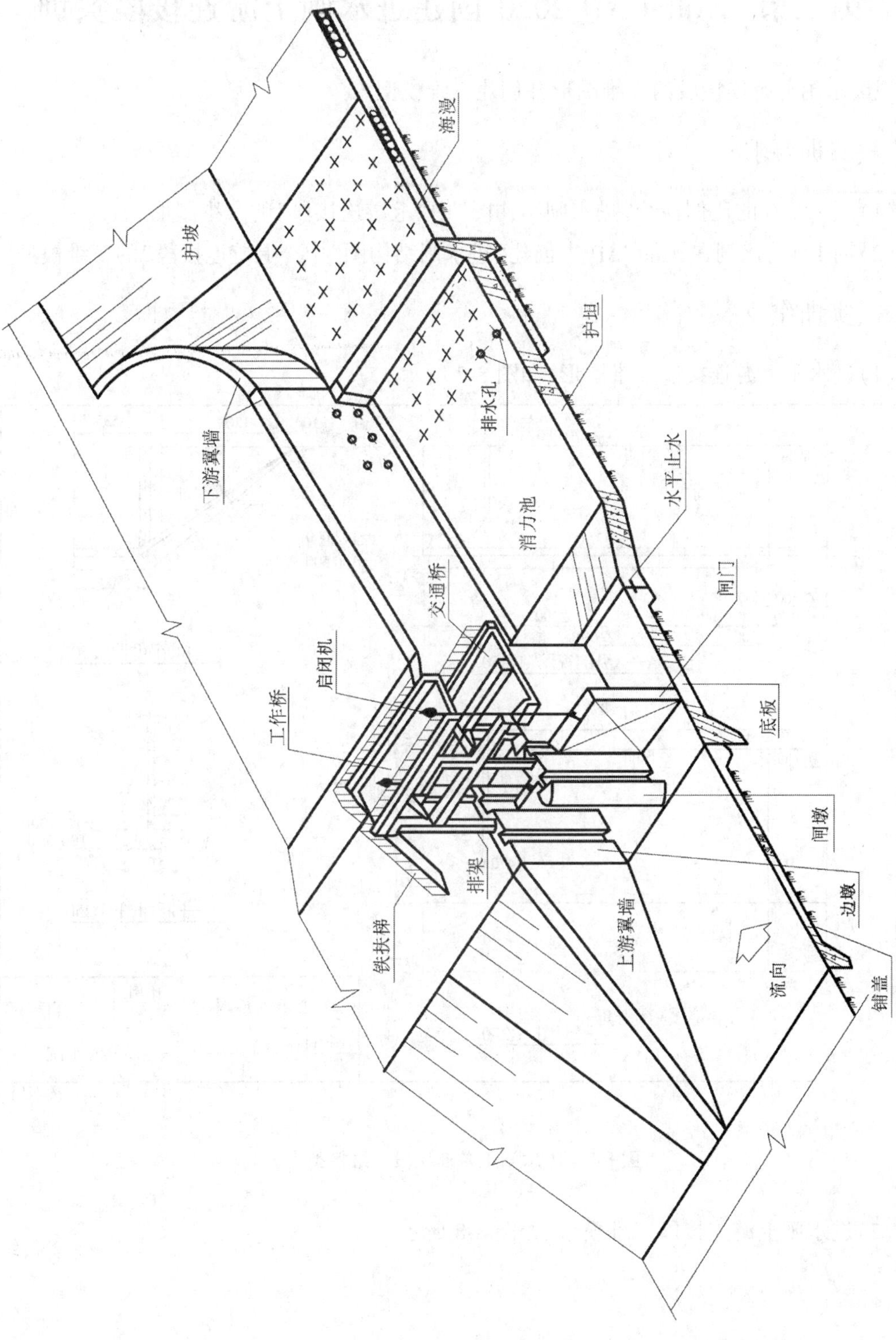
海漫
护坡
护坦
排水孔
下游翼墙
水平止水
消力池
闸门
交通桥
启闭机
工作桥
底板
闸墩
排架
边墩
上游翼墙
铁扶梯
流向
铺盖

图 8-6

第二节　AutoCAD 2020 创建进水闸上游连接段实训

识读水闸上游连接段的二维图形并创建三维模型。

一、实训要求

(1)用 1∶250 的比例抄绘“进水闸结构图”中“上游连接段”的二维图形。

(2)用 1∶1的比例在 AutoCAD 中创建“进水闸结构图”中 “上游连接段”的三维模型。

二、实训作业

(1)进水闸上游连接段二维图形,如图 8-7 所示。

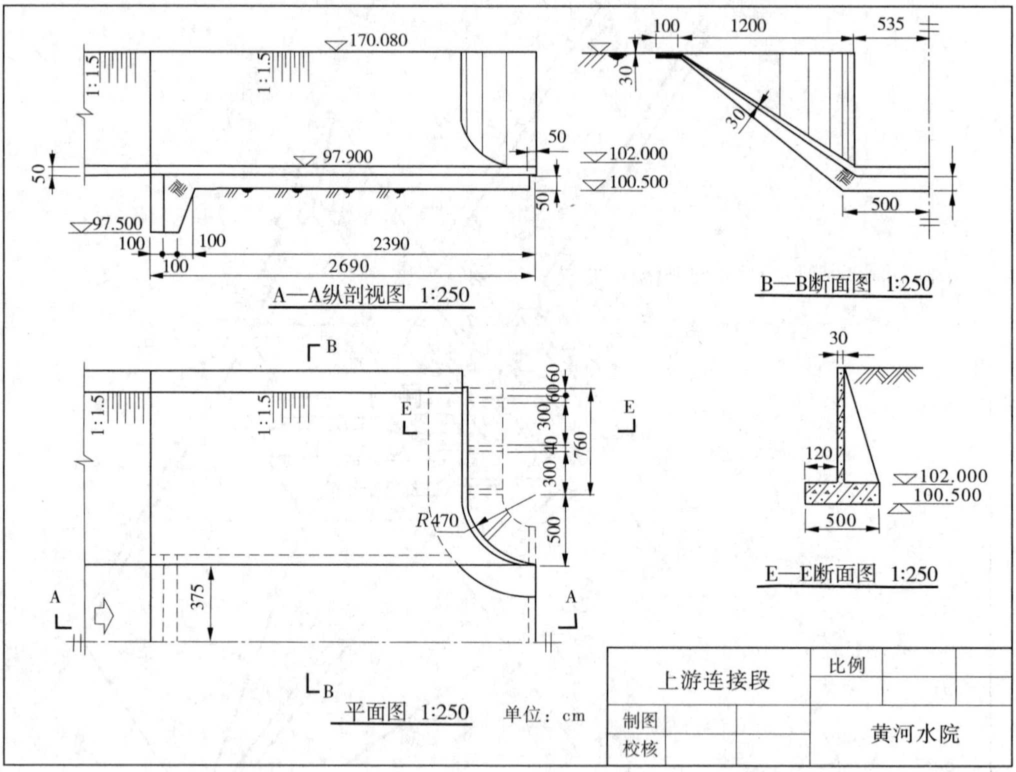

图 8-7　进水闸上游连接段二维模型

(2)进水闸上游连接段三维模型,如图 8-8 所示。

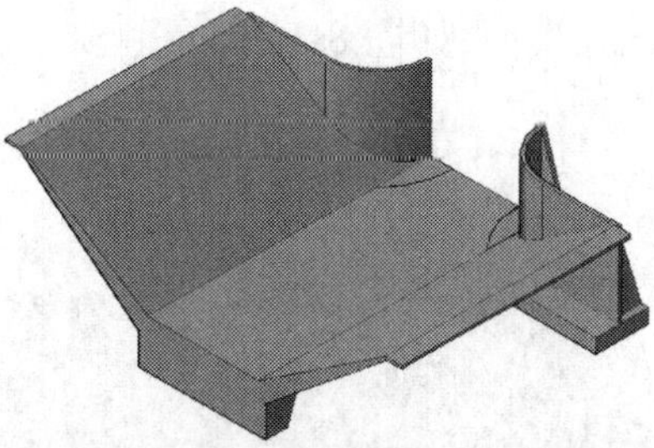

图 8-8　进水闸上游连接段三维模型

第三节　AutoCAD 2020 创建进水闸闸室段实训

识读进水闸闸室段的二维图形并创建三维模型。

一、实训要求

(1)用 1:250 的比例抄绘“进水闸结构图”中“闸室段”的二维图形。
(2)用 1:1的比例在 AutoCAD 中创建“进水闸结构图”中 “闸室段”的三维模型。

二、实训作业

(1)进水闸闸室段二维图形,如图 8-9 所示。

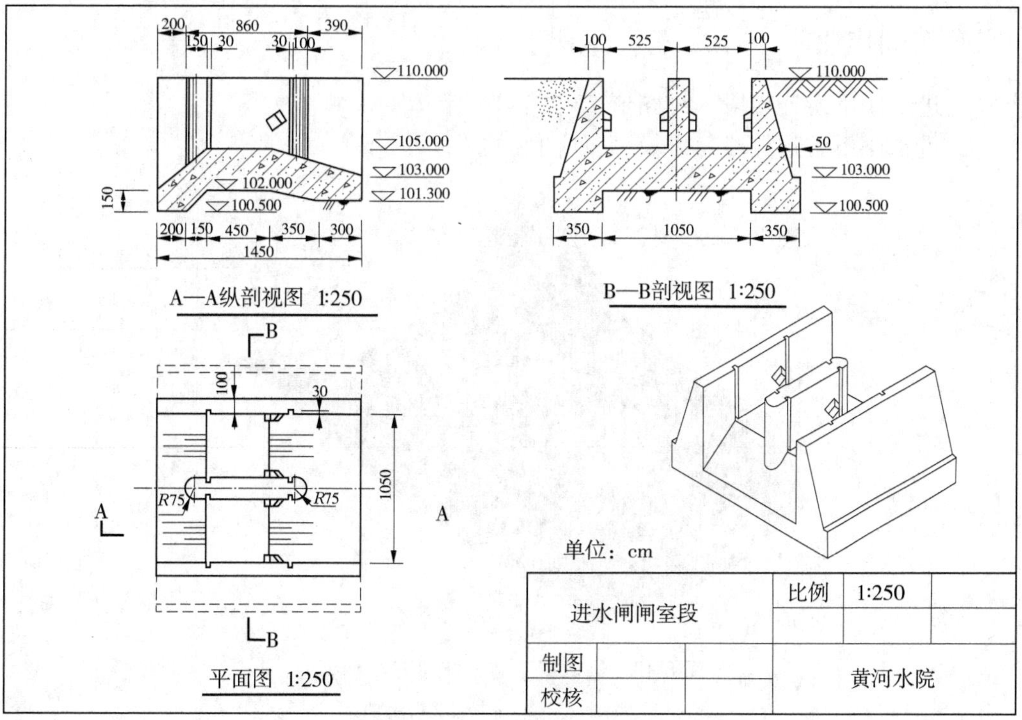

图 8-9　进水闸闸室段二维图形

(2)进水闸上游连接段三维模型,如图 8-10 所示。

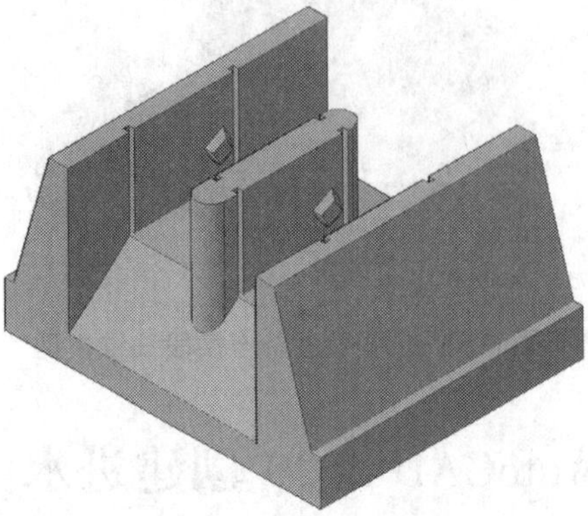

图 8-10　进水闸闸室段三维模型

第四节　AutoCAD 2020 创建进水闸下游连接段实训

识读水闸上游连接段的二维图形并创建三维模型。

一、实训要求

(1)用 1∶250 的比例抄绘“进水闸结构图”中“下游连接段”的二维图形。
(2)用 1∶1的比例在 AutoCAD 中创建“进水闸结构图”中 “下游连接段”的三维模型。

二、实训作业

(1)进水闸下游连接段二维图形,如图 8-11 所示。
(2)进水闸下游连接段三维模型,如图 8-12 所示。

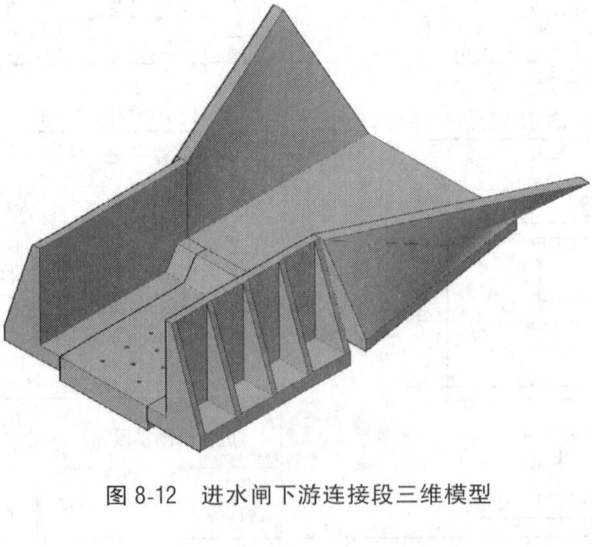

图 8-12　进水闸下游连接段三维模型

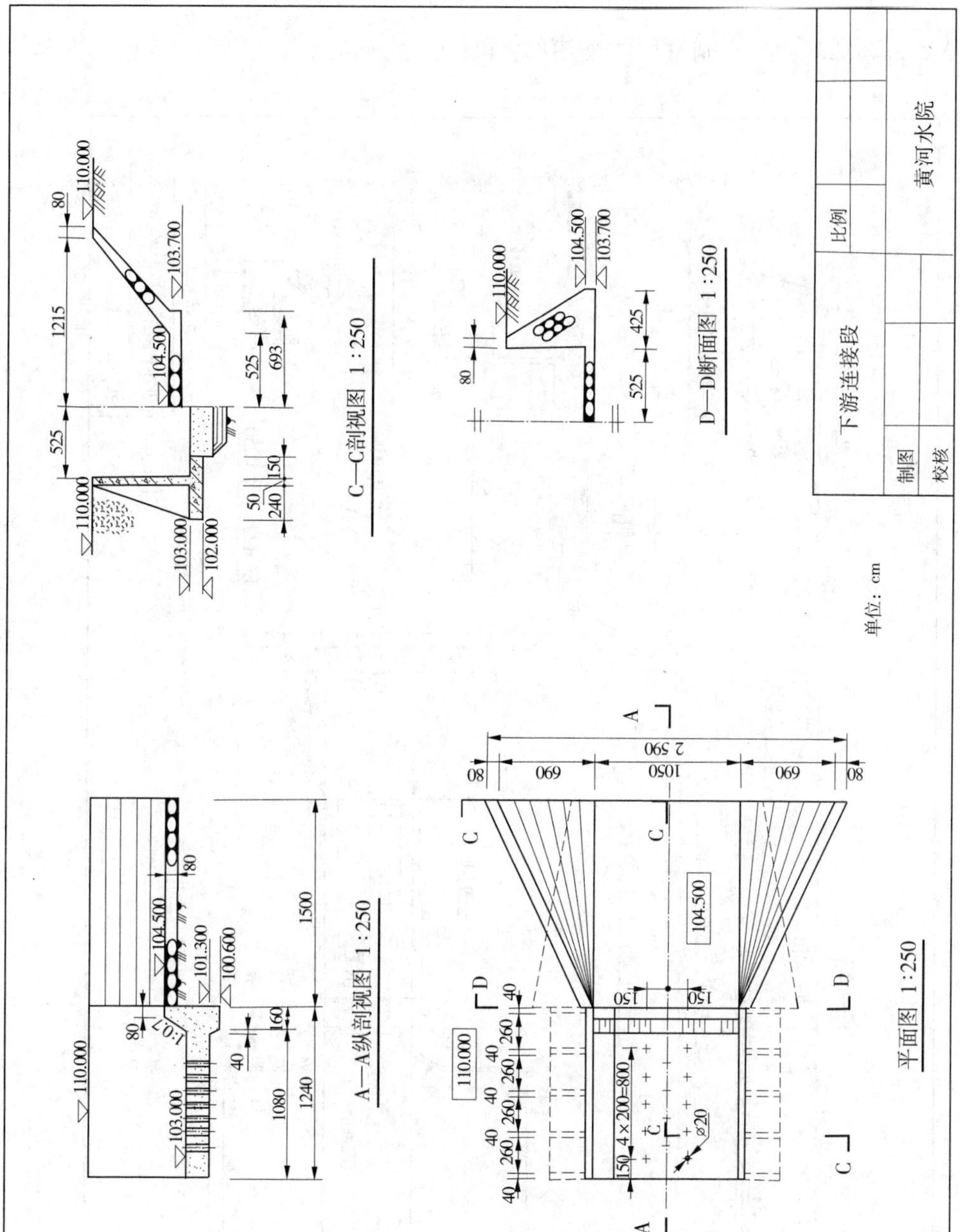

图 8-11　进水闸下游连接段二维图形

第五节 AutoCAD 2020 综合各部创建进水闸整体实训

(1)综合各部创建进水闸整体二维图形,如图 8-13 所示。

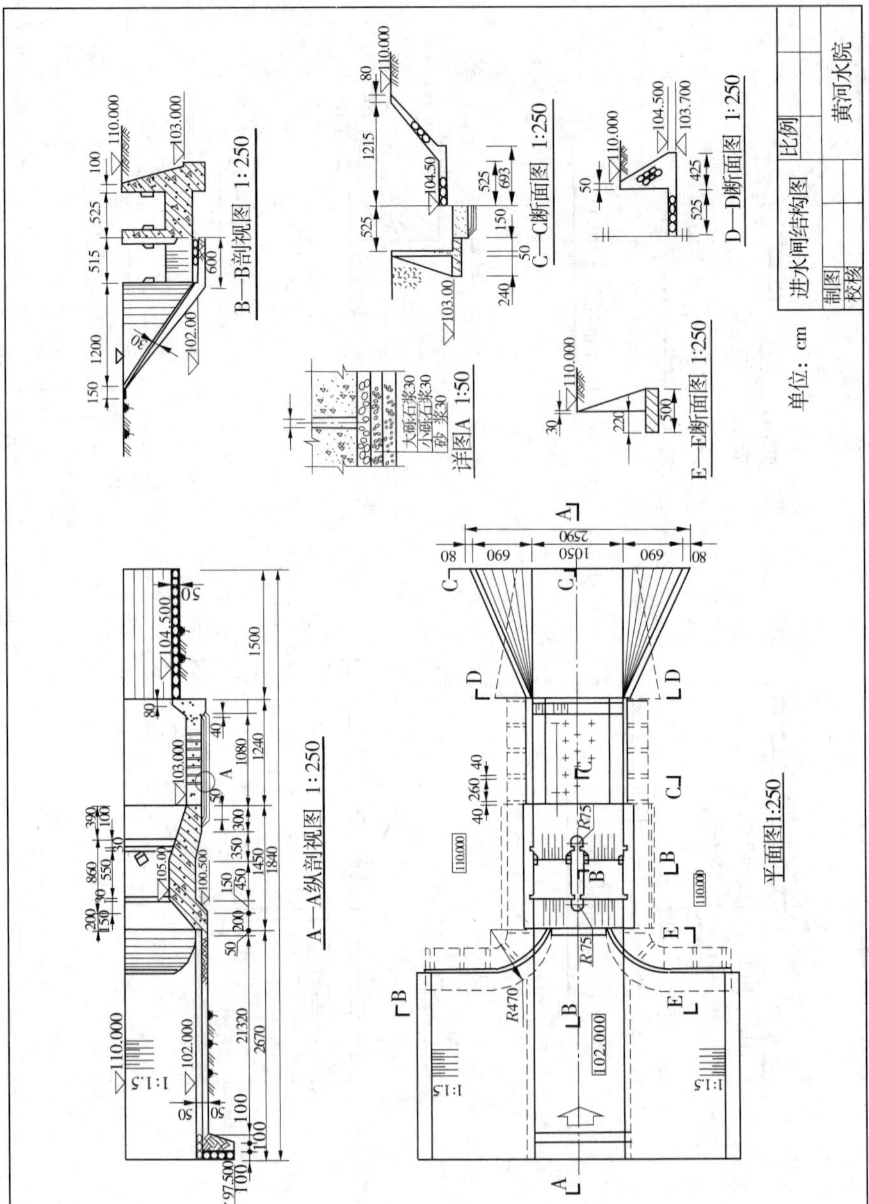

图 8-13

(2)综合各部创建进水闸整体三维模型,如图 8-14 所示。

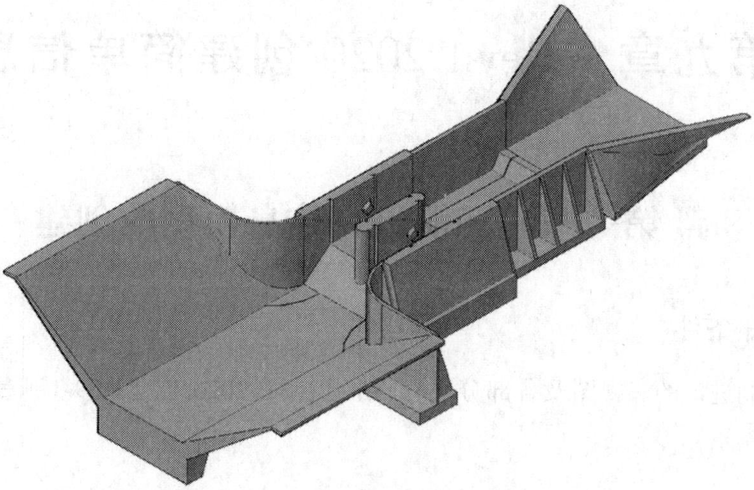

图 8-14　进水闸三维模型

第九章　Revit 2020 创建简单信息模型

第一节　涵洞进口信息模型的创建

一、已知条件

已知涵洞进口的三视图及各部分尺寸，请用 Revit 2020 创建图 9-1 所示涵洞进口的信息模型。

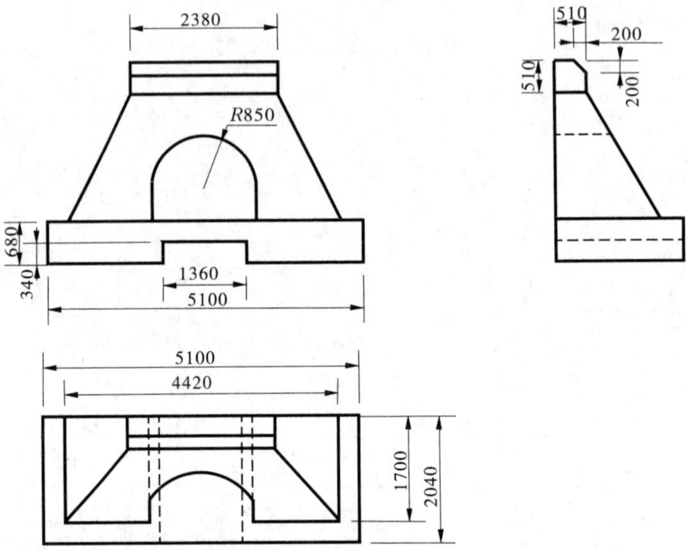

图 9-1　涵洞进口三视图

二、创建步骤

打开 Revit 2020，点击“族—新建—公制常规模型—打开”即可，见图 9-2、图 9-3。

(1)打开族。

(2)点击保存，将文件保存到指定位置并更改文件名命名为“涵洞进口”。

(3)由二维生三维。

(4)读图，看尺寸，将参考线中心点放大到适当尺寸。(对称图形可以考虑画一半，然后镜像)

(5)点击命令栏：创建—基准—参照线，见图 9-4。

(6)根据尺寸画出参照定位交点。

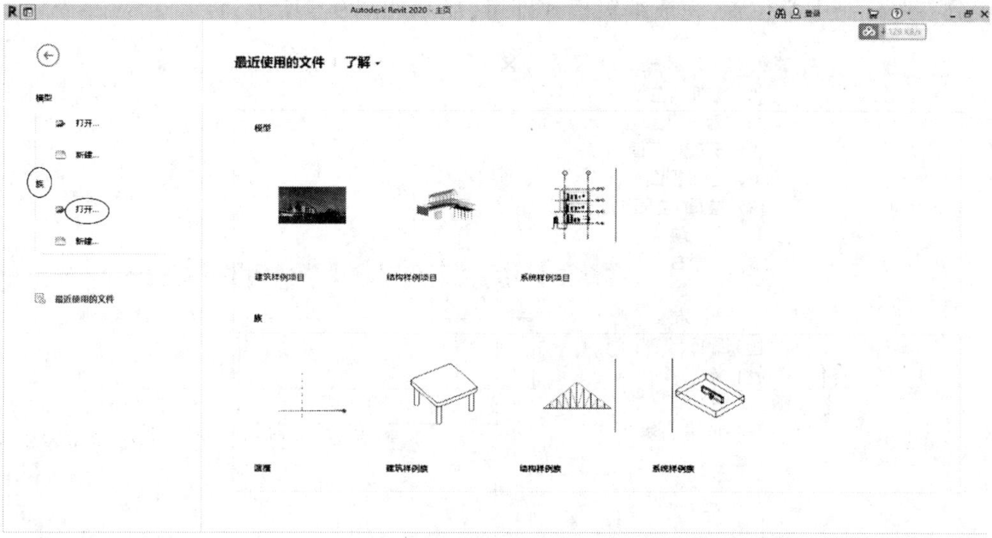

图 9-2

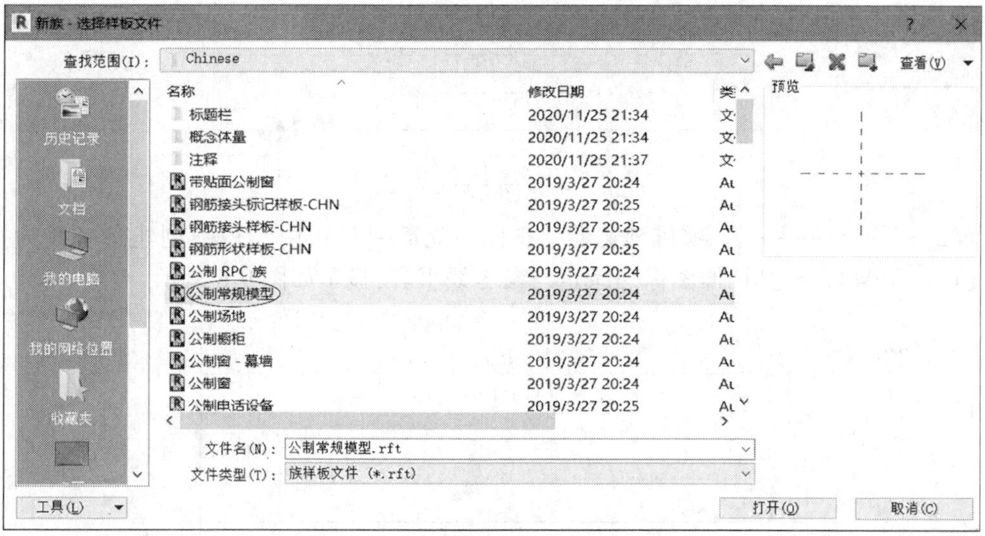

图 9-3

图 9-4

(一) 画底板

(1) 切换立面——前(项目浏览器—视图—立面—前),创建—拉伸 拉伸 命令,选择"矩形"看主视图画大矩形框尺寸 5100×680,小矩形框尺寸 1360×340 。(随意画两个矩形框,然后根据尺寸调节长宽尺寸,使用修剪命令 将其大矩形框中间打断,并将其图形调整到参照标高中心位置,完成编辑模式即可,显示如图 9-5 所示。)

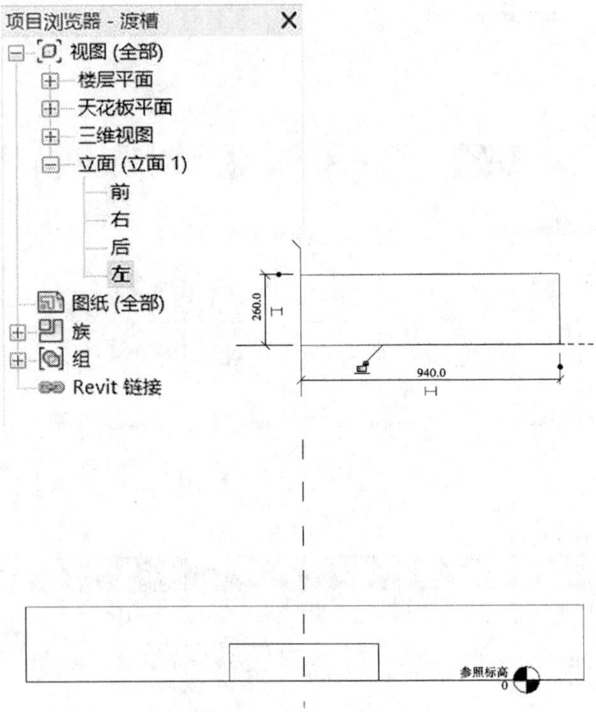

图 9-5

(2)切换立面——左(项目浏览器—视图—立面—左),由左视图创建参考线为拉伸长度距离“2040”,将其拉伸图像缩减至与参考线平齐,显示如图 9-6 所示。

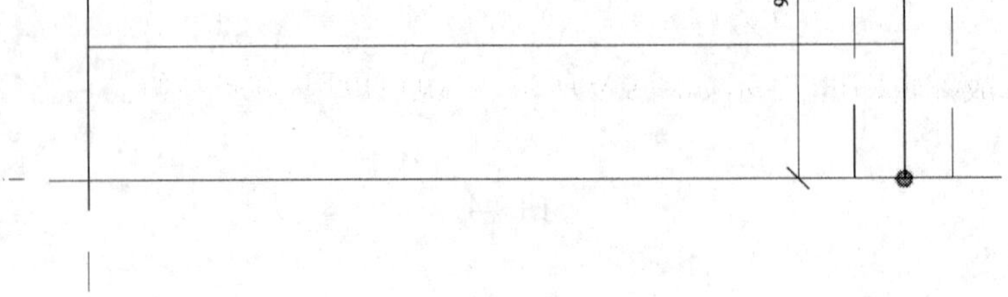

图 9-6

(二)画胸墙

切换天花板平面——参照标高(项目浏览器—视图—天花板平面),创建—融合命

令，默认先编辑底部 修改 | 创建融合底部边界 选择“矩形”看俯视图画大矩形框尺寸 4420×1700 。

编辑顶部 选择“矩形”看俯视图画小矩形框尺寸 2380×510，如图 9-7 所示。

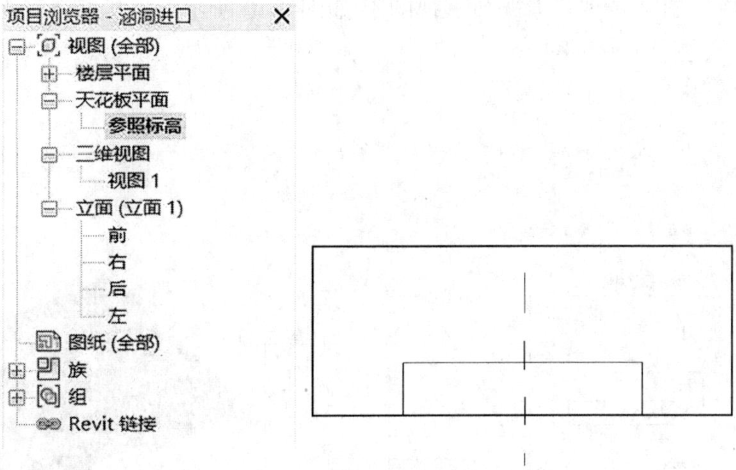

图 9-7

切换立面——左（项目浏览器—视图—立面—左）。

创建参照线高度为“2040”，直接拉伸，然后切换立面将胸墙放置在图 9-8 所示位置即可。

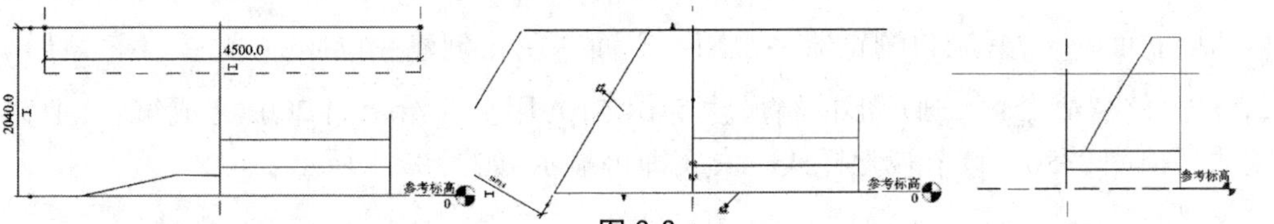

图 9-8

（三）画 U 形洞口

切换立面——前（项目浏览器—视图—立面—前），创建空心形状—空心拉伸，用“圆”命令和“矩形”命令，先用“圆”命令，给圆心半径 850 画圆，用矩形给尺寸 1700 * 510，用“修剪”命令，点击左右两条直线然后右键再点击下半圆弧即可，并将其轮廓移动至正确位置，完成编辑即可，显示如图 9-9 所示。（也可以用“起点—终点—半径弧”命令画半圆弧。）

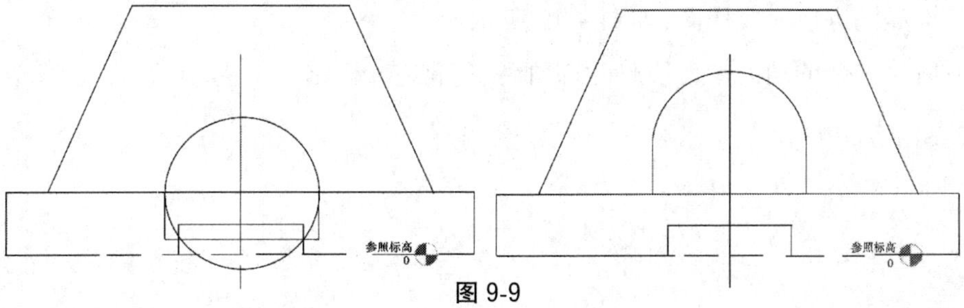

图 9-9

切换立面——左(项目浏览器—视图—立面—左),选中 U 形洞口,拉伸给尺寸 1700+。命令栏属性—材质和装饰—可选择材料样式—视觉样式—真实(调节视觉样式—真实即可显示。)

三维显示:项目浏览器—三维视图—视图 1,如图 9-10 所示。

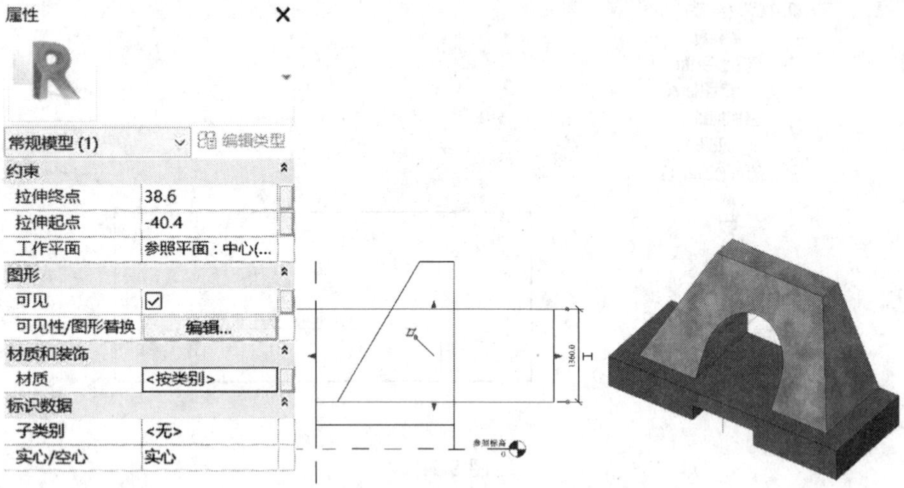

图 9-10

(四)画冒石

切换立面——左(项目浏览器—视图—立面—左),创建—拉伸 命令,用"矩形"命令 和"直线"命令 ,画矩形框给尺寸 510×510,用直线给距离 200,完成编辑,把冒石调整适当长度 2380。调节视觉样式—真实即可显示,如图 9-11 所示。

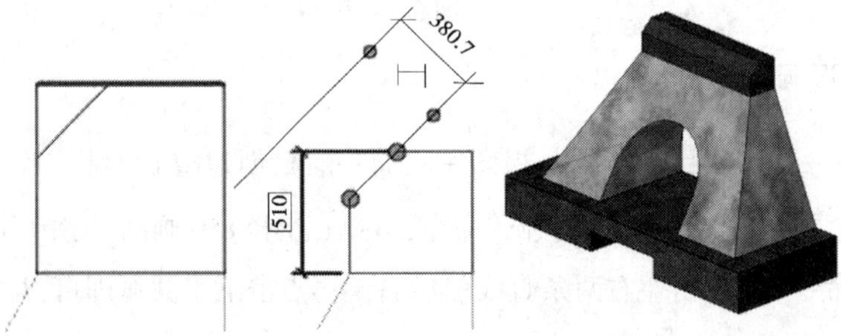

图 9-11

◆三维涵洞进口完成作图,如图 9-12 所示。

◆最后将多余的辅助参考线删除即可,记得保存 。

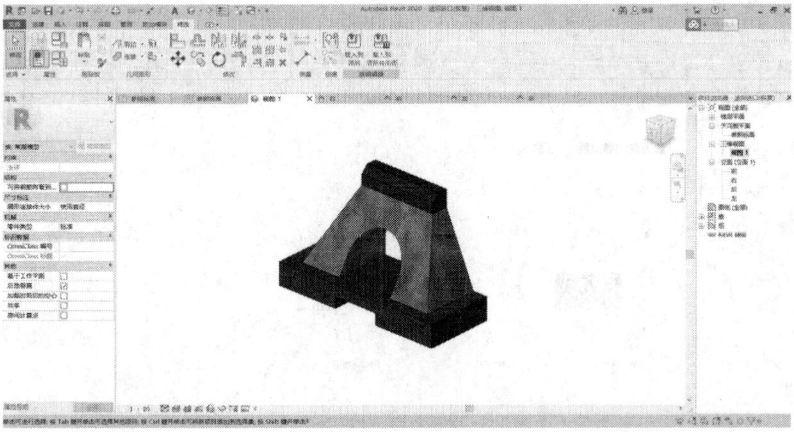

图 9-12

第二节　渡槽信息模型的创建

一、已知条件

已知渡槽槽身三视图(见图 9-13),请用 Revit 2020 创建渡槽的三维模型。图框:420×297(长×宽),标题栏:140×40(长×宽)。

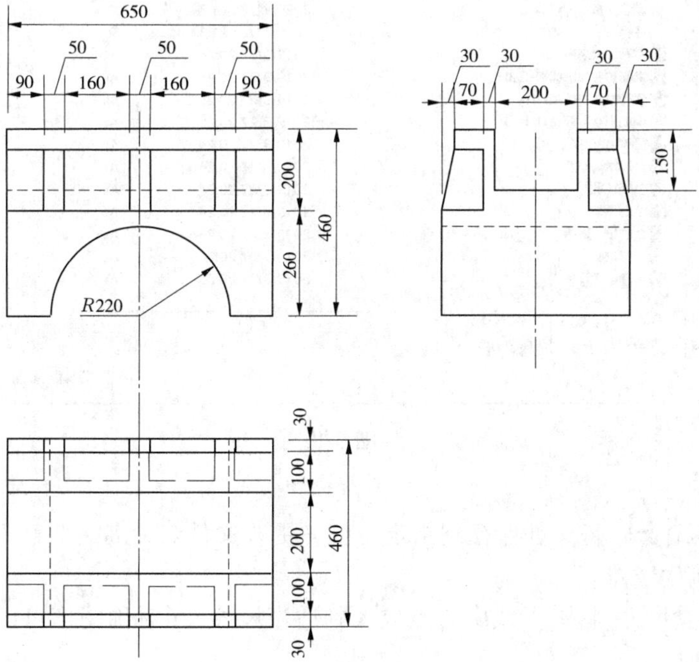

图 9-13　渡槽槽身三视图

二、创建步骤

打开 Revit 2020，点击“族—新建—公制常规模型—打开”即可，见图 9-14、图 9-15。

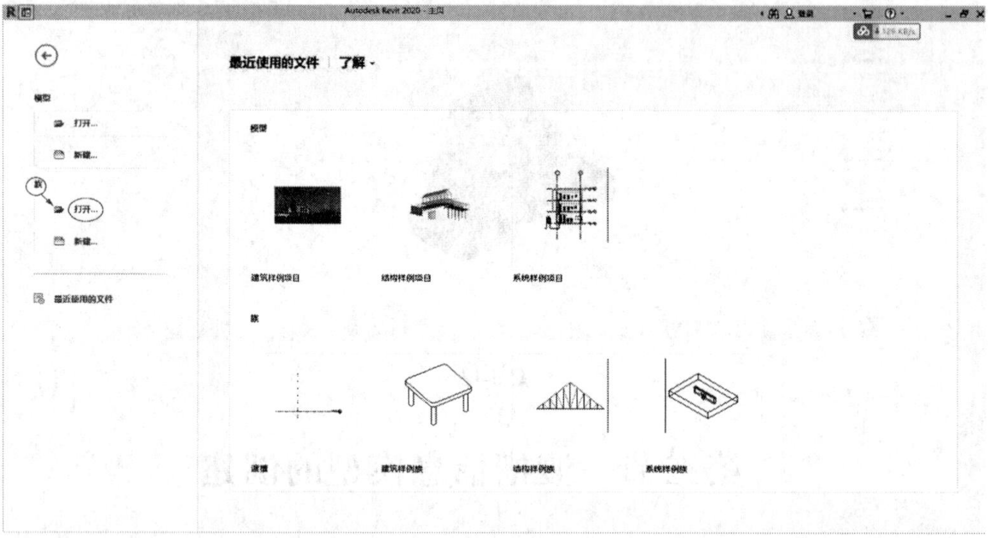

图 9-14

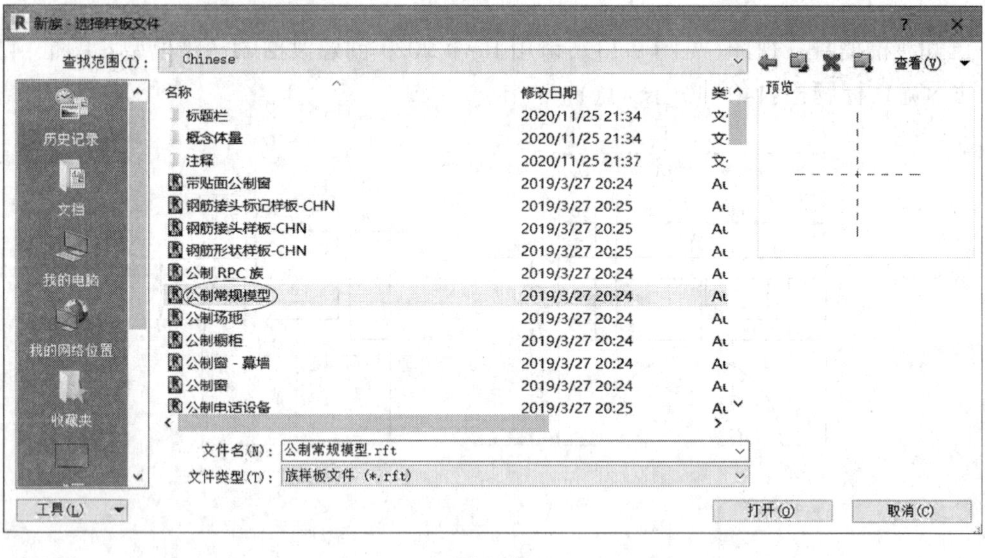

图 9-15

（1）打开族。

（2）点击保存，将文件保存到指定位置并更改文件名命名为“渡槽”。

（3）由二维生三维。

（4）读图，看尺寸，将参考线中心点放大到适当尺寸。（对称图形可以考虑画一半，然后镜像）

（5）点击命令栏：创建—基准—参照线，见图 9-16。

图 9-16

(6)根据尺寸画出参照定位交点。

(一)画桥墩

切换立面——左(项目浏览器—视图—立面—左),根据尺寸画出参照定位交点,见图 9-17。

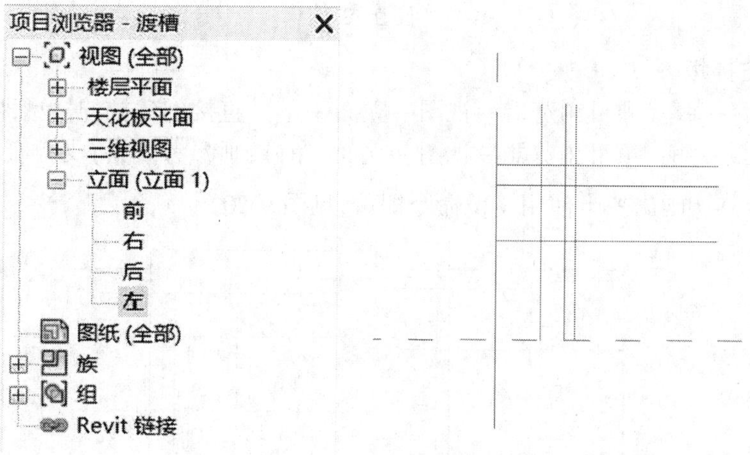

图 9-17

根据定位点,创建—拉伸 

命令,选择“线”看左视图描绘图形,见图 9-18。

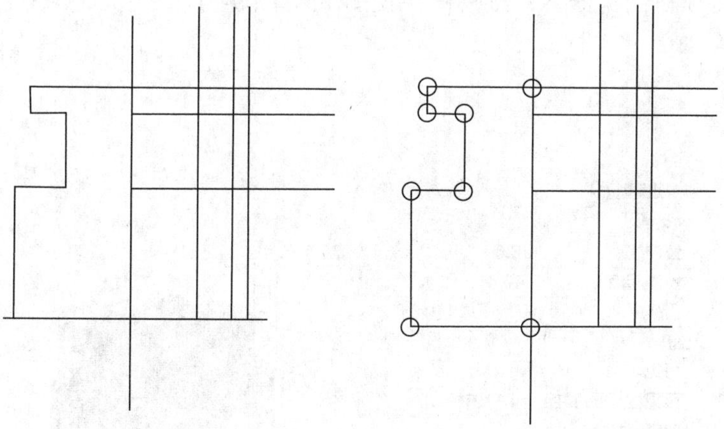

图 9-18

镜像对称出另一半,完成编辑模式即可。

切换立面——前(项目浏览器—视图—立面—前),由主视图创建参考线为拉伸长度距离“65”,将其拉伸图像缩减至与参考线平齐,见图 9-19。

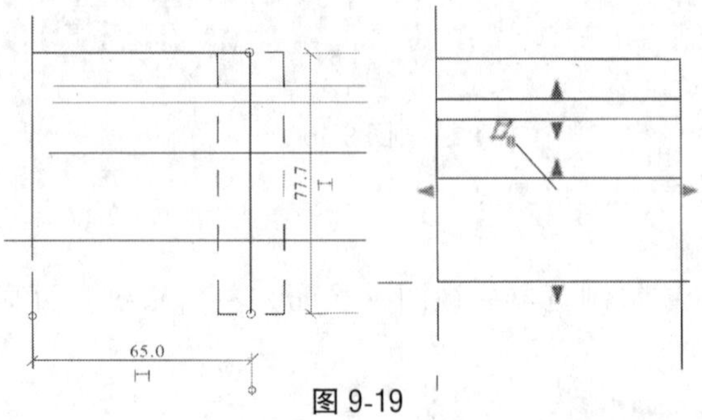

图 9-19

(二)画支撑板

切换立面——左(项目浏览器—视图—立面—左),直接创建拉伸模型即可。

切换立面——前(项目浏览器—视图—立面—前),画参考线,将支撑板距离标记出,点击复制命令 (画出一半使用镜像命令即可,见图 9-20)。

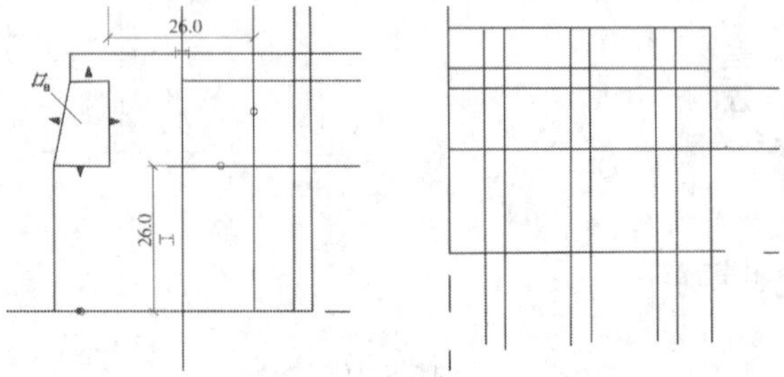

图 9-20

命令栏属性—材质和装饰—可选择材料样式—视觉样式—真实。

三维显示:项目浏览器—三维视图—视图 1,见图 9-21。

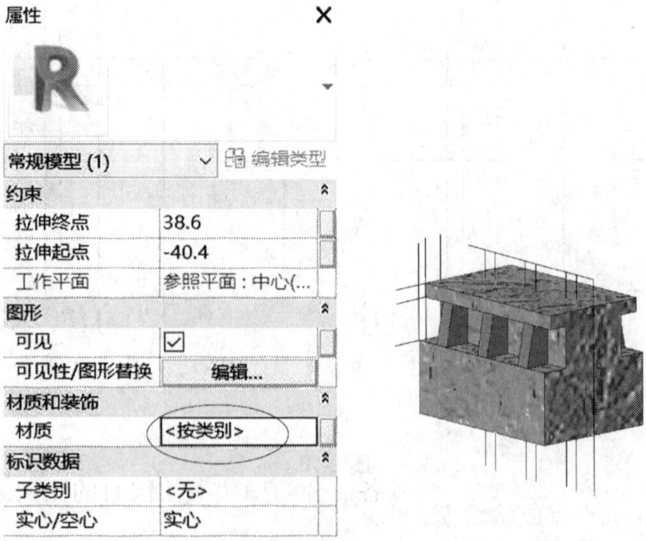

图 9-21

(三)画桥洞

切换立面——前(项目浏览器—视图—立面—前),创建空心形状—空心拉伸,选择命令圆选取中点输入“半径 R22”,完成编辑即可。

切换立面——左(项目浏览器—视图—立面—左),将其圆柱调整适当大于桥墩位置即可。自动生成(调节视觉样式—真实即可显示,见图 9-22)。

◆三维渡槽完成作图,如图 9-23 所示。

◆最后将多余的辅助参考线删除即可,记得保存。

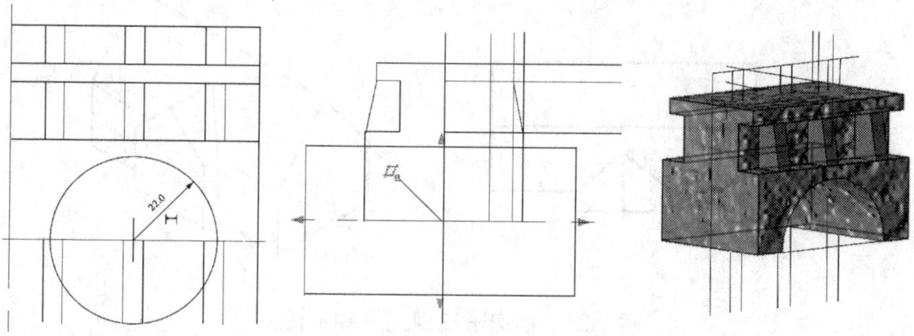

图 9-22

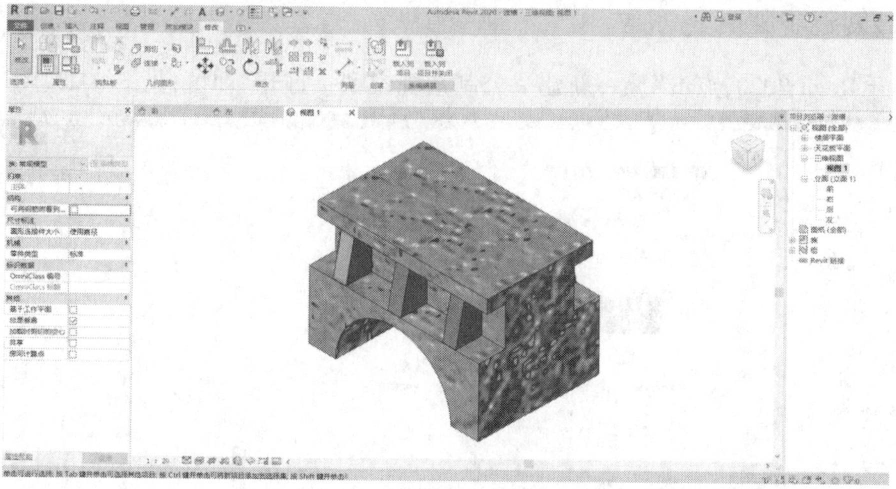

图 9-23

第三节　小房子信息模型的创建

一、已知条件

已知小房子的三视图(见图 9-24)及各部分的尺寸,请用 1∶1的比例,用 Revit 2020 创建小房子的信息模型。

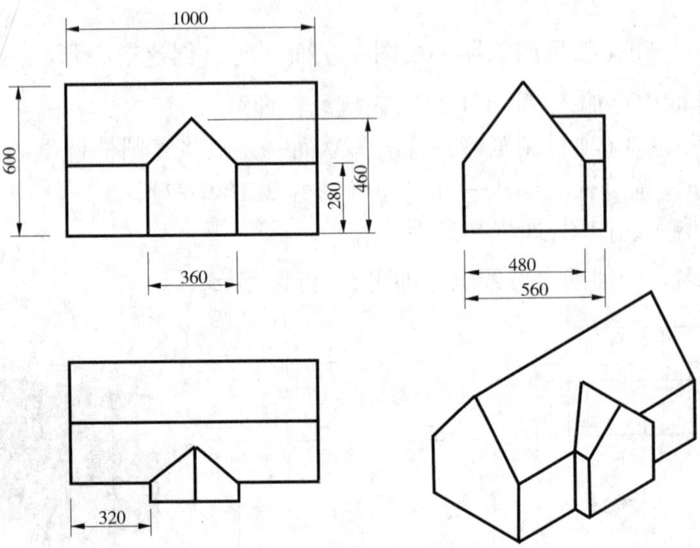

图 9-24　小房子三视图及轴测图

二、创建步骤

打开 Revit 2020，点击“族—新建—公制常规模型—打开”即可，见图 9-25、图 9-26。

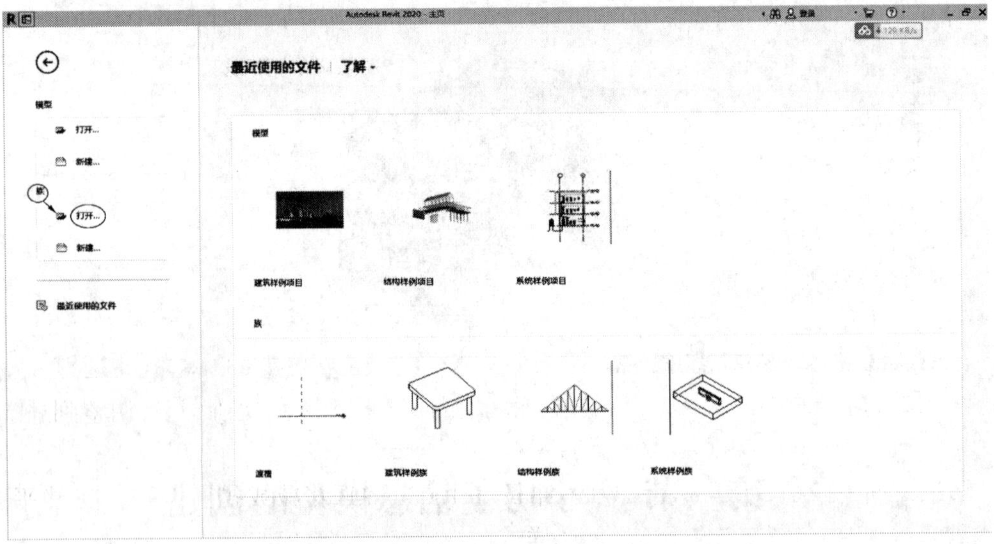

图 9-25

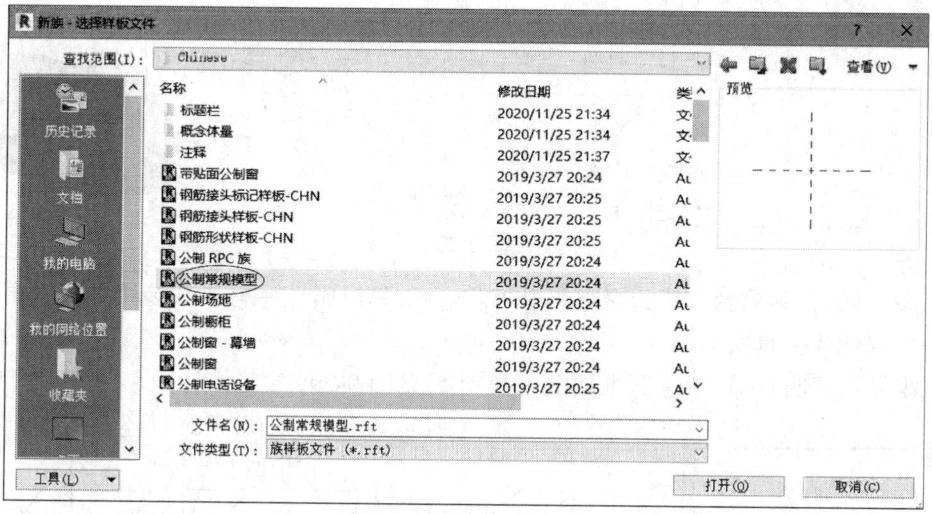

图 9-26

(1)打开族。

(2)点击保存，将文件保存到指定位置并更改文件名命名为“小模型”。

(3)由二维生三维。

(4)读图，看尺寸，将参考线中心点放大到适当尺寸。(对称图形可以考虑画一半，然后镜像)

(5)点击命令栏：创建—基准—参照线，见图 9-27。

图 9-27

(6)根据尺寸画出参照定位交点。

(一)画大结构

切换立面——左(项目浏览器—视图—立面—左)，创建—拉伸命令，通过左视图用“矩形”命令，给尺寸 480×280，矩形下底边的最高点 600 依次画三角，调整到适当位置，完成编辑。

切换立面——前，创建参考线为拉伸长度 1000，将其缩减或扩长至与参考线平齐。命令栏属性—材质和装饰—可选择材料样式—视觉样式—真实。

三维显示：项目浏览器—三维视图—视图 1，见图 9-28。

(二)画凸出小结构

切换立面——前(项目浏览器—视图—立面—前)，重复上一命令：创建—拉伸命令，通过左视图用“矩形”命令，给尺寸 360×280，矩形下底边的最高点 460 依次画三角，调整到适当位置，完成编辑。创建参考线为拉伸长度 560，创建小结构与大结构的连

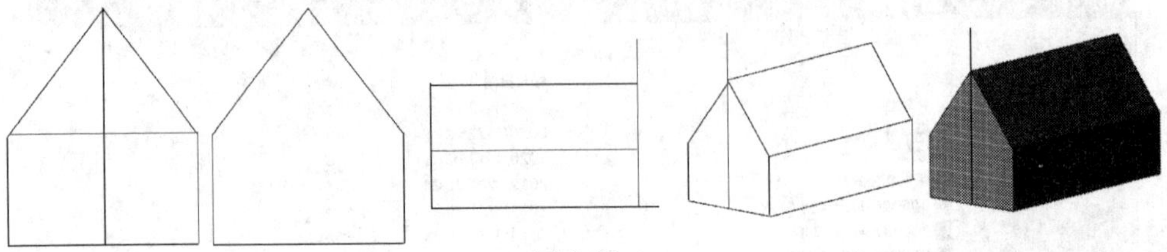

图 9-28

接端点参考线,将其缩减或扩长至参考线平齐。命令栏属性—材质和装饰—可选择材料样式—视觉样式—真实。

三维显示:项目浏览器—三维视图—视图 1,见图 9-29。

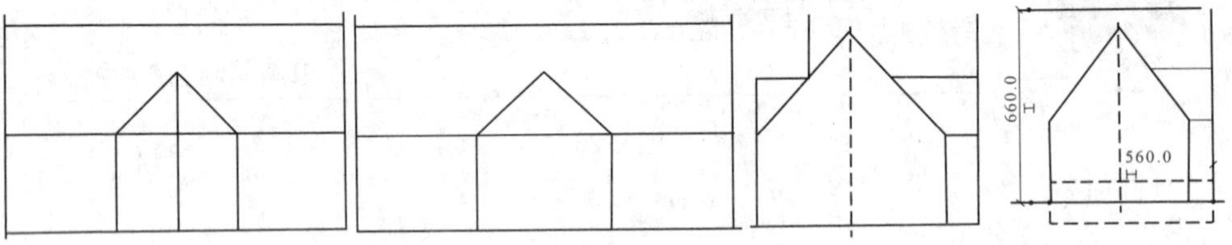

图 9-29

接着点击"连接"命令 连接 ▾,选中两个模型,将两个模型连接,显示结果几乎一样,见图 9-30。

图 9-30

最后将多余的辅助参考线删除即可,记得保存。

第十章 Revit 2020 绘制水闸信息模型

第一节 绘制标高轴网

标高用来定义楼层层高及生成平面视图;轴网用于为构件定位,在 Revit 2020 中轴网确定了一个不可见的工作平面。轴网编号及标高符号样式均可定制修改。在本节中,需重点掌握轴网和标高的绘制及如何生成对应标高的平面视图等功能应用。

一、新建项目

启动 Revit,单击【新建】弹出【新建项目】对话框(见图 10-1),单击【浏览】选择样板文件【BIM 水闸样板】,单击【打开】并单击【确定】,新建项目,进入 Revit 绘图操作界面,如图 10-2 所示。单击应用程序菜单按钮,将该项目另存为项目文件【BIM 建模—水闸】。

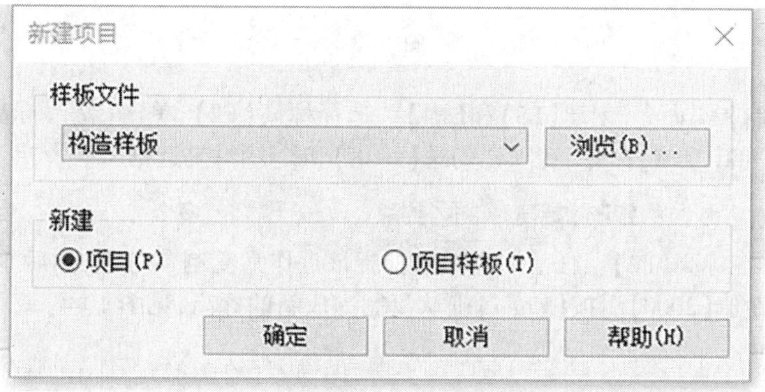

图 10-1

二、绘制标高

在 Revit 2020 中,【标高】命令必须在立面图和剖面图中才能使用,因此在正式开始项目设计前,必须先打开一个立面图。

(一)创建标高

在项目浏览器中展开【立面】项,双击视图名称【南】进入南立面图。选择【标高 2】,将标高【标高 2】与【标高 2】之间的临时尺寸标注修改为【102000】,并按【Enter】键完成,如图 10-3 所示。

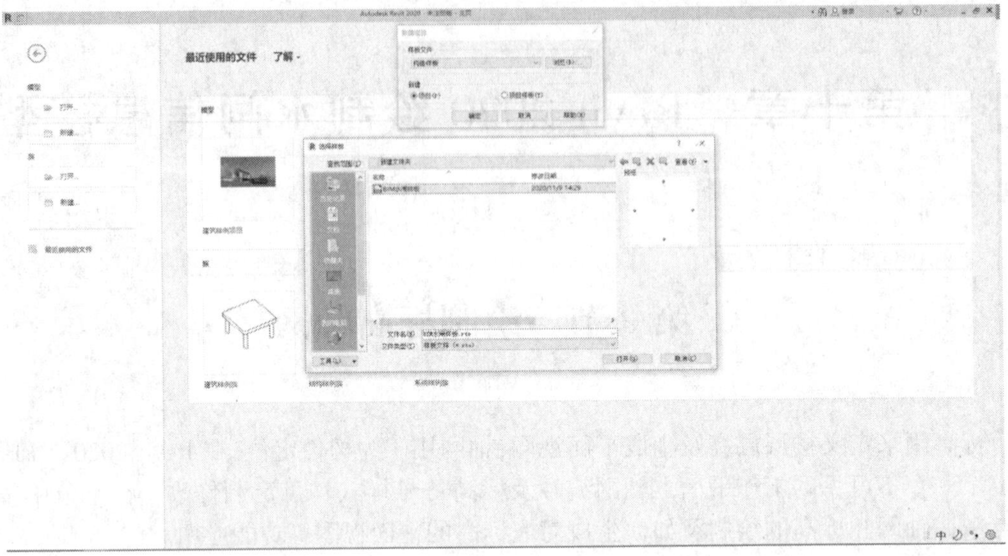

图 10-2　新建项目

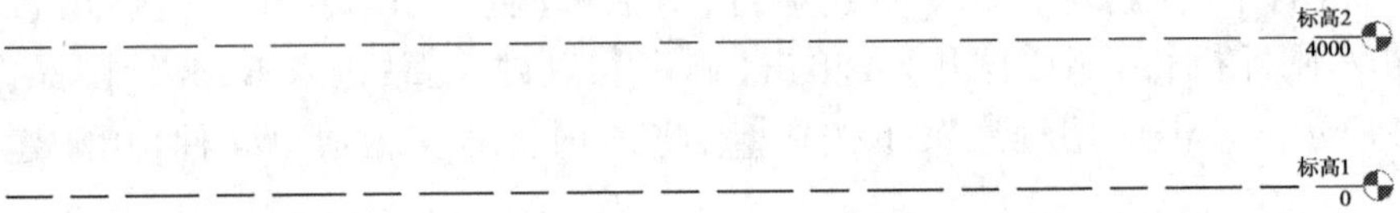

图 10-3

利用【复制】命令，创建【F3】和【F4】。选择标高【F2】，单击【修改标高】选项卡下【修改】面板中的【复制】命令，选项栏勾选【约束】和【多个】复选框，即

移动光标在标高【F2】上任意一点单击捕捉该点作为复制参考点，然后垂直向上移动光标，输入间距值【2000】后按【Enter】确认复制完成新的标高，见图 10-4。

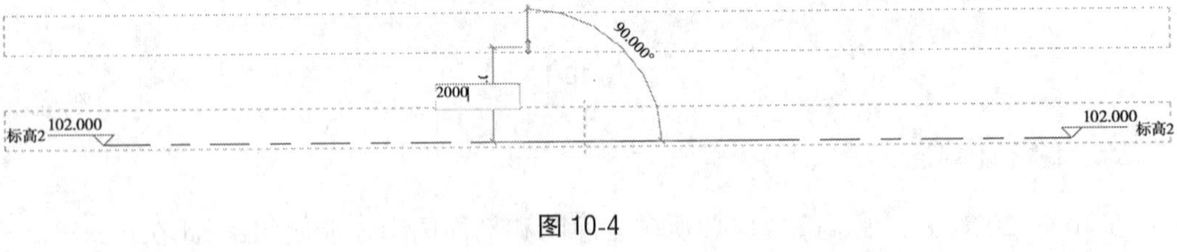

图 10-4

继续向上移动光标，输入间距值【6000】后按【Enter】键确认后复制另一条新的标高，至此，建筑的标高创建完成，如图 10-5 所示，保存文件。

图 10-5　创建标高

（二）编辑标高

选择标高【标高 1】，双击标高标头进入修改标头命令，修改其名称为【零标高】，在空白处单击鼠标确定，弹出如图 10-6 所示对话框，选择【是】，完成修改。

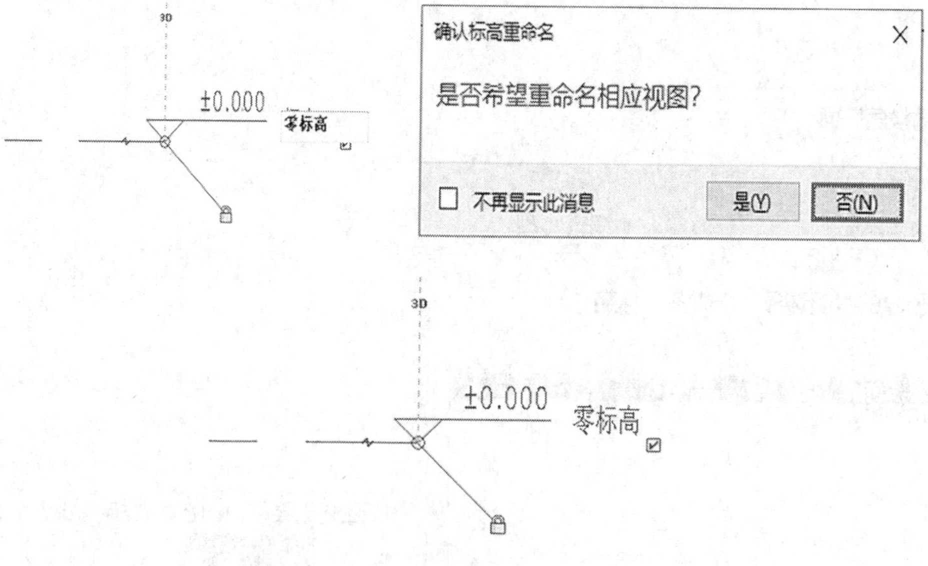

图 10-6

按照同样的方法，修改标高【标高 2】【标高 3】【标高 4】的标头分别为【102.000 m】【104.000 m】【110.000 m】，如图 10-7 所示。

图 10-7　修改标高

单击选项卡【视图】→【平面视图】→【楼层平面】命令，打开【新建楼层平面】对话框。从列表中选择所有标高，单击【确定】后，在项目浏览器中创建新的楼层平面，见图 10-8。

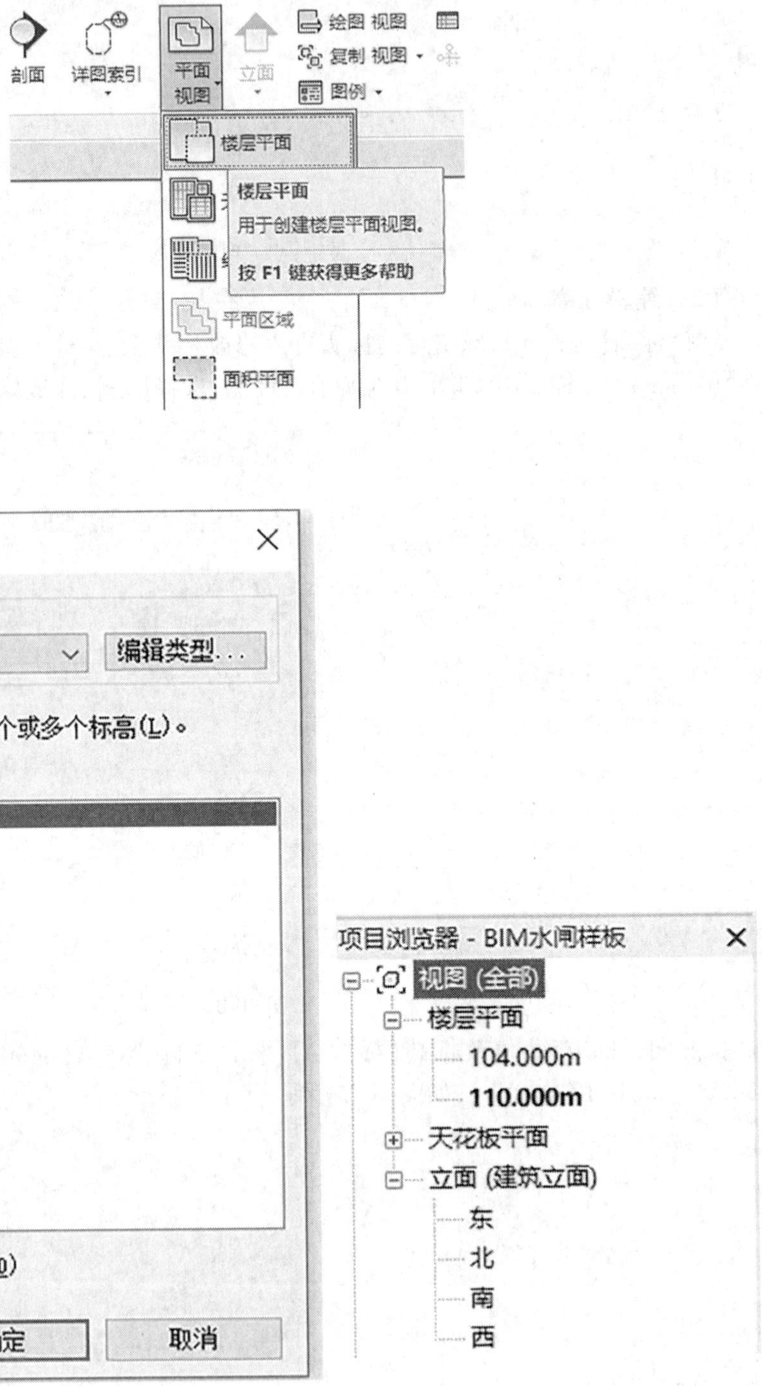

图 10-8 创建新楼层平面

三、绘制轴网

下面我们将在平面图中创建轴网。在 Revit 中,轴网只需要在任意一个平面视图中绘制一次,其他平面图和立面图、剖面视图中都将自动显示。

在项目浏览器中双击【楼层平面】下的【102.000】视图,打开平面视图。单击选项卡【建筑】→【轴网】命令,如图 10-9 所示,绘制第一条垂直轴线,并双击轴网轴号,修改其值为【1】。

图 10-9

选择①号轴线,单击【复制】命令,移动光标在①号轴线上,单击捕捉一点作为复制参考点,然后水平向右移动光标,直接输入数值【26700】后,按【Enter】键,确认后完成复制②号轴线。保持光标位于新复制的轴线右侧,分别输入 14500、12400、15000、7358 后按【Enter】键确认,绘制③~⑥号轴线,如图 10-10 所示。

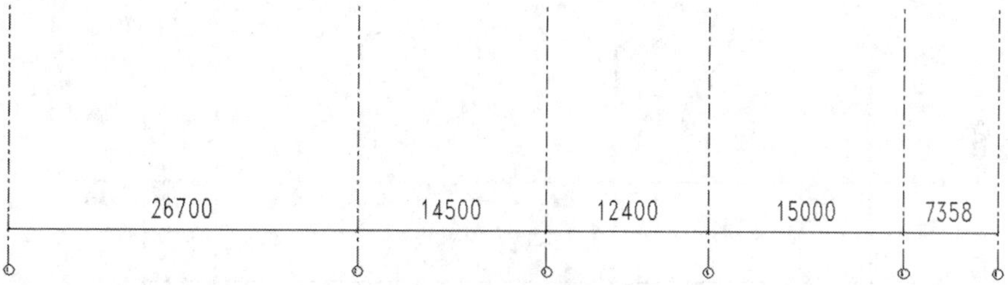

图 10-10　复制轴线

绘制水平方向轴网:单击选项卡【建筑】→【轴网】命令,创建第一条水平轴线。选择刚创建的水平轴线,将其轴网轴号修改为【A】,创建Ⓐ号轴线,如图 10-11 所示。

图 10-11

使用【复制】命令,移动光标在Ⓐ号轴线,单击【复制】命令,移动光标在Ⓐ号轴线上单击捕捉任意一点作为复制参考点,然后垂直向上移动光标,保持光标位于新复制的轴线上方,依次输入 5250、5250 后按【Enter】键确认,完成复制,创建Ⓑ、Ⓒ轴网,如图 10-12 所示。

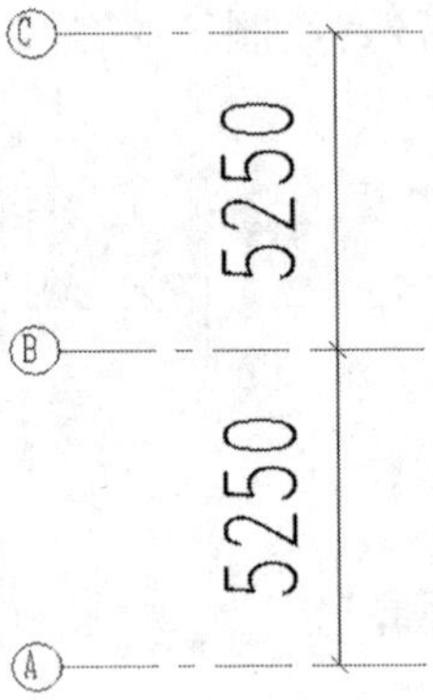

图 10-12　创建水平轴网

完成后,选择所有轴网,单击【修改】→【锁定】命令,对轴网进行锁定,如图 10-13 所示。

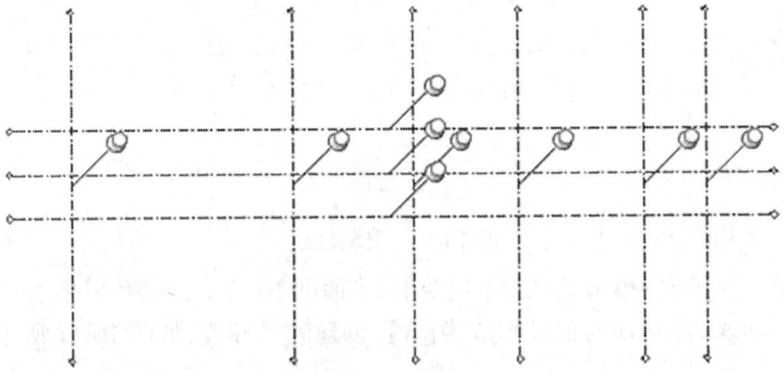

图 10-13　锁定轴网

第二节　上游连接段建模实训

一、河道底板绘制

在项目浏览器中双击【楼层平面】展开项中的【102.000】,打开平面视图。单击选项卡【结构】→【板】→【结构基础:楼板】命令,如图 10-14 所示。在类型选择器中选择【基础底板:混凝土河道面-600 mm】,在【属性】栏设置实例参数【标高】为【102.000】,【自标高的高度偏移】为【0.0】,单击【应用】,如图 10-15 所示。

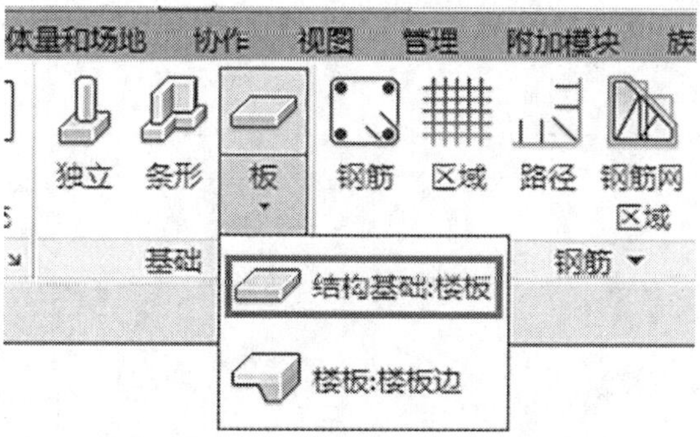

图 10-14

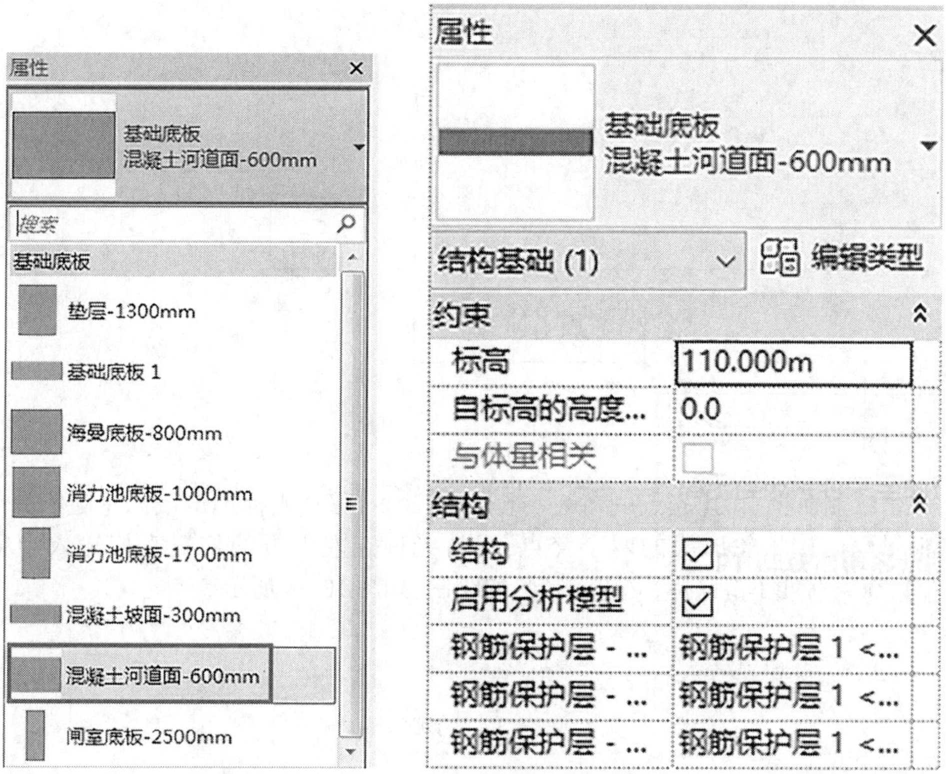

图 10-15

单击绘制面板中的【矩形】命令,绘制如图 10-16 所示的矩形轮廓。

选择【工作平面】面板中的【参照平面】命令,绘制两条参照平面,位置如图 10-17 所示。

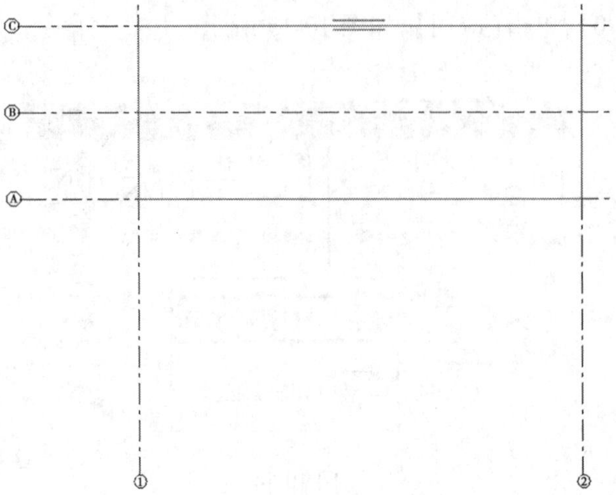

图 10-16　绘制矩形轮廓

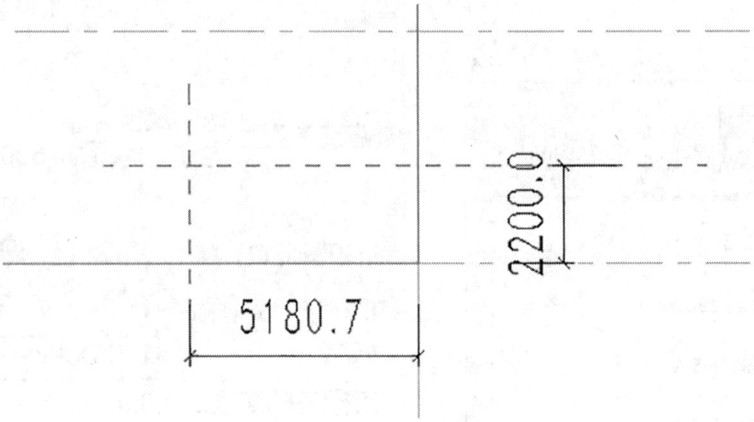

图 10-17

单击绘制面板中的【起点—终点—半径弧】命令,移动光标单击鼠标左键依次单击两条参照平面与楼板轮廓线的两个交点,保持光标在左上方的位置直接输入半径数值【7200】,在空白处单击鼠标,完成半径弧的绘制,如图 10-18 所示。

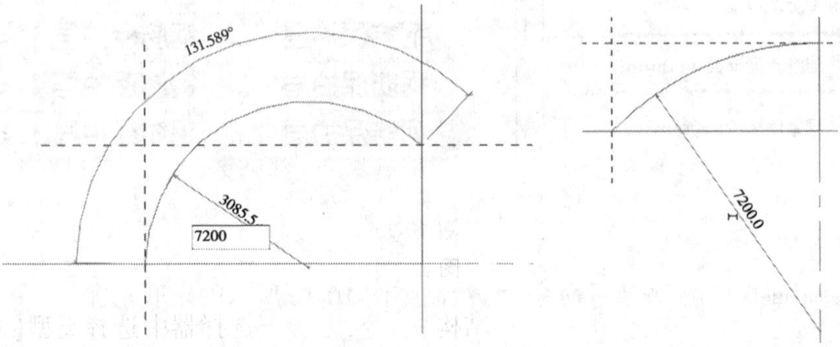

图 10-18

选择所绘制的半径弧，单击【修改】→【镜像—拾取轴】命令 ，选择Ⓑ轴，完成镜像，如图 10-19 所示。

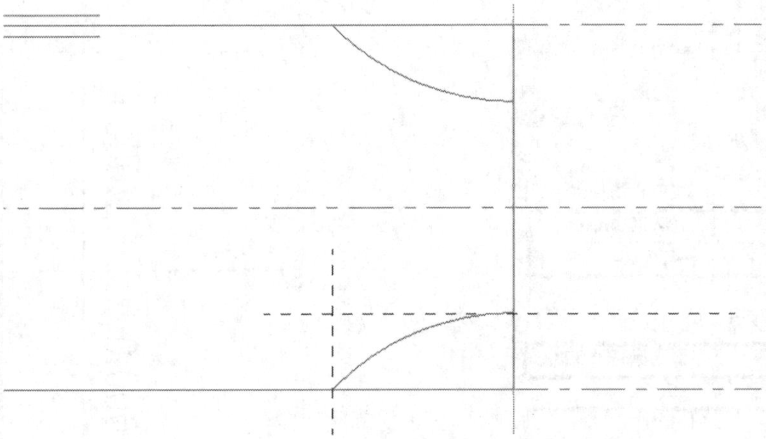

图 10-19

单击【修剪/延伸为角】命令 ，修剪掉多余的轮廓线，单击完成，完成河道底面的绘制，如图 10-20 所示。

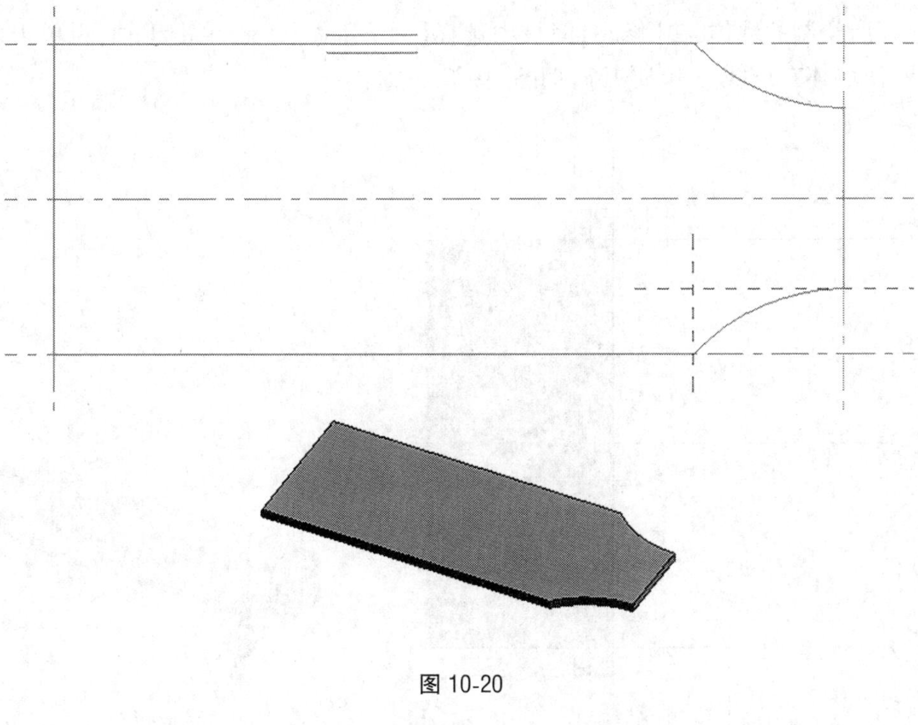

图 10-20

单击选项卡【结构】→【墙】→【墙：结构】命令，在类型选择器中选择类型【基本墙：挡土墙-1000 mm】，调整其实例参数【底部限制条件】为【102.000 m】，【底部偏移】为【-4500】，【顶部约束】为【直到标高：102.000 m】，【顶部偏移】为【-600】，点击应用，绘制墙体，如图 10-21 所示。

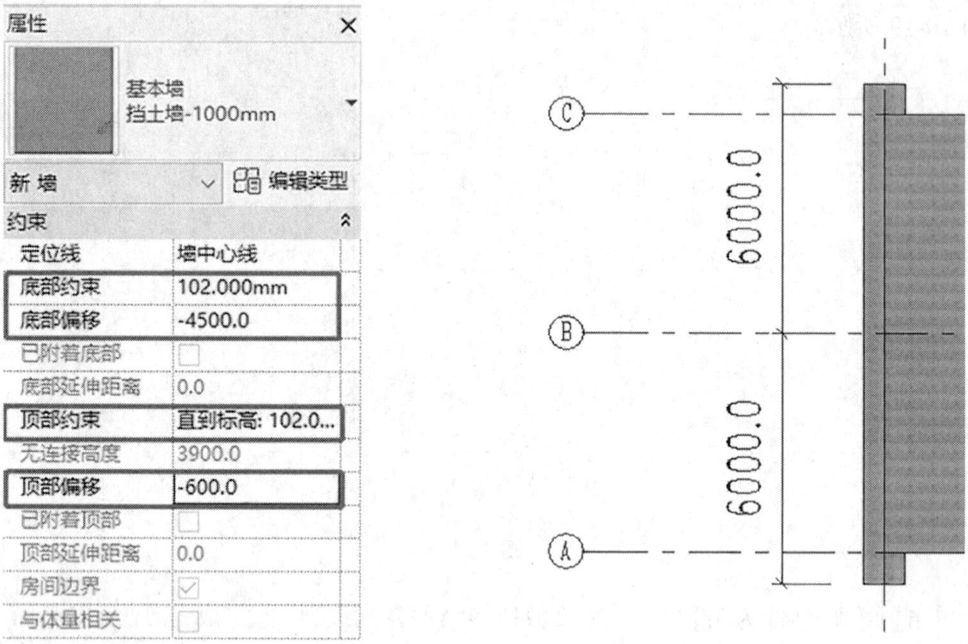

图 10-21

选择所绘制的墙体，在【修改】面板中选择【对齐】命令，单击①轴，再单击墙体的左边线，使墙体左边线与①轴对齐，如图 10-22 所示。

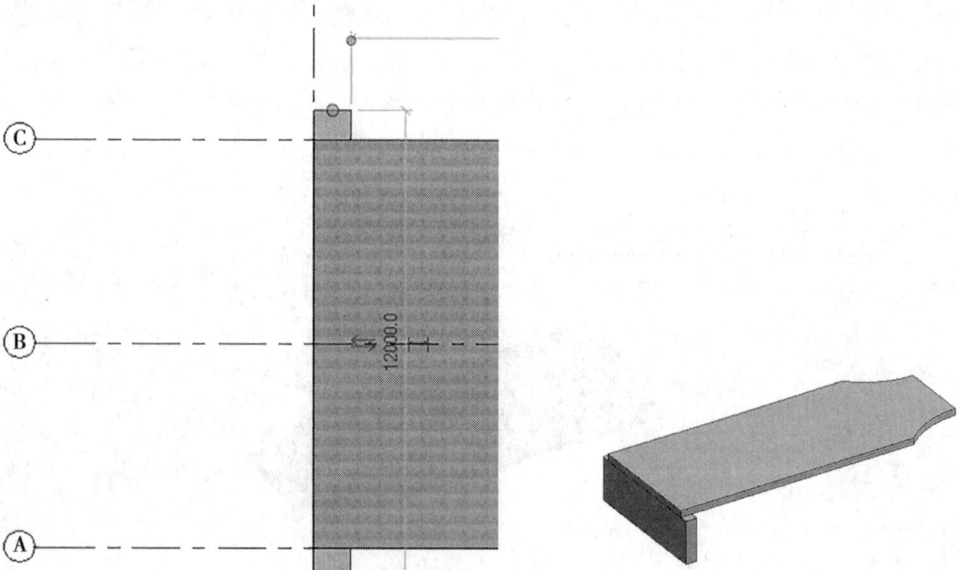

图 10-22

单击【修改】→【连接几何图形】命令 连接,分别选择墙体和河道面进行连接,如图 10-23 所示。

图 10-23

绘制夯实土层:在项目浏览器中单击楼层平面【102.000 m】,打开【102.000 m】平面视图。单击选项卡【结构】→【楼板】→【楼板:结构】命令,在类型选择器中选择【楼板:夯实土层-900 mm】,在【属性】栏设置实例参数【标高】为【102.000】,【自标高的高度偏移】为【-600】,单击【应用】,绘制如图 10-24 所示的轮廓线。

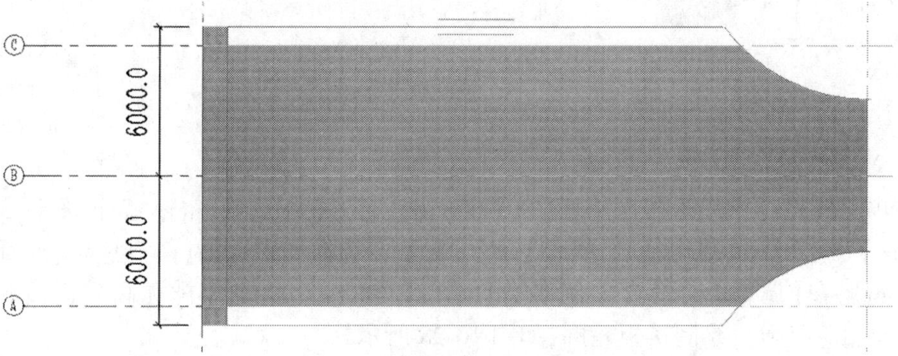

图 10-24

点击完成命令,弹出如图 10-25 所示的对话框,选择【否】,完成楼板绘制。

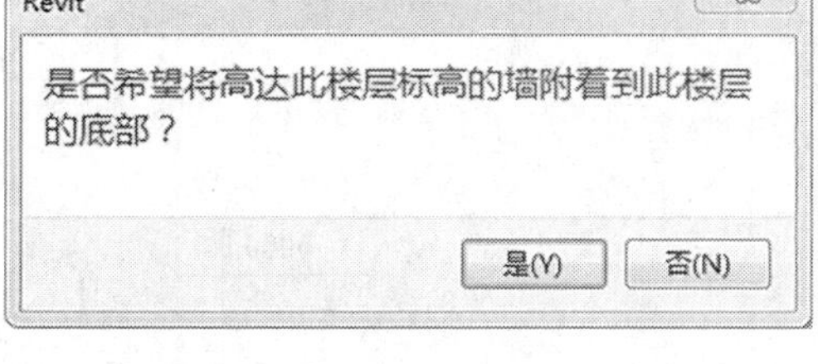

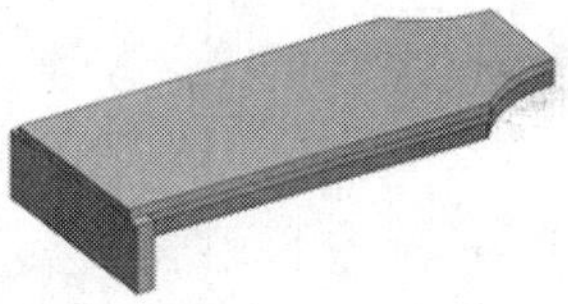

图 10-25

添加齿墙:打开三维视图,单击选项卡【结构】→【楼板】→【楼板:楼板边】命令,在类型选择器中选择【齿墙】,单击如图 10-26 所示的楼板边缘,单击左键拾取楼板边缘,添加如图 10-27 所示的齿墙,并点击 ⇆ 箭头,调整齿墙方向。

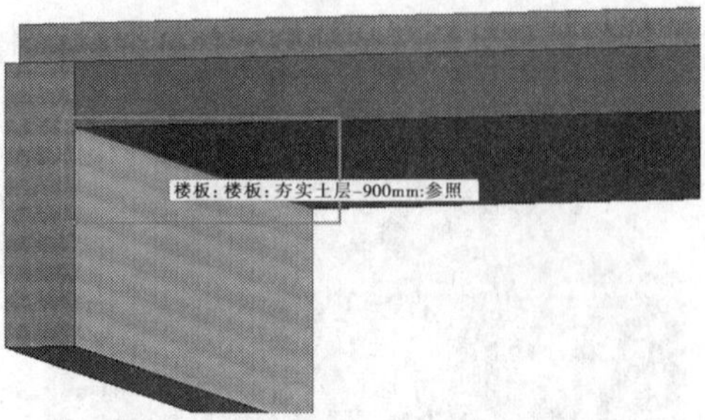

图 10-26

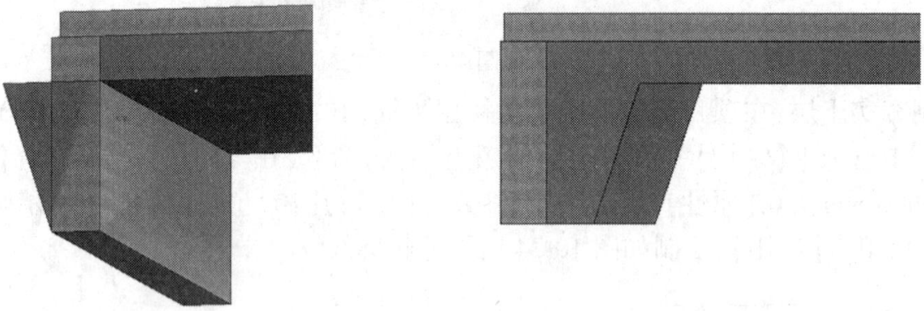

图 10-27

二、渠道衬砌绘制

在项目浏览器中单击楼层平面【110.000 m】，打开【110.000 m】平面视图。单击选项卡【结构】→【板】→【结构基础：楼板】命令，在类型选择器中选择【基础底板：混凝土坡面-300 mm】，在【属性】栏设置实例参数【标高】为【110.000】，【自标高的高度偏移】为【0.0】，单击【应用】，绘制楼板轮廓，如图 10-28 所示。

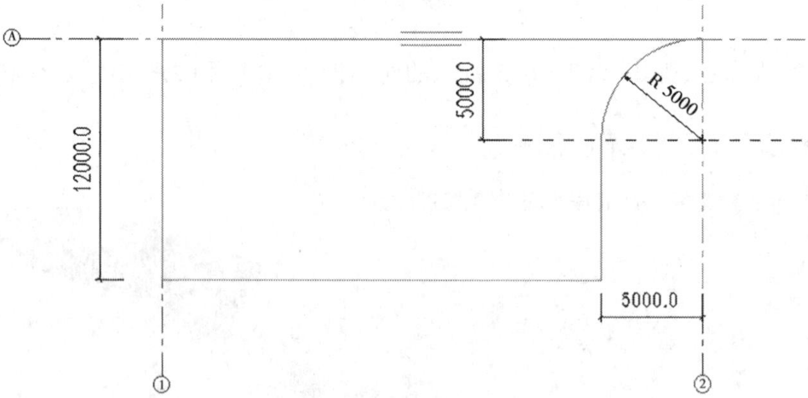

图 10-28

单击选项卡【创建楼层边界】→【绘制】→【坡度箭头】命令 坡度箭头，在如图 10-29 所示的位置从上到下绘制箭头，同时修改【属性】栏中实例参数【最低处标高】为【102.000 m】，【尾高度偏移】为【0.0】，【最高处标高】为【110.000 m】，【头高度偏移】为

【0.0】,点击【应用】,如图 10-30 所示。单击完成命令,完成楼板绘制。

按同样的方法绘制另一边的渠道衬砌,完成后如图 10-31 所示。

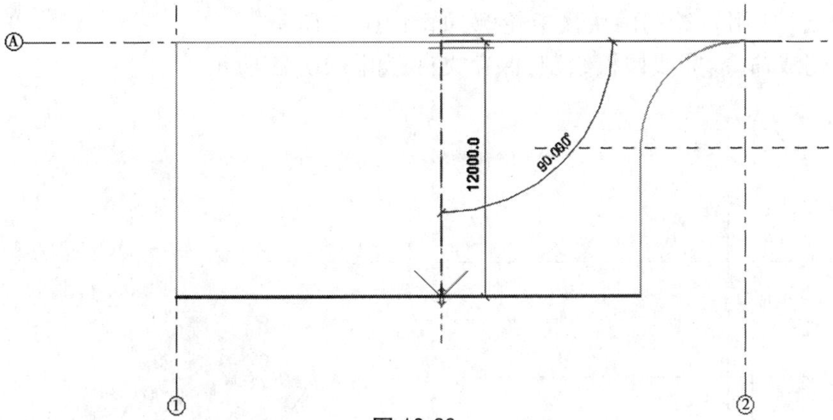

图 10-29

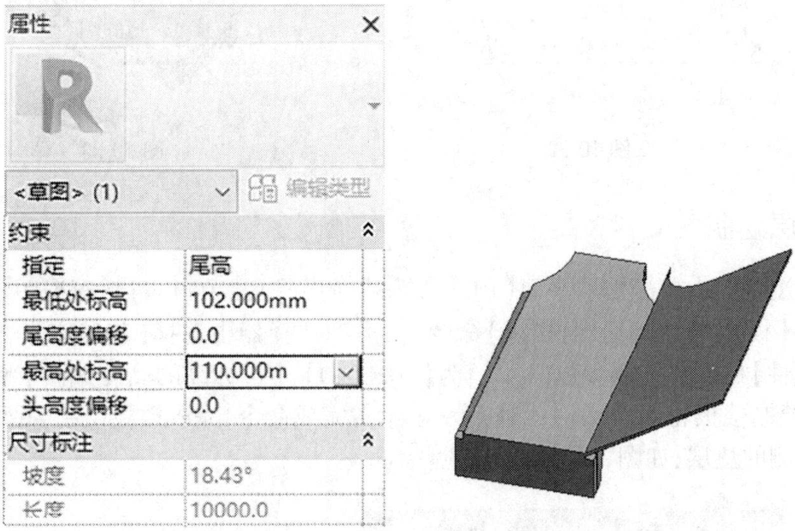

图 10-30

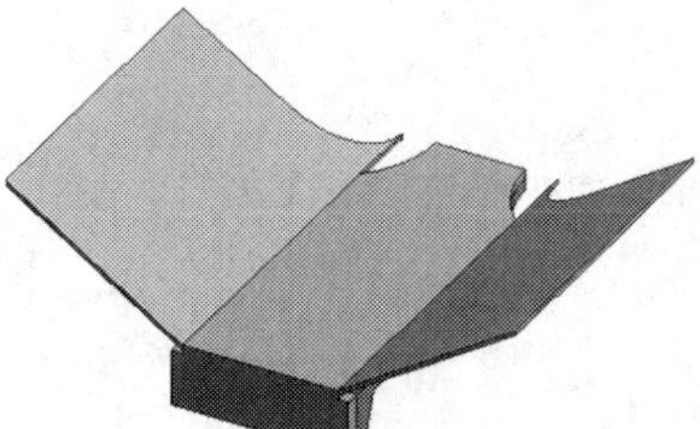

图 10-31

在项目浏览器中单击楼层平面【110.000 m】,打开【110.000 m】平面视图。单击选项卡【结构】→【板】→【结构基础:楼板】命令,在类型选择器中选择【基础底板:混凝土坡面-300 mm】,在【属性】栏设置实例参数【标高】为【110.000】,【自标高的高度偏移】为【0.0】,单击【应用】,绘制两块楼板轮廓,如图 10-32 所示。

单击完成命令,完成楼板绘制,保存文件,如图 10-33 所示。

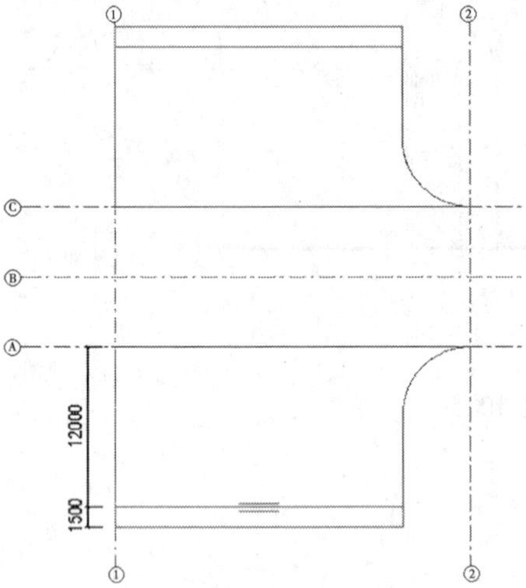

图 10-32

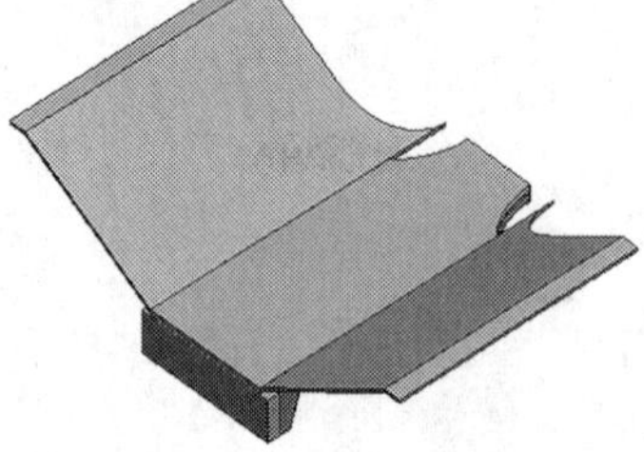

图 10-33

三、垫层绘制

在项目浏览器中单击楼层平面【102.000 m】,打开【102.000 m】平面视图。单击选项卡【结构】→【板】→【结构基础:楼板】命令,在类型选择器中选择【基础底板:垫层-1300 mm】,在【属性】栏设置实例参数【标高】为【102.000】,【自标高的高度偏移】为【0.0】,单击【应用】,绘制楼板轮廓,如图 10-34 所示。单击完成命令,完成楼板绘制,并用同样的方法绘制另一侧的垫层,如图 10-35 所示。

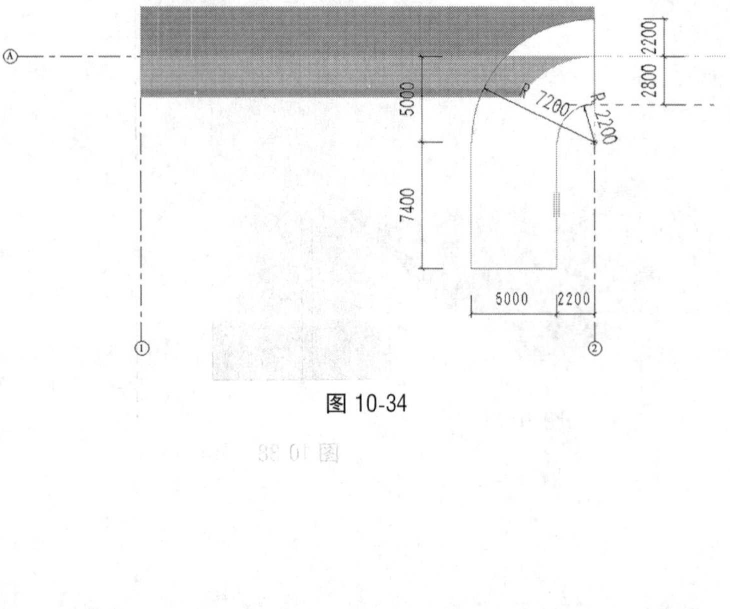

图 10-34

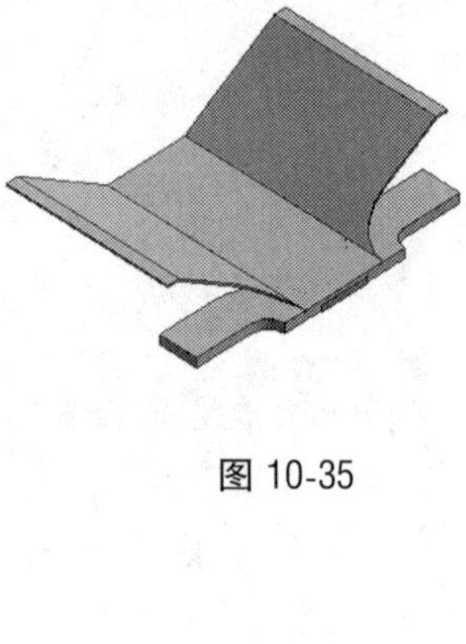

图 10-35

四、挡土墙绘制

打开【102.000 m】平面视图，单击选项卡【结构】→【墙】→【墙：结构】命令，在类型选择器中选择【基本墙：挡土墙-300 mm】，在任务栏中选择【高度】，【110.000 m】，【定位线】为【墙中心线】，【偏移量】为【0.0】，绘制墙体，如图10-36所示。

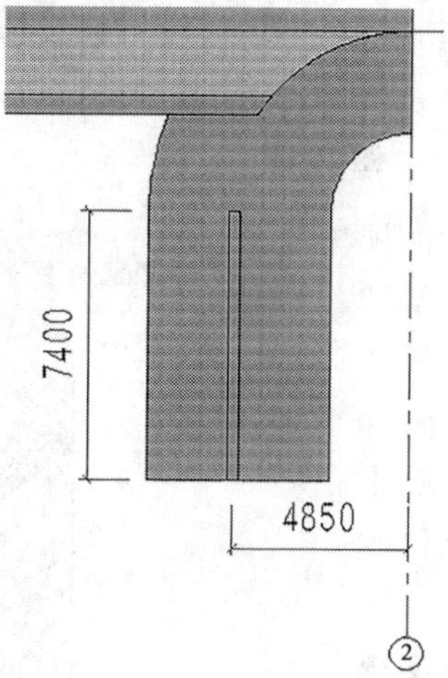

图 10-36

选择【绘制】面板【拾取线】命令，修改【偏移量】为【150】，拾取如图10-37所示的边界线，绘制墙体，如图10-38所示。单击【修改】→【修剪/延伸为角】命令，连接两条墙体，如图10-39所示。

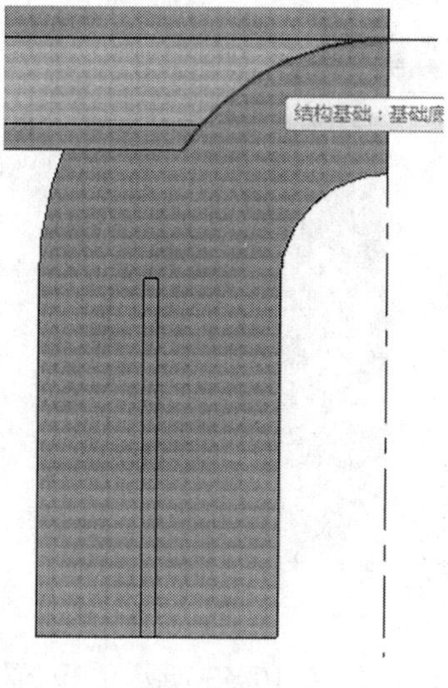

图 10-37

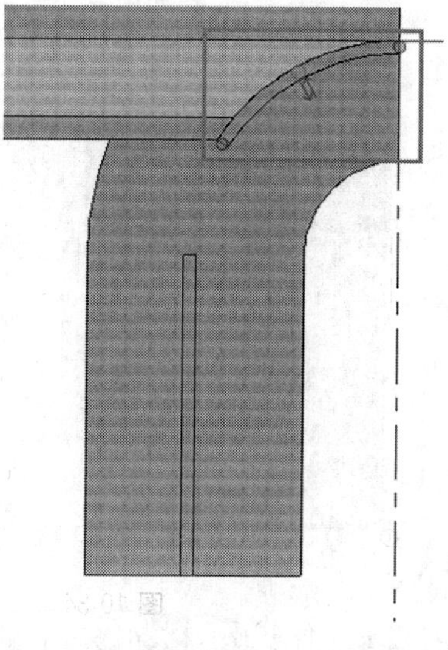

图 10-38

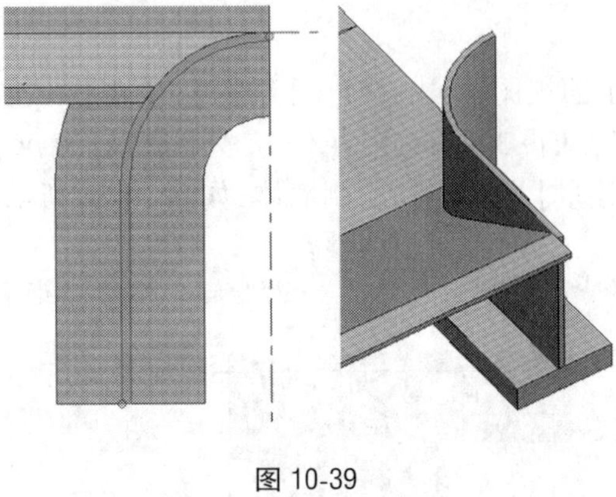

图 10-39

放置支撑柱：打开【102.000 m】平面视图，单击选项卡【结构】→【柱】，在类型选择器中选择【支撑柱—上游连接】，在任务栏中选择【高度】，【110.000 m】，在如图 10-40 所示位置放置三个支撑柱，单击支撑柱，调整其临时尺寸标注，精确定位支撑柱的位置，如图 10-41 所示。

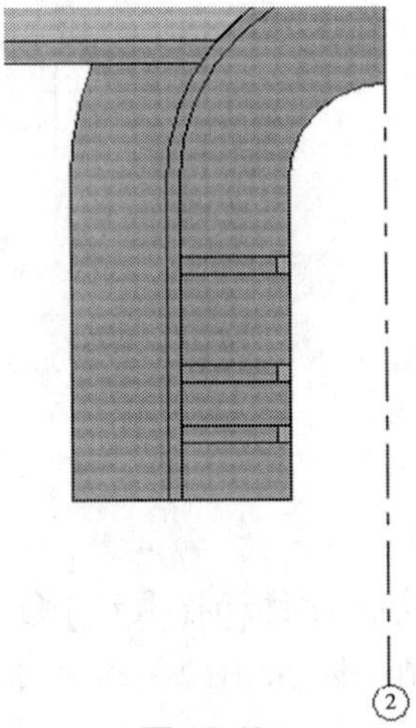

图 10-40

在空白处放置一根支撑柱，单击支撑柱，选择【修改】→【旋转】命令，以柱的中心为旋转轴，以柱的横向中轴线为旋转线，顺时针旋转【45 度】，单击左键确定，如图 10-42 所示。

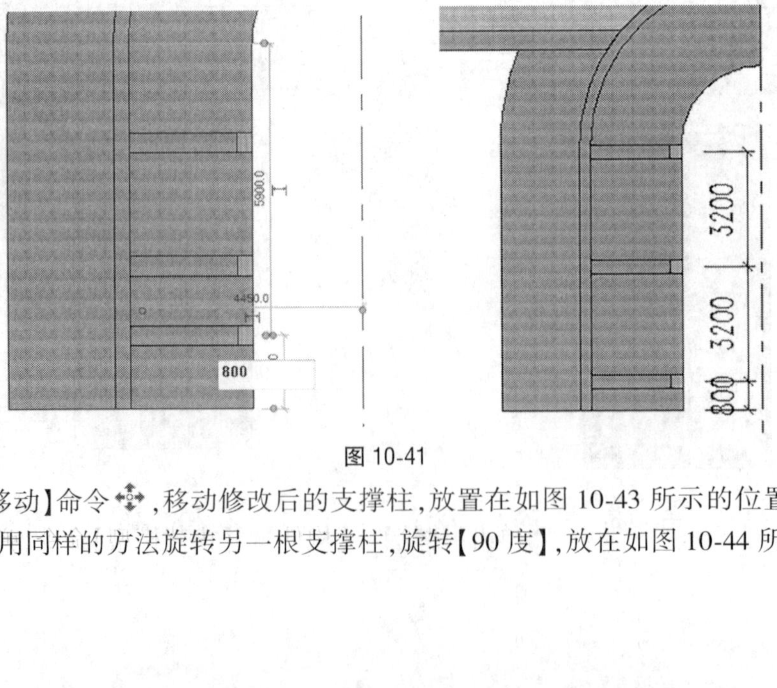

图 10-41

利用【移动】命令，移动修改后的支撑柱，放置在如图 10-43 所示的位置，完成支撑柱的放置。用同样的方法旋转另一根支撑柱，旋转【90 度】，放在如图 10-44 所示的位置。

打开【102.000 m】平面视图，配合 Ctrl 键，选择上述步骤中绘制的【垫层】【挡土墙】【支撑柱】，单击【修改】→【镜像-拾取轴】命令，以Ⓑ轴为中心轴镜像所绘制的构件，如图 10-45 所示。

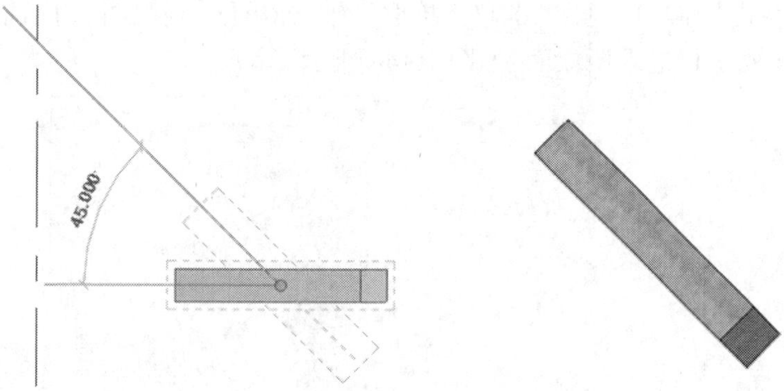

图 10-42

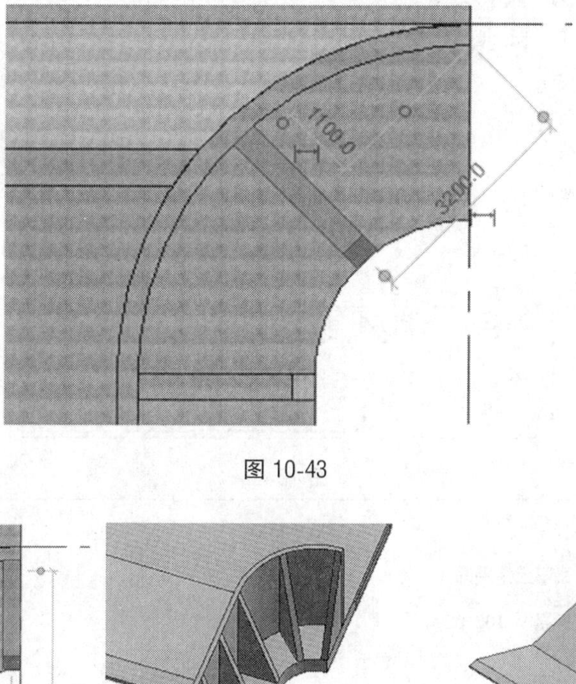

图 10-43

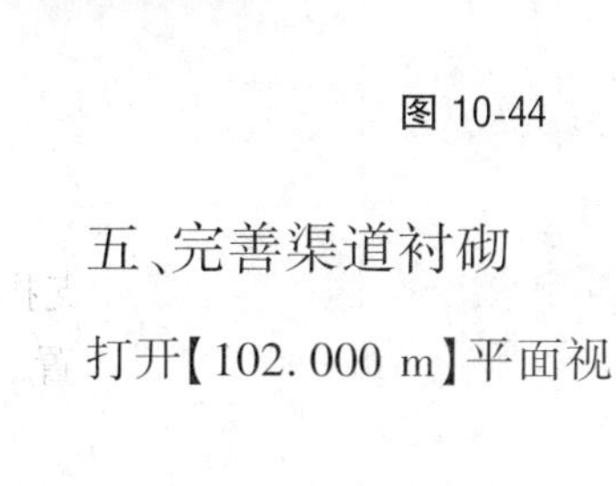

图 10-44

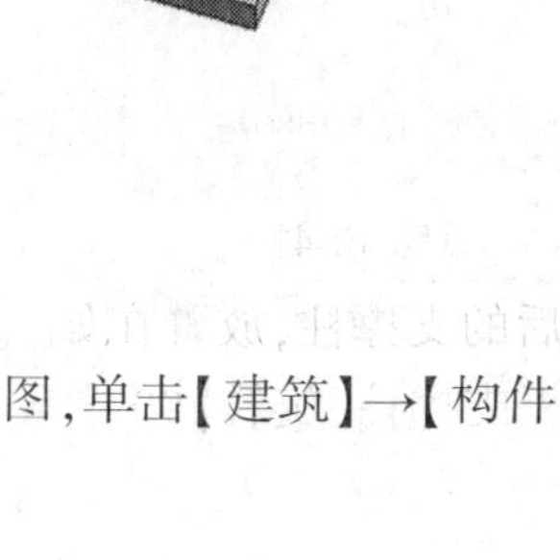

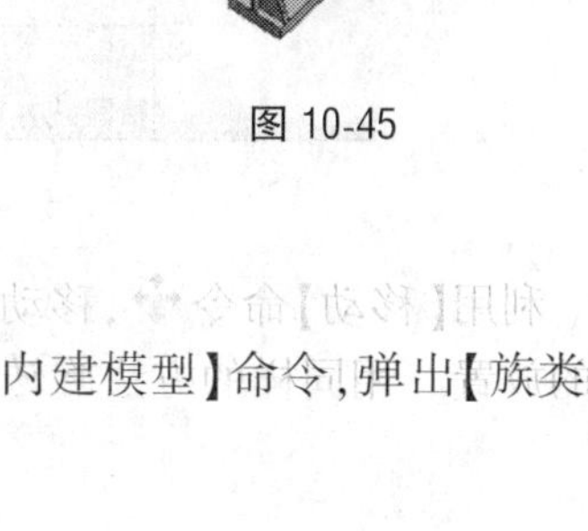

图 10-45

五、完善渠道衬砌

打开【102.000 m】平面视图，单击【建筑】→【构件】→【内建模型】命令，弹出【族类别和族参数】对话框,选择【结构基础】,单击【确定】,在弹出的【名称】对话框中输入【渠道衬砌】,单击【确定】,进入内建模型编辑界面,如图 10-46 所示。

选择【形状】→【拉伸】命令,单击【设置】命令,进入【工作平面】对话框,选择【拾取一个平面】,单击【确定】(见图 10-47),拾取①轴,弹出【转到视图】对话框,选择【立面:西】,单击【打开视图】,进入西立面,如图 10-48 所示。

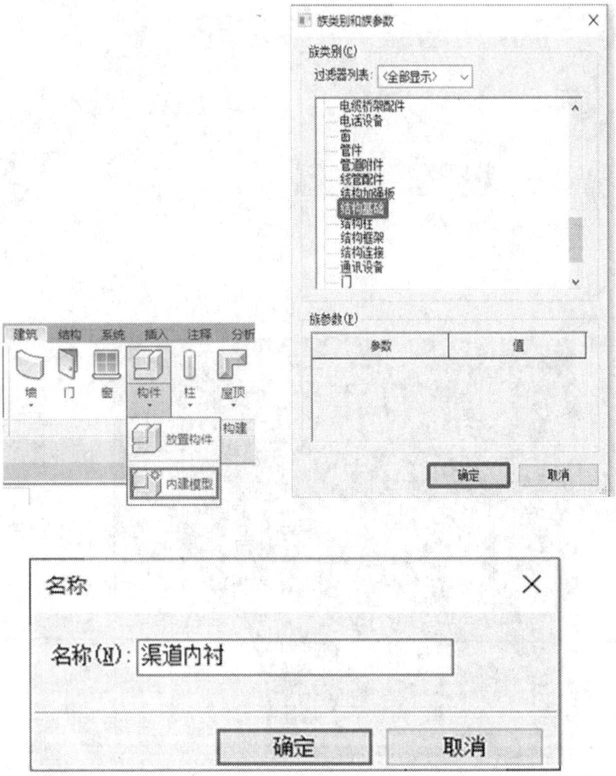

图 10-46

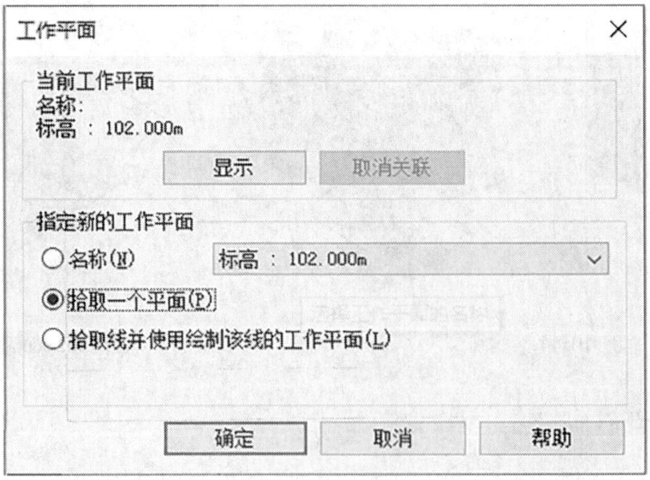

图 10-47

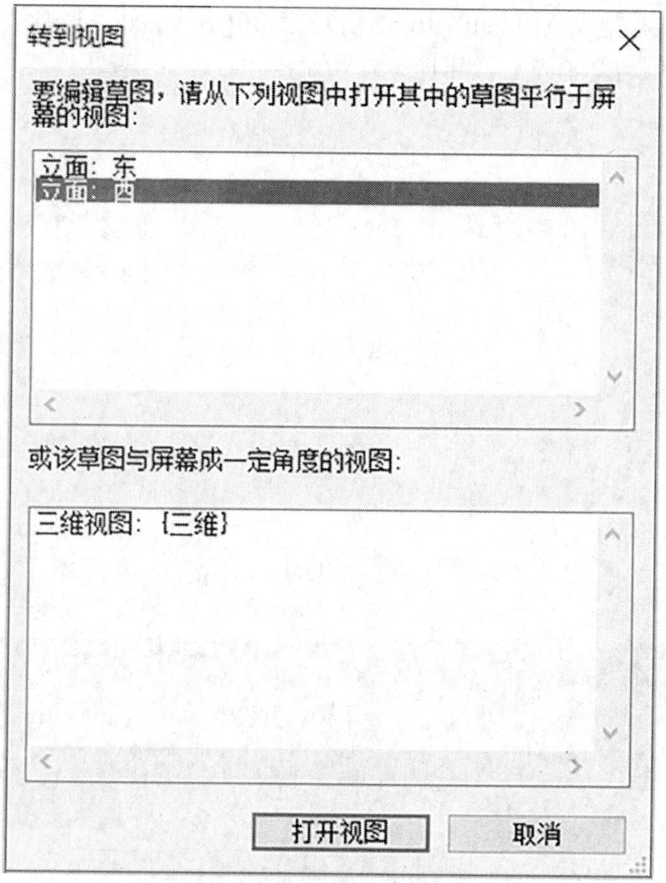

图 10-48

选择【绘制】面板【直线】命令，绘制如图 10-49 所示的轮廓，轮廓的右上部分如图 10-50 所示，对轮廓的右上部分进行修剪，对其用【修剪】命令进行修剪，修剪为如图 10-51 所示的轮廓。

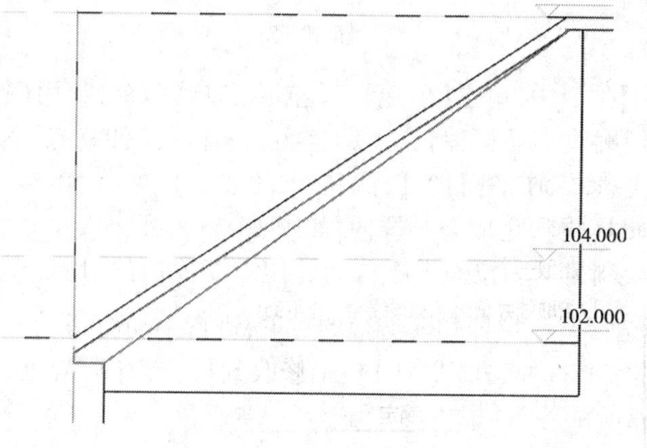

图 10-49

单击完成命令,完成拉伸,如图 10-52 所示,打开【102.000 m】视图,对所绘制的实体图形右侧进行拉伸与②轴齐平,如图 10-53 所示。

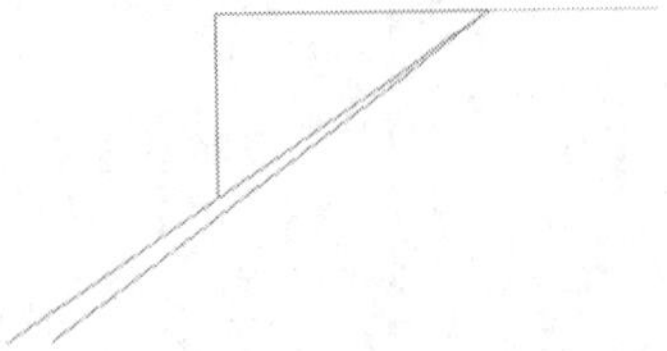

图 10-50

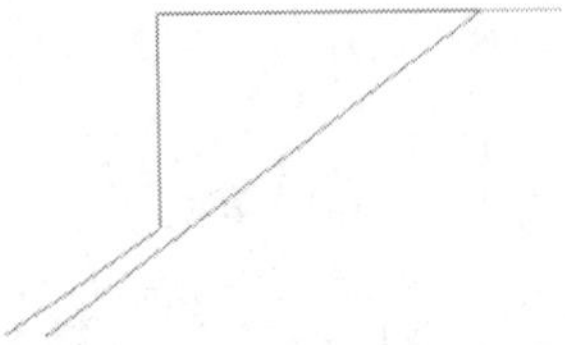

图 10-51

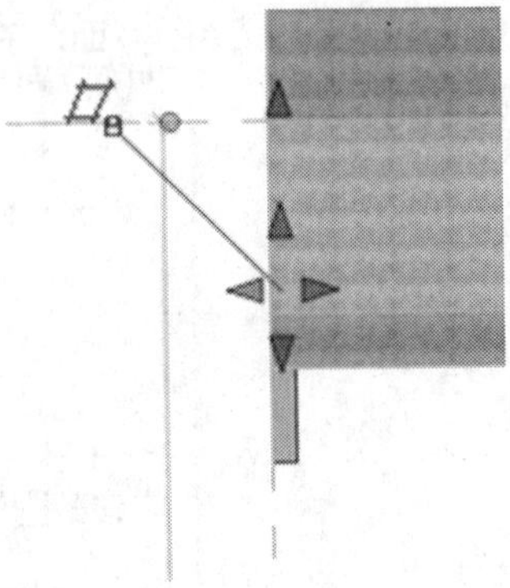

图 10-52

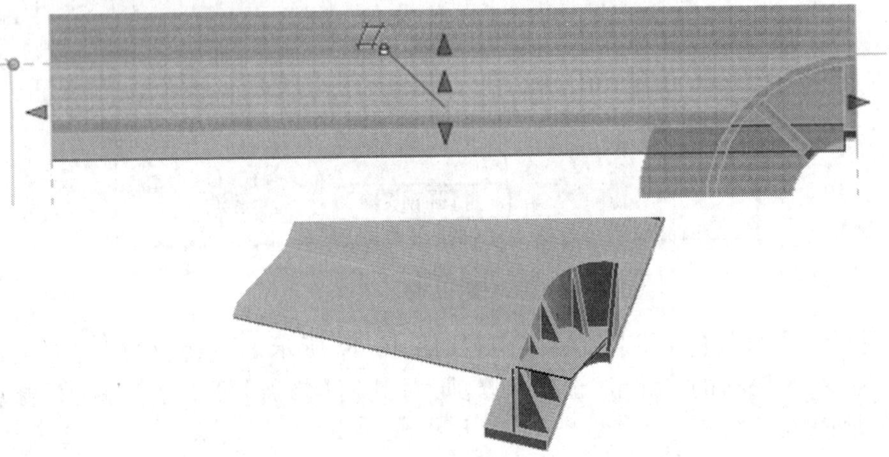

图 10-53

在【102.000 m】平面中,单击【创建】→【空心拉伸】命令,利用【拾取线】【直线】等绘制命令,绘制空心轮廓线,在【属性】栏中调整实例属性【拉伸终点】为【8000.0】,【拉伸起点】为【-600.0】,注意【工作平面】为【标高:102.000 m】,如图 10-54 所示。

单击【完成编辑模式】,完成空心拉伸,如图 10-55 所示。

注意:如果在绘制时空心拉伸不能自动剪切需要剪切的对象,点击【修改】→【剪切】命令 剪切,分别选择空心拉伸和要剪切的对象,进行手动剪切。

选择所绘制的实心拉伸,在【属性】栏中修改其材质为【混凝土,现场浇筑,灰色】,点击确定,如图 10-56 所示。

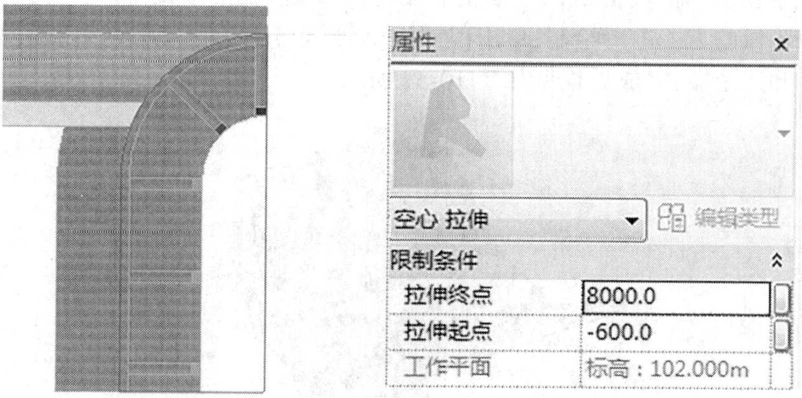

图 10-54

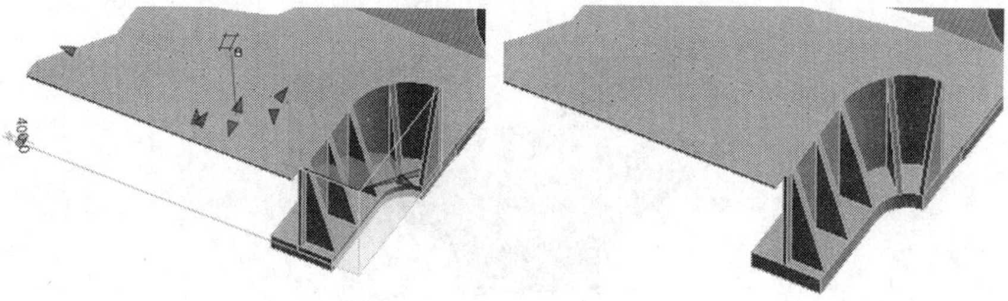

图 10-55　空心拉伸图

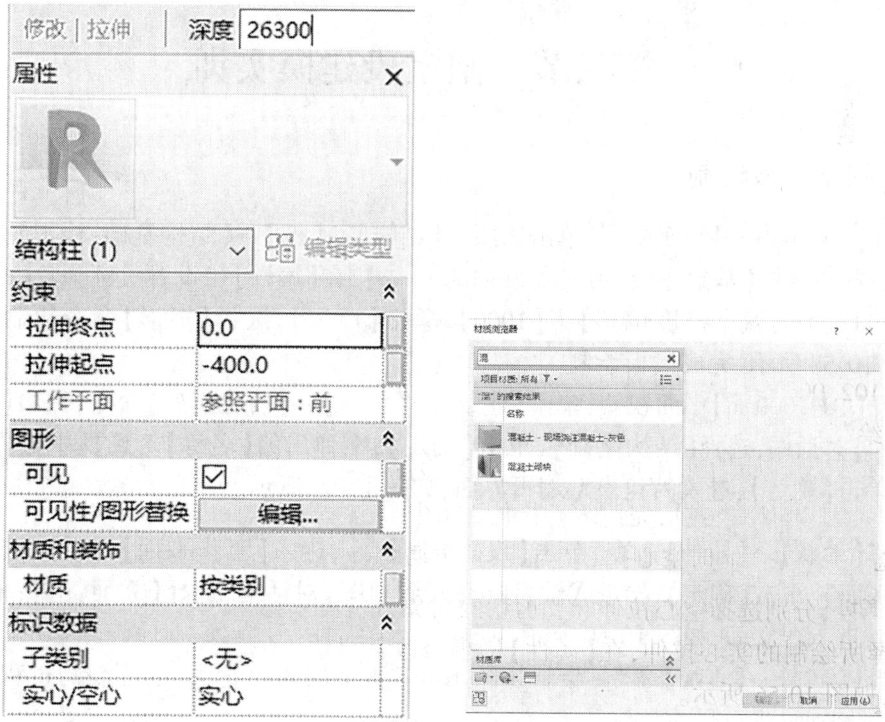

图 10-56

点击【完成模型】命令,完成内建模型的创建。重复上述步骤绘制完善另一边的渠道衬砌,或者用镜像的方式进行绘制,单击【连接几何图形】命令,分别连接内建模型和河道面、内建模型和挡土墙,完成后模型如图 10-57 所示。

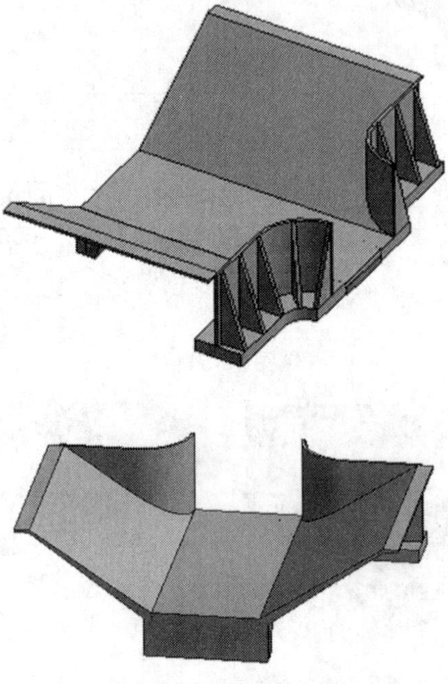

图 10-57 渠道衬砌模型

第三节 闸室段建模实训

一、闸室底板绘制

打开【104.000 m】平面视图,单击选项卡【结构】→【板】→【结构基础:楼板】命令,在类型选择器中选择【基础底板:闸室底板-3000 mm】,在【属性】栏设置实例参数【标高】为【104.000】,【自标高的高度偏移】为【1000】,单击【应用】,选择【矩形】命令绘制楼板轮廓,如图 10-58 所示,完成楼板绘制。

打开【104.000 m】平面视图,单击【建筑】→【构件】→【内建模型】命令,弹出【族参数和组类别】对话框,选择【结构基础】,单击【确定】,在弹出的【名称】对话框中输入【闸室底板】,单击【确定】,进入内建模型编辑界面,如图 10-59 所示。

选择【形状】→【拉伸】命令,单击【设置】命令 设置,进入【工作平面】对话框,选择【拾取一个平面】,单击【确定】,拾取Ⓐ轴,弹出【转到视图】对话框,选择【立面:南】,单击【打开视图】,进入西立面,如图 10-60 所示。

选择【绘制】→【直线】命令,绘制如图 10-61 所示的两块轮廓,在绘制的过程中可以使用【参照平面】进行尺寸定位。

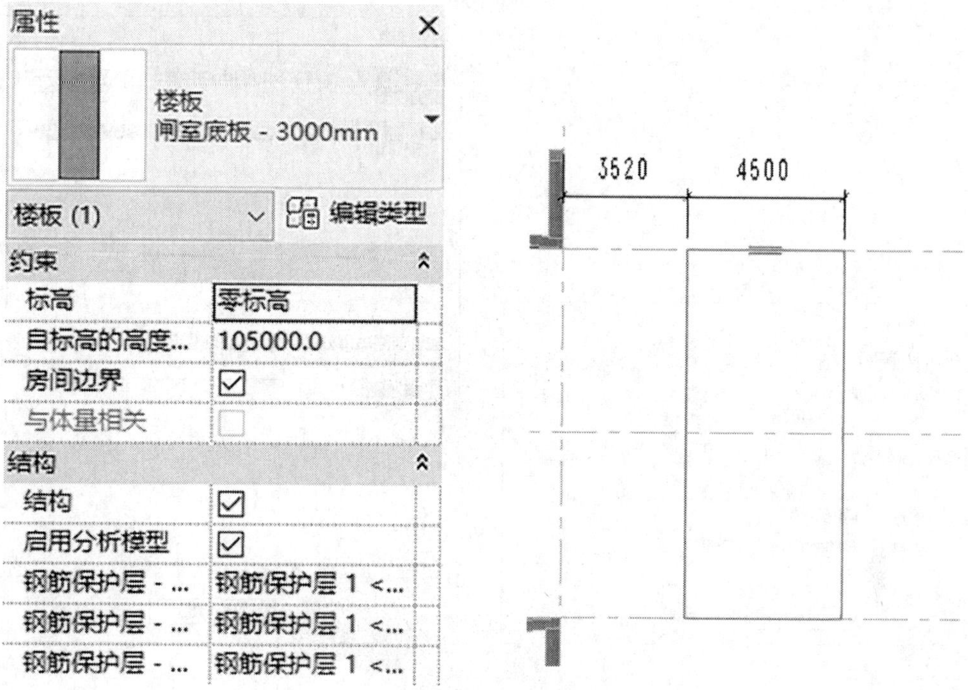

图 10-58　楼板绘制图

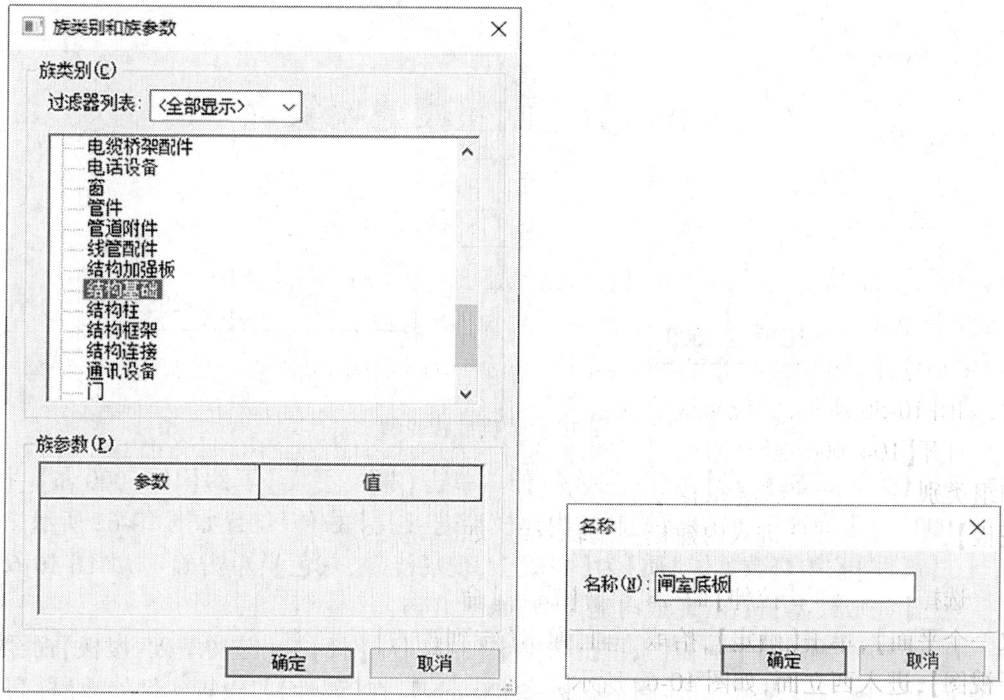

图 10-59　内建模型族类别和族参数

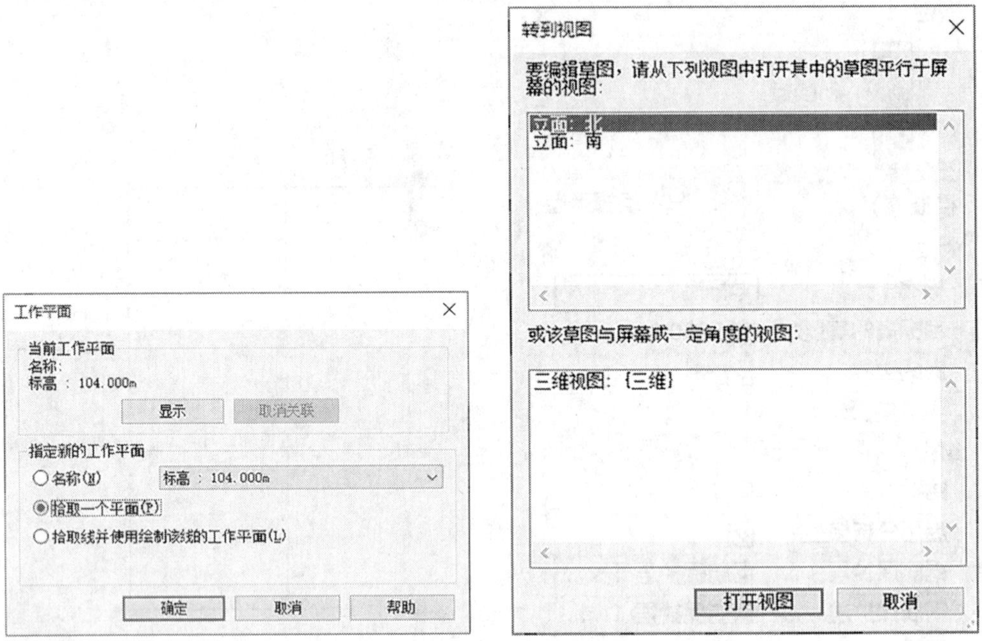

图 10-60　工作平面

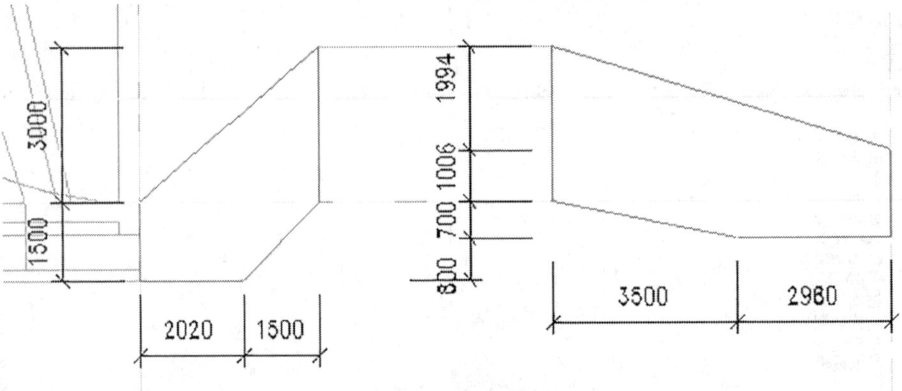

图 10-61　闸底板轮廓

单击【完成编辑模式】按钮,完成拉伸。单击【楼层平面】下的【104. 000 m】,打开【104. 000 m】平面视图,选择所绘制的内建模型进行上下拉伸,位置如图 10-62 所示。

在【属性】栏中修改其【材质】为【混凝土,现场浇筑,灰色】,单击确定,如图 10-63 所示。点击【完成模型】按钮,完成内建模型,如图 10-64。

打开【104. 000 m】平面视图,单击选项卡【结构】→【板】→【结构基础:楼板】命令,在类型选择器中选择【基础底板:闸室底板-2500 mm】,在【属性】栏设置实例参数【标高】为【104. 000】,【自标高的高度偏移】为【-1000】,单击【应用】,选择【矩形】命令绘制楼板轮廓,如图 10-65 所示,单击完成命令,完成楼板绘制。

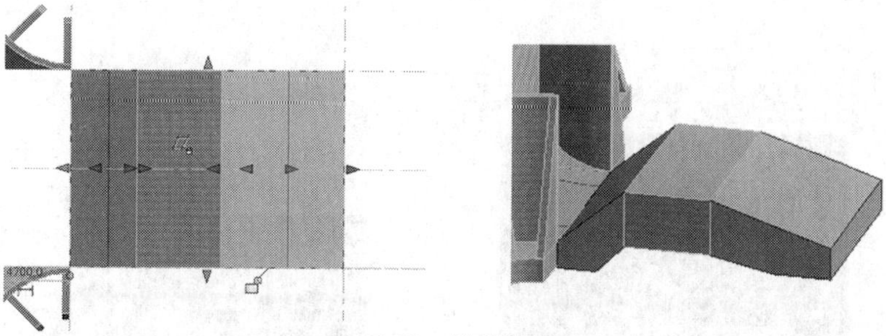

图 10-62 拉伸轮廓

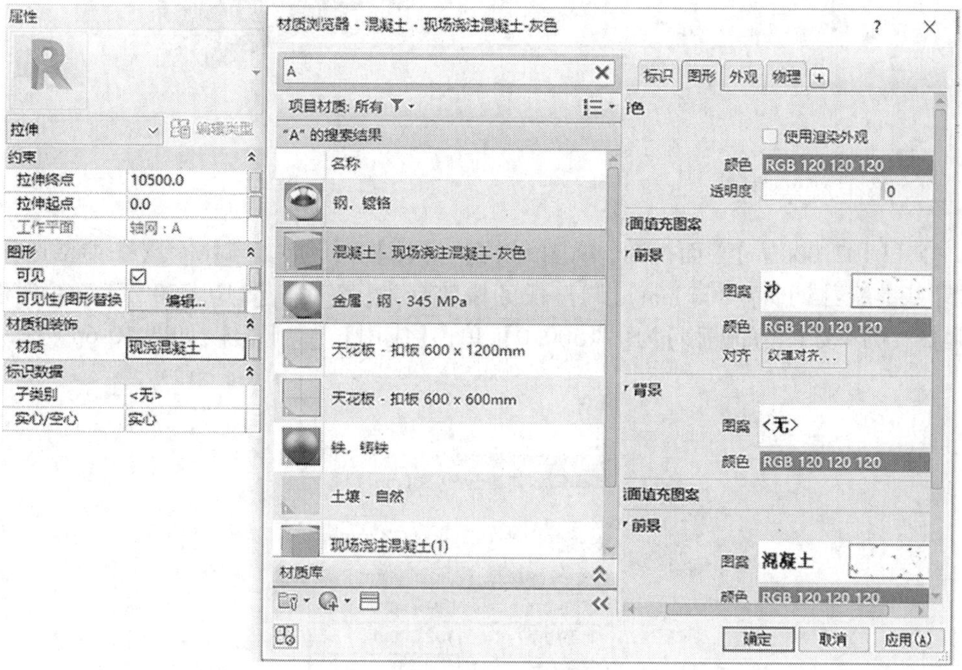

图 10-63 属性材质

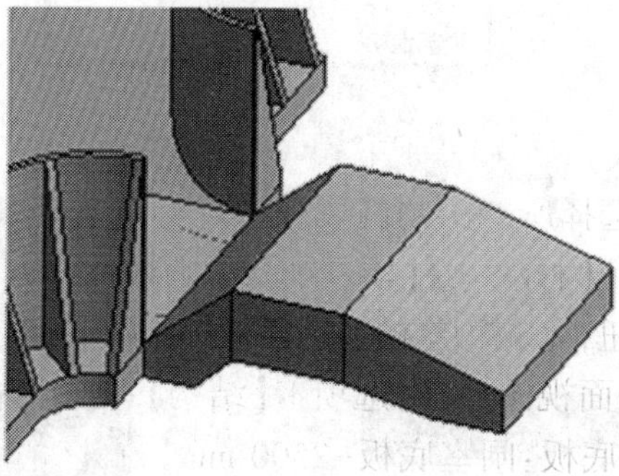

图 10-64

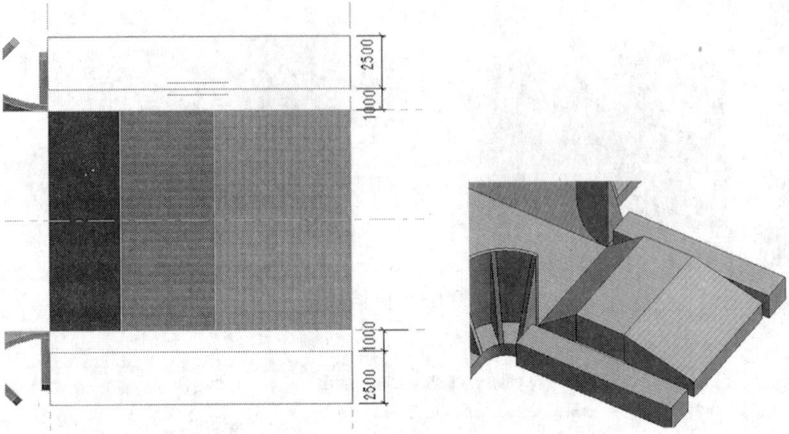

图 10-65

二、挡土墙绘制

打开【102.000 m】平面视图，单击【结构】→【墙】→【墙：结构】命令，在类型选择器中选择【基本墙：挡土墙-300 mm】，调整任务栏数据为【高度】，【110.000 m】，在【属性】栏中调整实例参数【底部偏移】为【-1500.0】，单击【应用】，绘制墙体，如图 10-66 所示。

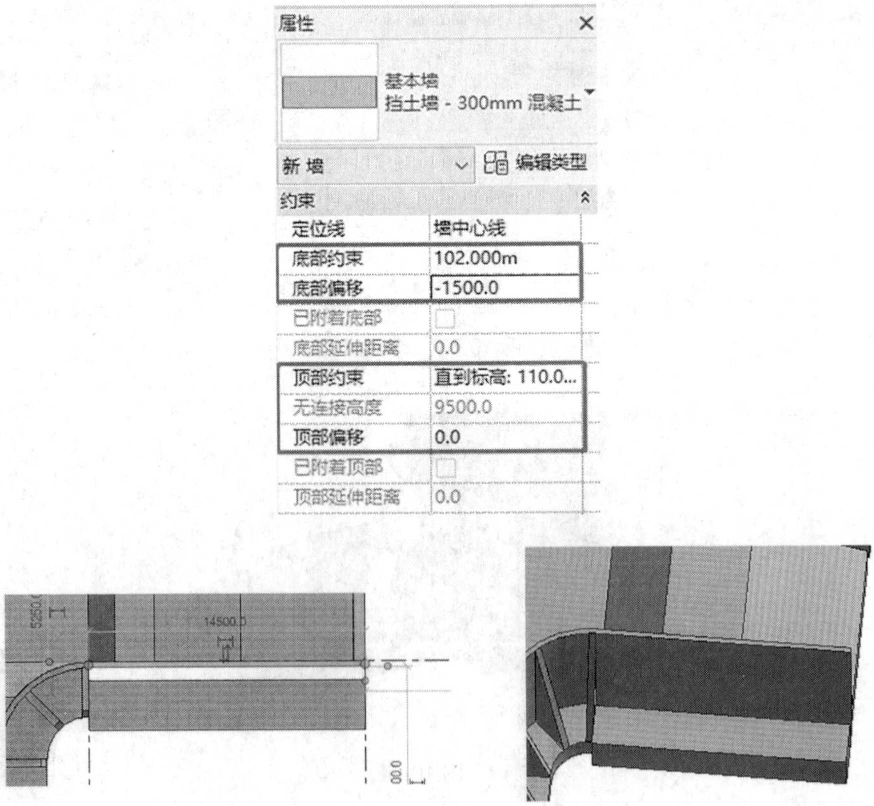

图 10-66　挡土墙

打开【南立面】视图，选择所绘制的墙体，在【修改/墙】面板中选择【编辑轮廓】命令，进入编辑墙体轮廓界面，如图 10-67 所示。

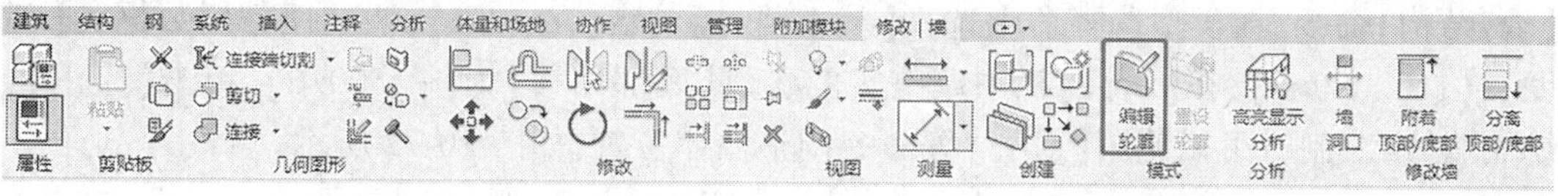

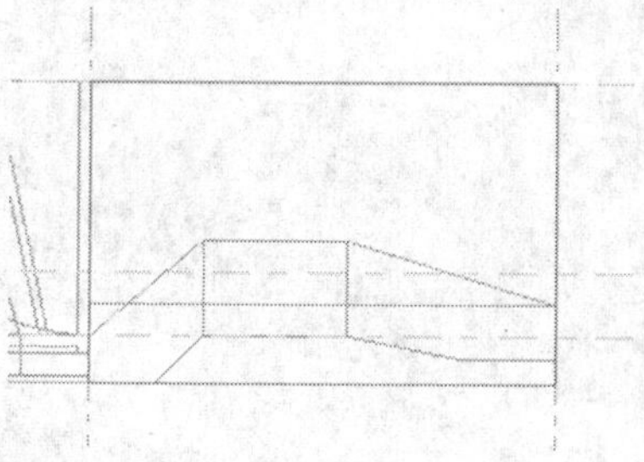

图 10-67 墙体轮廓

选择【直线】命令，绘制如图 10-68 所示的线条，单击【修改】→【拆分图元】命令 ⇹，在如图 10-69 分线段上，利用【修剪】命令进行修剪，如图 10-70 所示。

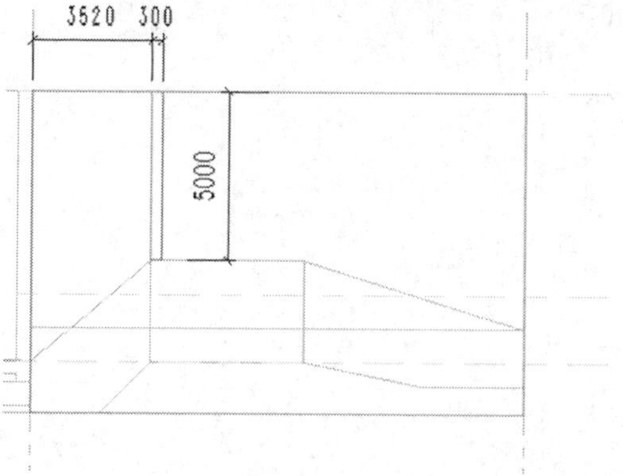

图 10-68

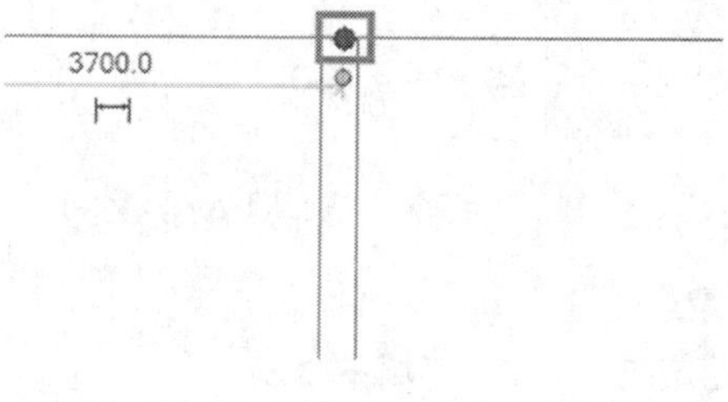

图 10-69

图 10-70

单击【完成编辑模式】命令，完成墙体编辑，如图 10-71 所示，保存文件。

用同样的方法绘制另一道墙体，打开【102.000 m】平面视图，单击【结构】→【墙】→【墙:结构】命令，在类型选择器中选择【基本墙:挡土墙-700 mm】，调整任务栏数据为【高度】，【110.000 m】，在【属性】栏中调整实例参数【底部偏移】为【-1500.0】，单击【应用】，绘制墙体，绘制时可以使用【对齐】等命令调整墙体位置，如图 10-72 所示。

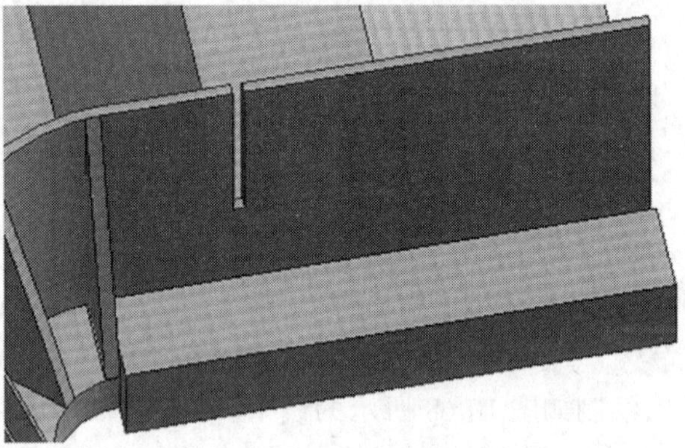

图 10-71

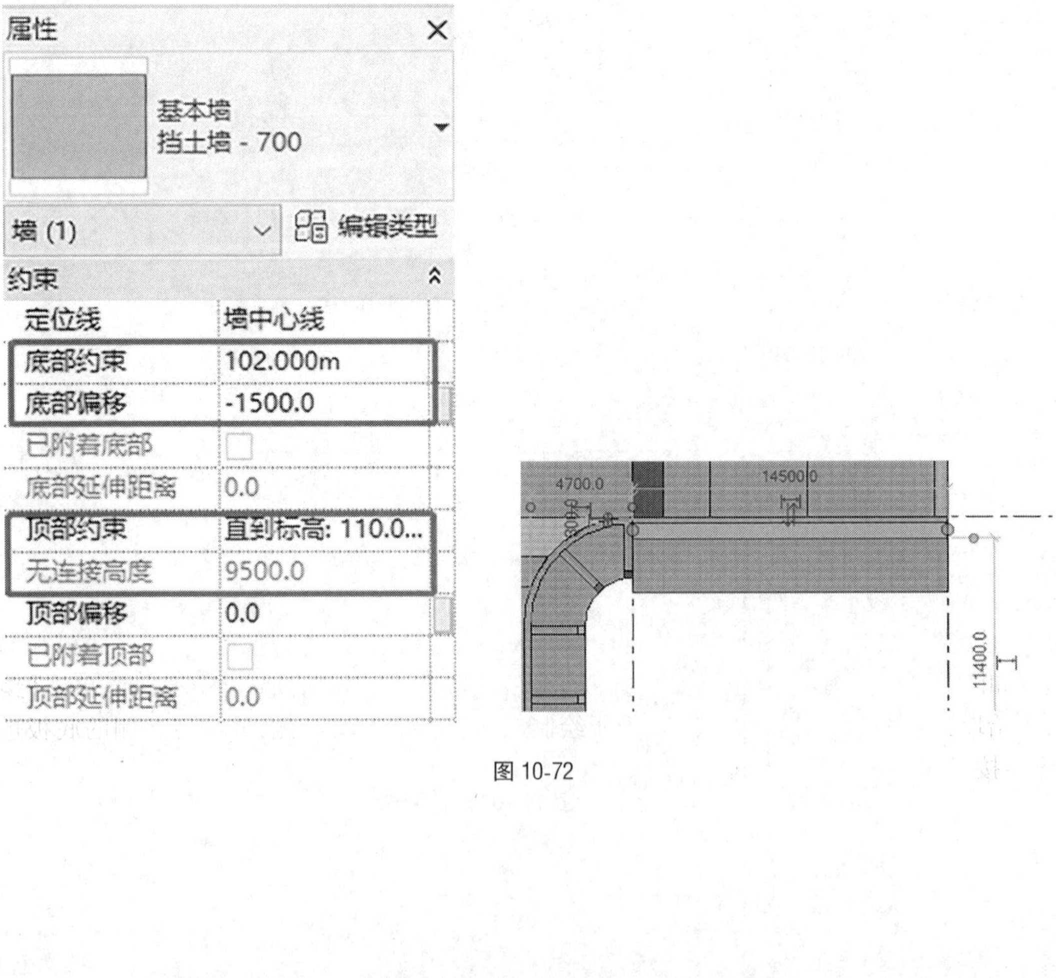

图 10-72

墙体绘制完成后，选择【修改】→【连接几何图形】命令，连接两道墙体，如图 10-73 所示。

打开【102.000 m】平面视图，单击【结构】→【柱】命令，在类型选择器中选择【支撑柱-闸室】，调整任务栏数据为【高度】，【110.00 m】，放置支撑柱，如图 10-74 所示。单击支撑柱，在【属性】栏中调整实例参数【底部偏移】为【1000】，单击【应用】，完成支撑柱放置，如图 10-75 所示。

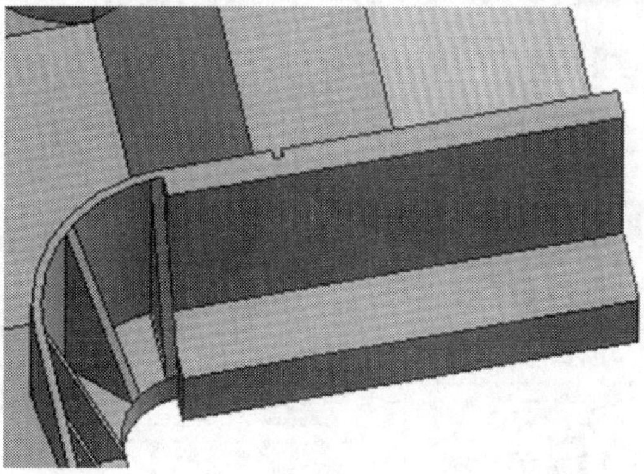

图 10-73

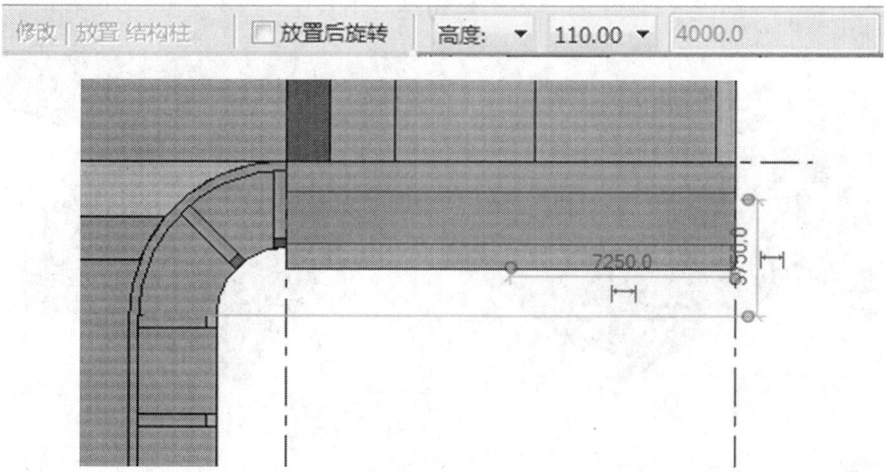

图 10-74

选择【修改】→【连接几何图形】命令，连接支撑柱和墙体、支撑柱和底板、底板和墙体，如图 10-76(a)所示。绘制完成后，配合 Ctrl 键选择所绘制的墙体和支撑柱，单击【镜像-拾取轴】命令，以Ⓑ轴为中心轴将所绘制的构件镜像到另一侧，并与另一侧的底板进行连接，如图 10-76(b)所示。

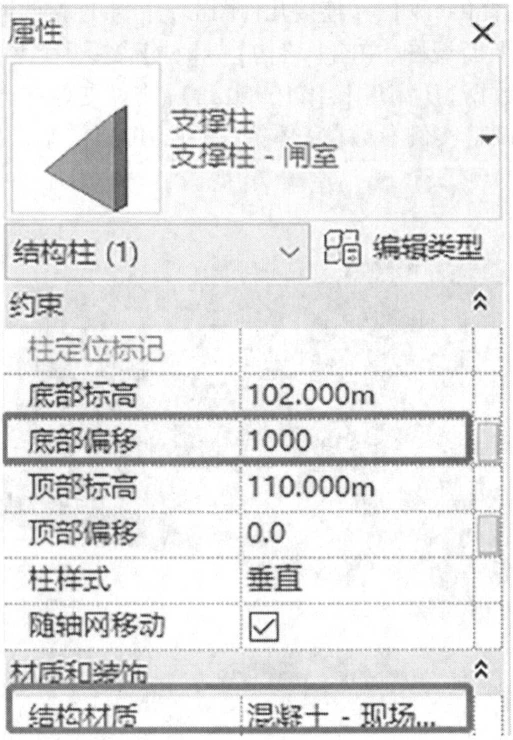

图 10-75

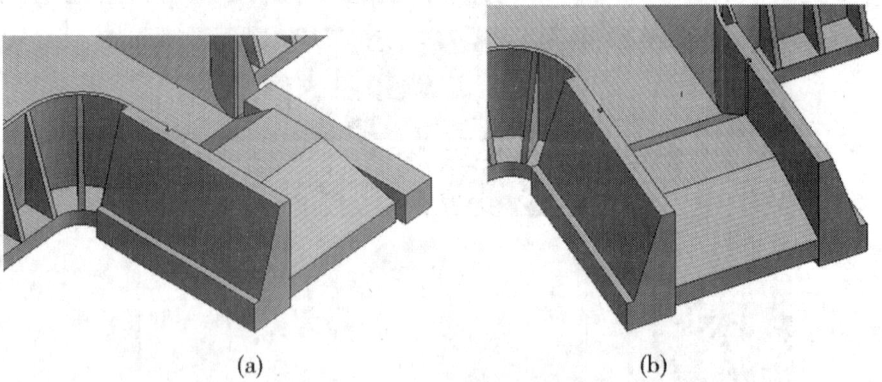

图 10-76

三、中墩、边墩绘制

打开【104.000 mm】平面视图，选择【结构】→【墙】→【墙：结构】命令，在类型选择器中分别选择【基本墙：中墩-900 mm】和【基本墙：中墩-1500 mm】两种墙体类型，调整任务栏数据为【高度】，【110.000 m】，绘制三段墙体，选择三段墙体，在【属性】栏中调整实例参数统一为【底部偏移】为【0】，单击【应用】，如图 10-77 所示。

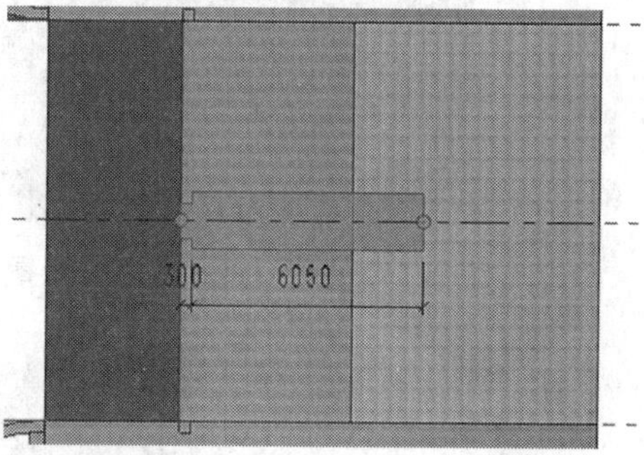

图 10-77

在三维视图中，使用【连接几何图形】命令，所绘制的墙体和闸室底板，如图 10-78 所示。

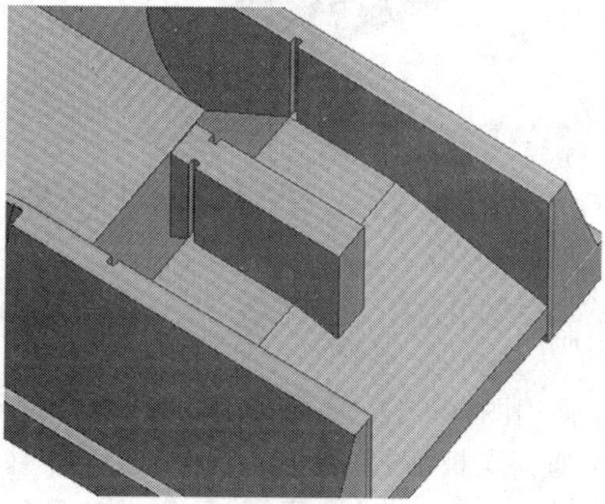

图 10-78

打开【104.000 mm】平面视图，选择【结构】→【柱】命令，在类型选择器中选择【混凝土-半圆形-柱：边墩】，调整任务栏数据为【高度】，【110.000 m】，放置两个半圆形柱，在放置时可以配合【空格键】调整柱的方向。选择两个柱，在【属性】栏中调整实例参数【底部偏移】为【-300.0】，单击【应用】，如图 10-79 所示。

选择【修改】→【连接几何图形】命令，连接柱和墙体、柱和底板，完成后如图 10-80 所示。

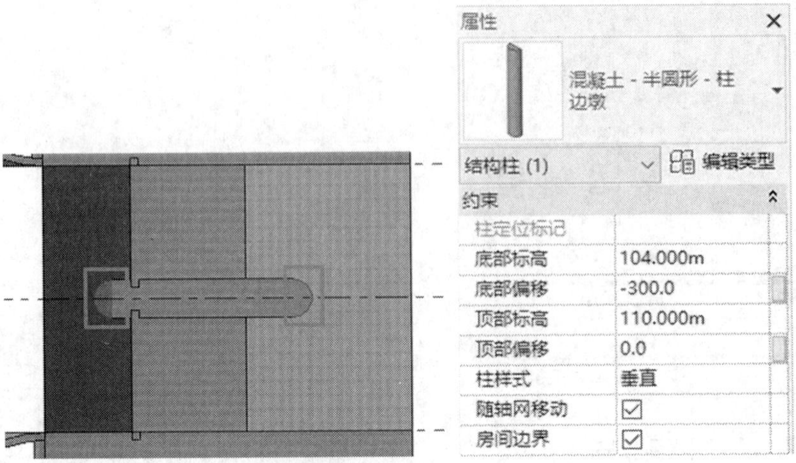

图 10-79

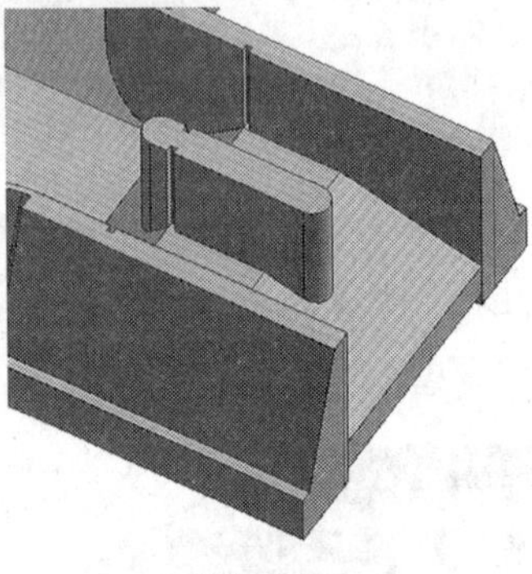

图 10-80

第四节　消力池段绘制

一、消力池底板绘制

打开【104.000 m】平面视图，单击选项卡【结构】→【板】→【结构基础：楼板】命令，在类型选择器中分别选择【基础底板：闸室底板-3000 mm】和【基础底板：闸室底板-1000 mm】，在【属性】栏设置实例参数统一为【标高】为【104.000 m】，【自标高的高度偏移】为【-1000】，单击【应用】，选择【矩形】命令绘制楼板轮廓，如图 10-81、图 10-82 所示，完成楼板绘制。

单击【完成编辑模式】按钮，完成楼板绘制，如图 10-83 所示，保存文件。

打开【104.000 m】视图平面，单击【建筑】→【洞口】→【竖井】命令 竖井，进入【创建竖井洞口草图】界面，单击【建筑】→【工作平面】→【参照平面】命令，绘制两条参照平面，如图 10-84 所示。

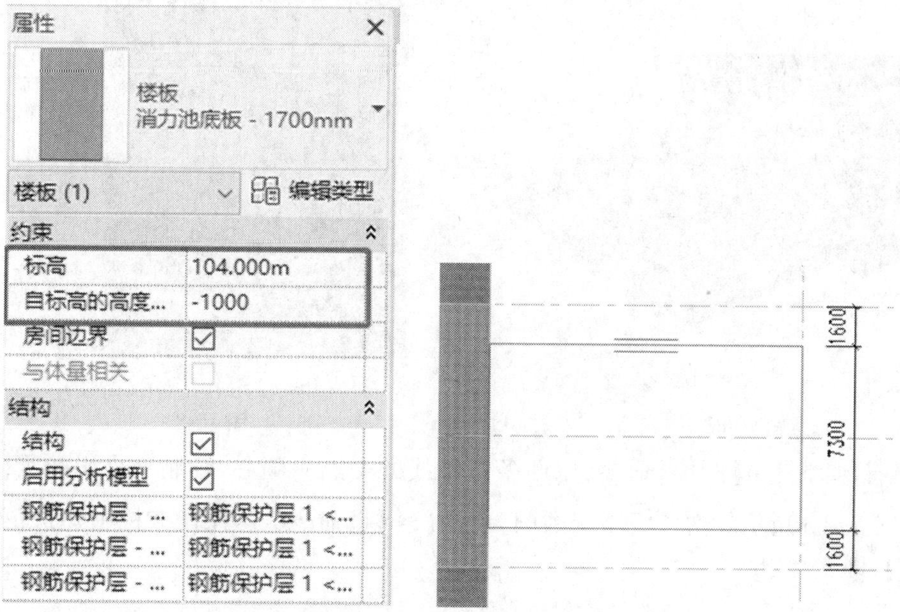
属性
楼板
消力池底板 - 1700mm
楼板 (1)
编辑类型
约束
标高
104.000m
自标高的高度...
-1000
房间边界
与体量相关
结构
结构
启用分析模型
钢筋保护层 - ...
钢筋保护层 1 <...
钢筋保护层 - ...
钢筋保护层 1 <...
钢筋保护层 - ...
钢筋保护层 1 <...
1600
7300
1600

图 10-81

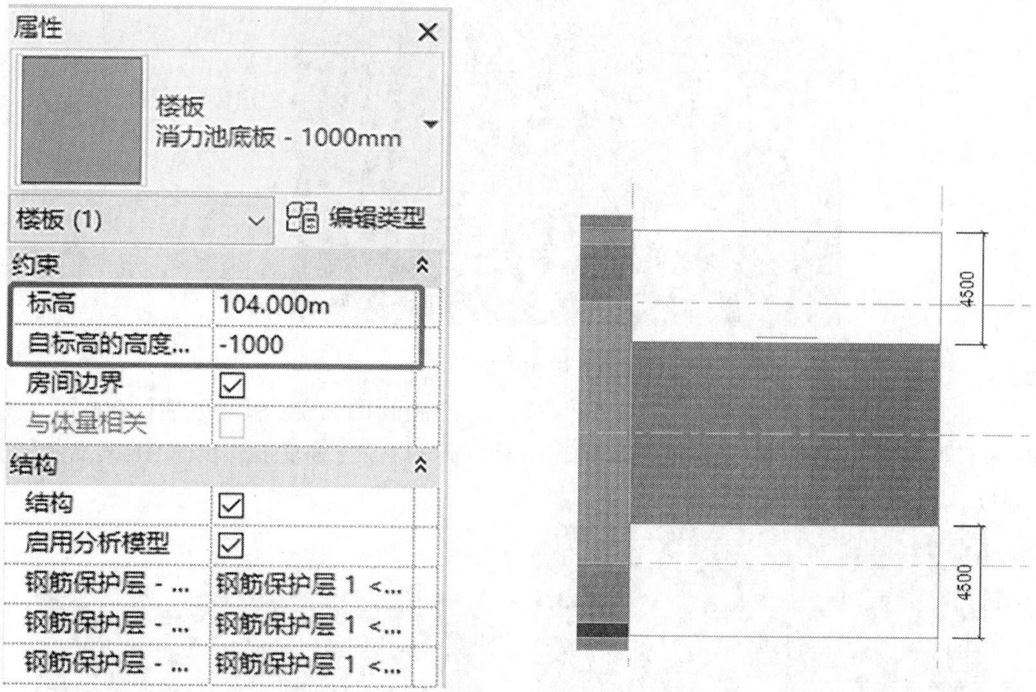
属性
楼板
消力池底板 - 1000mm
楼板 (1)
编辑类型
约束
标高
104.000m
自标高的高度...
-1000
房间边界
与体量相关
结构
结构
启用分析模型
钢筋保护层 - ...
钢筋保护层 1 <...
钢筋保护层 - ...
钢筋保护层 1 <...
钢筋保护层 - ...
钢筋保护层 1 <...
4500
4500

图 10-82

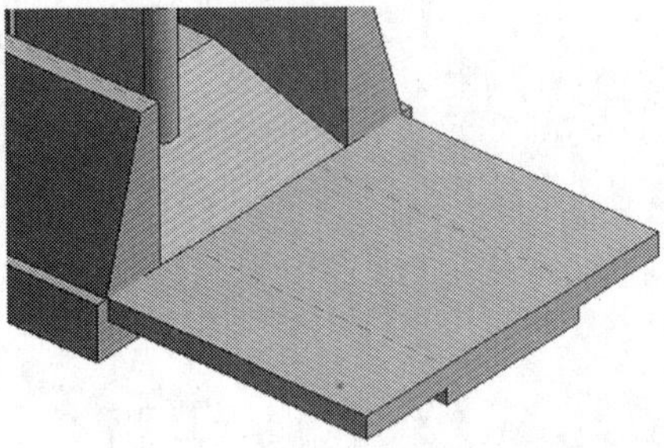

图 10-83

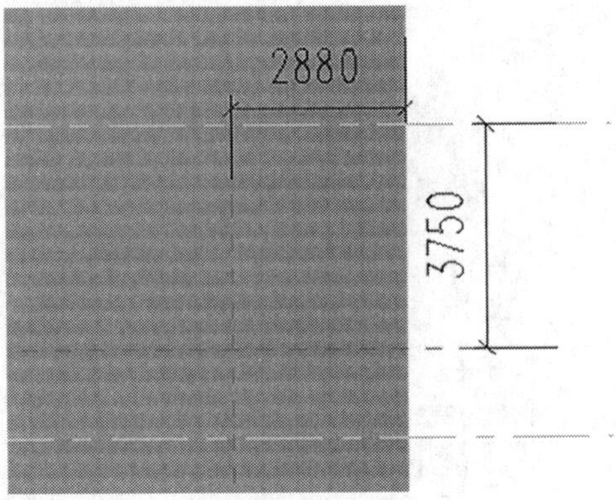

图 10-84

选择【绘制】→【圆形】命令，以两条参照线的交点为圆心，绘制一个半径为【400】的圆，如图 10-85 所示。选择所绘制的圆，单击【复制】命令，在任务栏中勾选【约束】和【多个】，即

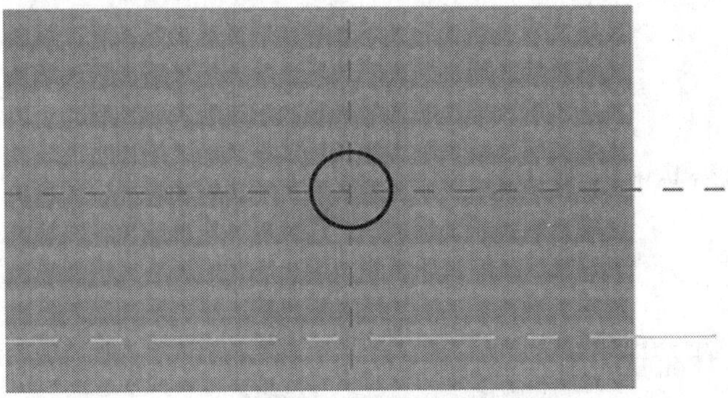

图 10-85

单击圆心，以圆心为复制基点，光标保持在所绘制圆的右侧，输入数值【1000】，点击【Enter】键，复制第二个圆，光标继续保持在所复制圆的右侧，重复上述步骤，继续复制【7】个圆形，如图 10-86 所示。

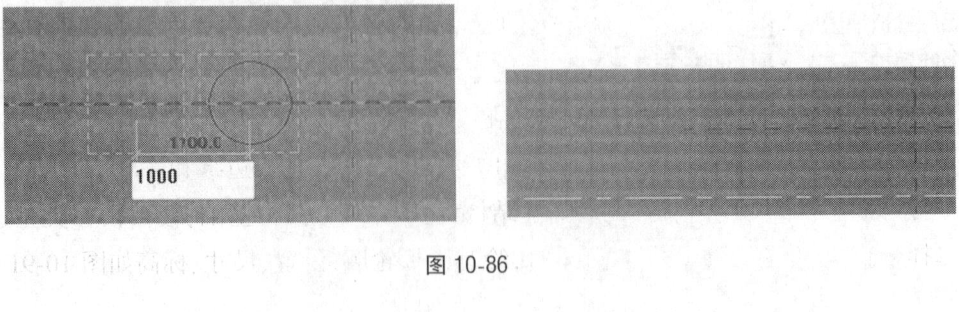

图 10-86

选择所绘制的一行圆形，单击【复制】命令，重复上述步骤，向下复制两行圆形，距离为【1500】，如图 10-87 所示。

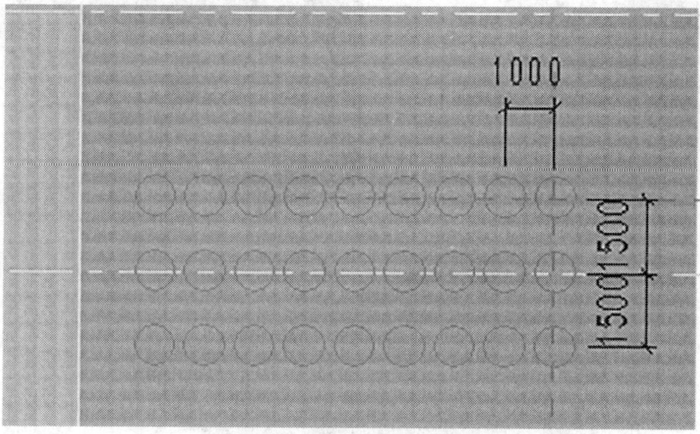

图 10-87

在【属性】栏中调整其实例参数【底部约束条件】为【104.000 m】，【底部偏移】为【-3500.0】，【顶部约束】为【未连接】，【无连接高度】为【3000.0】，单击【完成编辑模式】按钮，完成竖井洞口绘制，如图 10-88 所示。

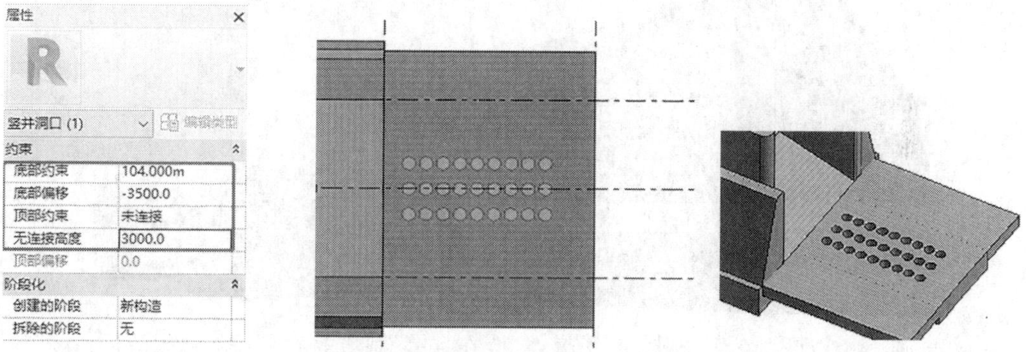

图 10-88

打开三维视图，单击【结构】→【楼板】→【楼板：楼板边】，在类型选择其中选择【楼板边缘：消力】，依次拾取如图 10-89 所示的三道楼板边缘线，单击确定，放置楼板边缘，单击【连接几何图形】命令，连接楼板边缘和底板。

调整三维视图视角，重复上述步骤，在类型选择器中选择【楼板边缘：支撑】，依次拾取楼板的下边缘线，放置楼板边缘，如图 10-90 所示，连接楼板边缘和底板。

打开【102.000 m】平面视图，单击【结构】→【板】→【结构基础：楼板】，在类型选择器中选择【基础底板：闸室底板-900 mm】，绘制楼板轮廓，位置、尺寸、标高如图 10-91 所示。

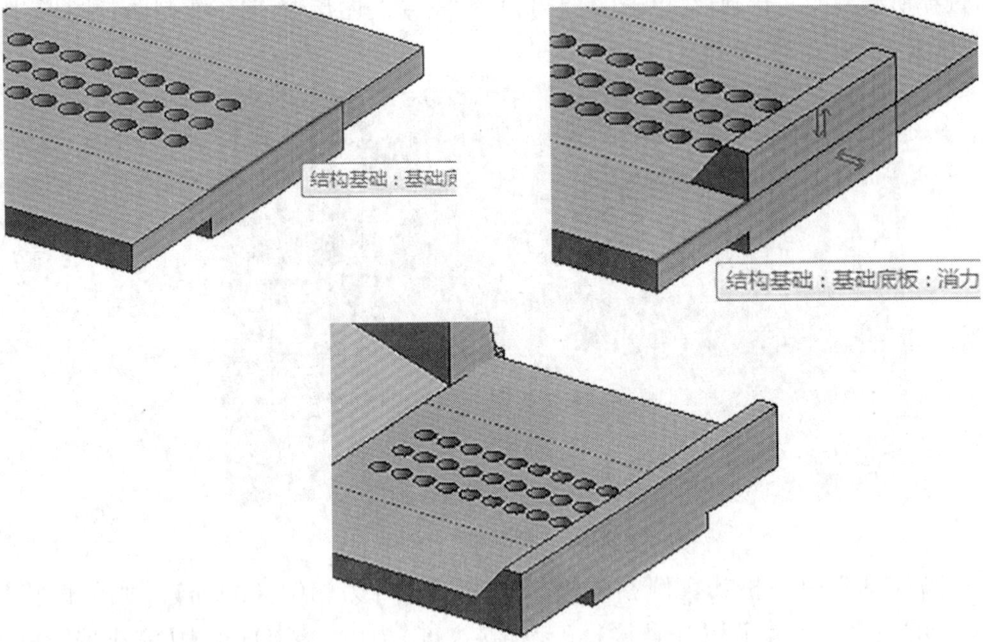

图 10-89

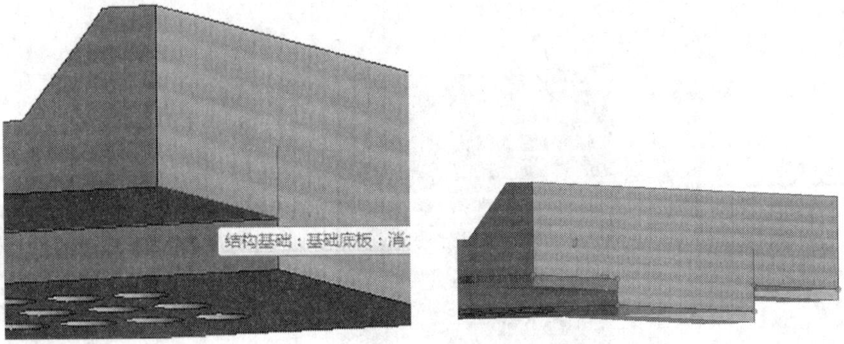

图 10-90

单击完成命令，完成楼板编辑，单击【连接几何图形】命令，连接所绘制的楼板和楼板边缘，如图 10-92 所示。

二、挡土墙、支撑柱绘制

打开【104.000 m】平面视图，单击【结构】→【墙】→【墙：结构】命令，调整任务栏为【高度】，【110.000 m】，【定位线】为【面层面：外部】，沿着Ⓐ、Ⓒ轴绘制两条墙体，绘制过程中可以配合空格键调整墙体的方向，选择两条墙体在【属性】栏调整【底部偏移】为【-1000.0】，如图 10-93 所示。

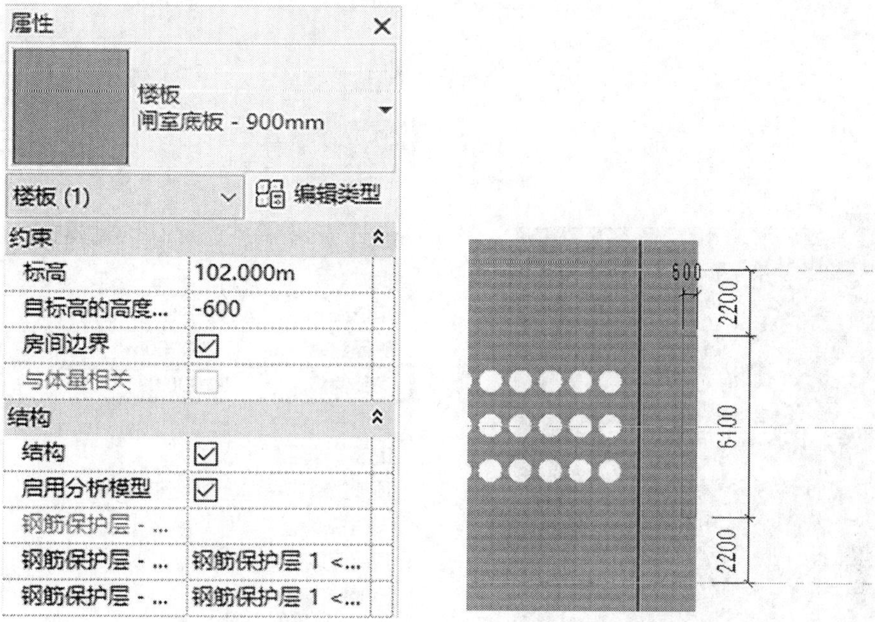

图 10-91

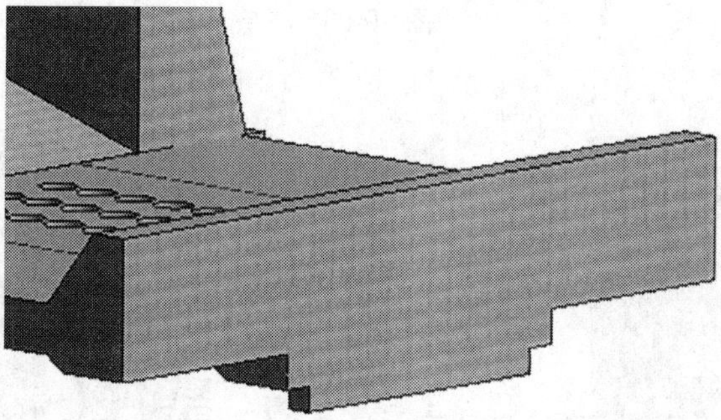

图 10-92

选择图 10-94 中放置的楼板边缘,点击两端的蓝点,拖动修改楼板边缘的长度。

放置支撑柱:单击【结构】→【柱】,在类型选择器中选择【支撑柱】,调整任务栏为【高度】【110.000 m】,放置一个支撑柱,放置时单击【空格键】来调整柱的方向。单击支撑柱,在【属性】栏中调整其【底部偏移】为【-1000.0】,如图 10-95 所示。

选择所放置的支撑柱,单击【修改】→【阵列】命令 ,单击柱的中心,以柱的中心为阵列基点,在任务栏中输入【项目数】为【5】,【移动到】选择【第二个】,光标保持在支撑柱的右侧,输入数值【3000】,鼠标单击左键确定,阵列五个支撑柱,如图 10-96 所示。

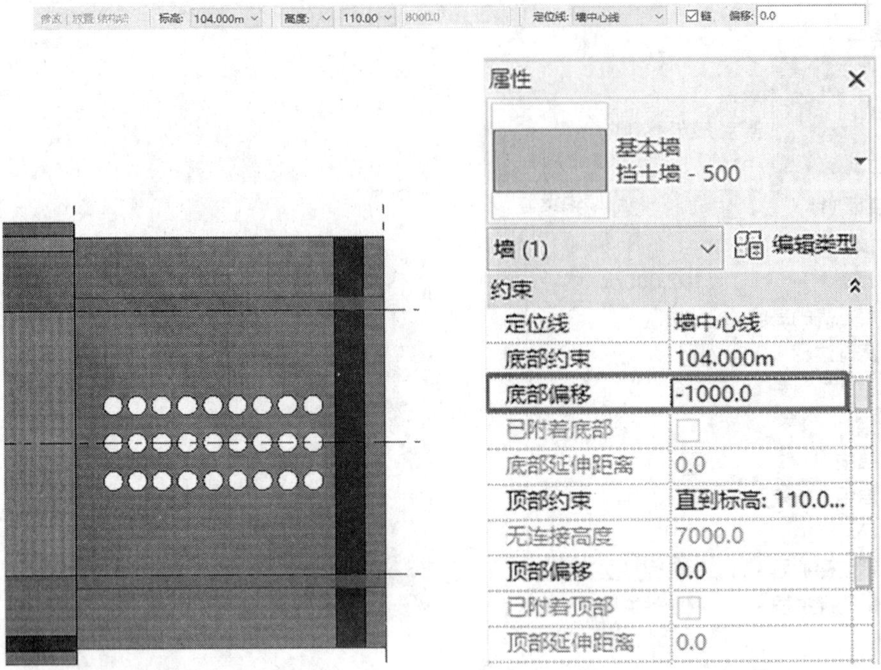

图 10-93

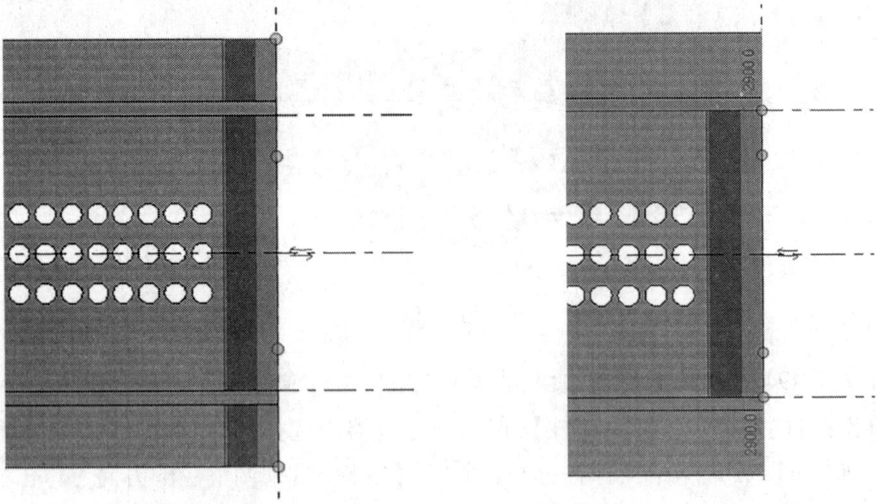

图 10-94

用同样的方法放置另一侧的支撑柱，或者用镜像的方法放置另一侧的支撑柱，如图 10-97 所示。

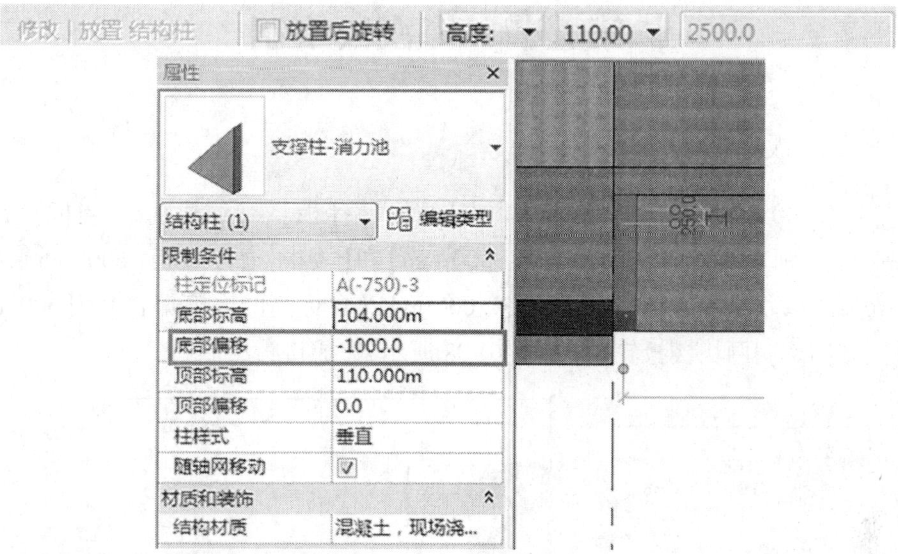

图 10-95

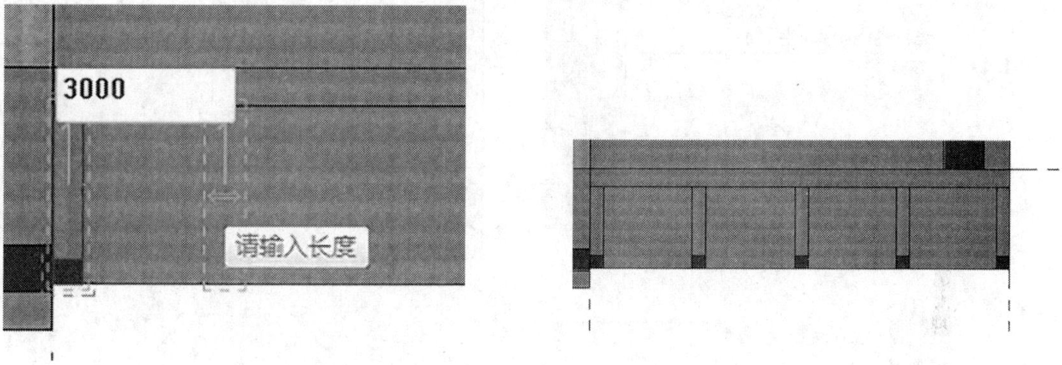

图 10-96

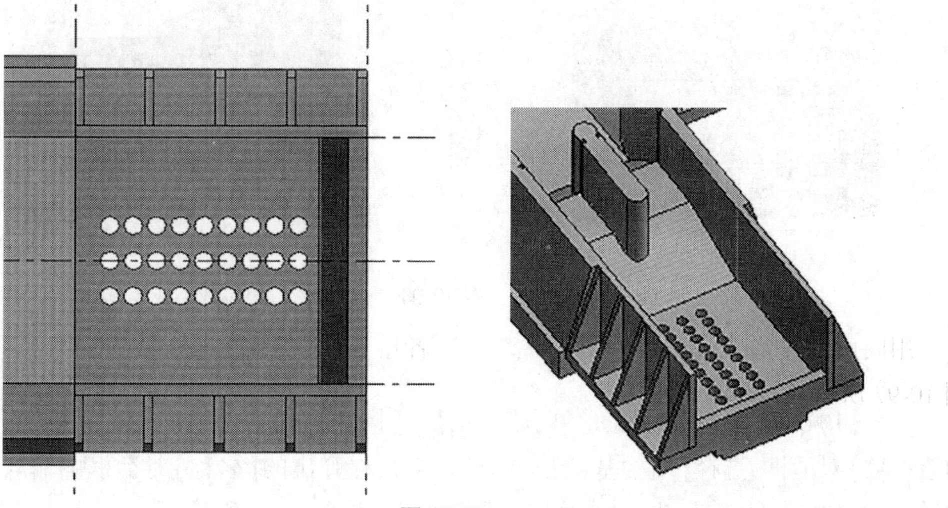

图 10-97

第五节　海漫段绘制

一、海漫底板绘制

打开【104.000 m】平面视图，单击选项卡【结构】→【板】→【结构基础：楼板】命令，在类型选择器中分别选择【楼板：海漫底板-800 mm】和【楼板：海漫底板-600 mm】，在【属性】栏设置实例参数统一为【标高】为【104.000 m】，【自标高的高度偏移】为【500.0】，单击【应用】，分别绘制两块楼板轮廓，如图 10-98 所示，完成楼板绘制。

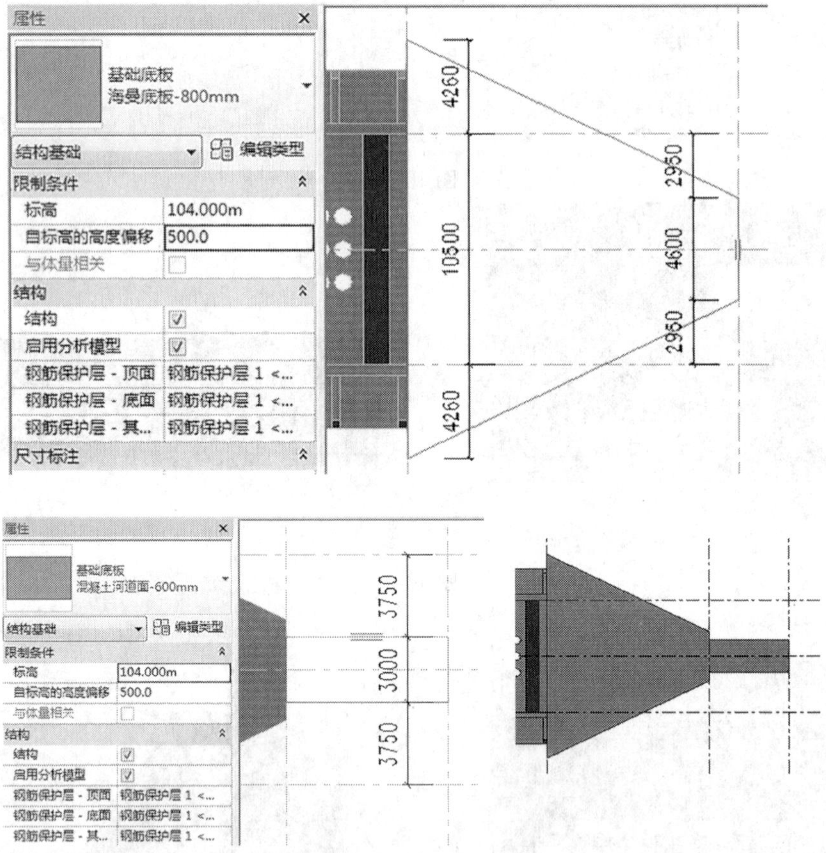

图 10-98

二、渠道衬砌绘制

打开【104.000 m】平面视图，单击【建筑】→【构件】→【内建模型】命令，弹出【族类别和族参数】对话框，选择【结构基础】，点击【确定】，在弹出的【名称】对话框中输入【海漫-渠道衬砌】，单击【确定】，进入创建内建模型界面，如图 10-99 所示。

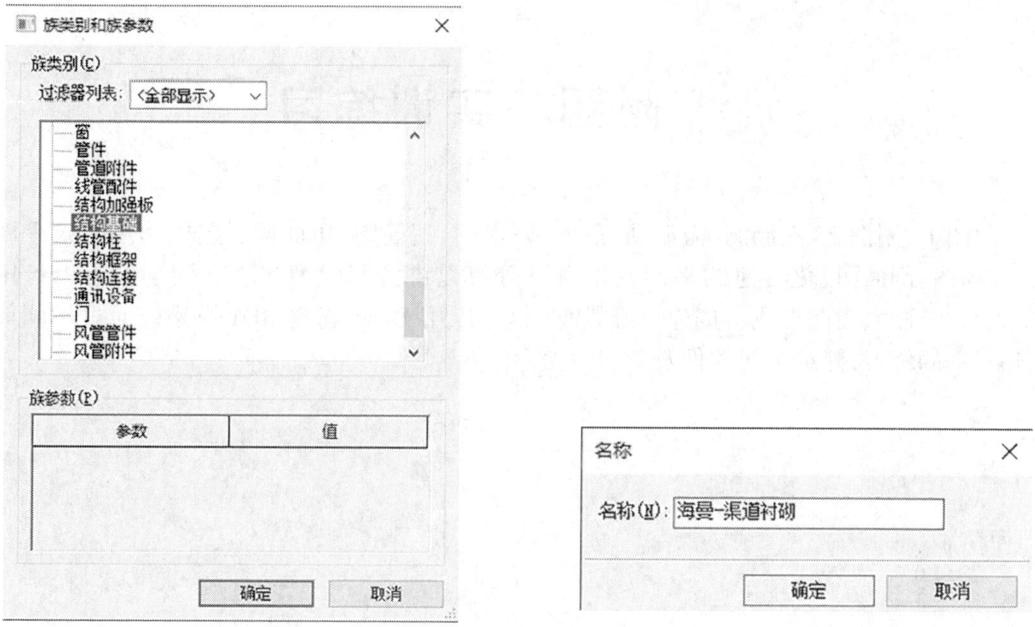

图 10-99

单击【创建】→【形状】→【放样融合】命令，单击【绘制路径】命令，选择【直线】命令，沿着Ⓑ在④⑤轴间绘制一条路径，如图 10-100 所示，单击完成命令。

图 10-100

单击【编辑轮廓】，弹出【转到视图】对话框，选择【立面：西】，单击【打开视图】，打开西立面视图，如图 10-101 所示。

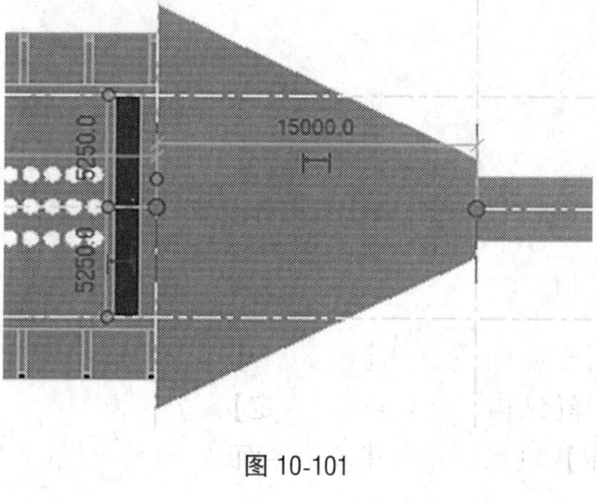

图 10-101

附图　实训练习

附图 1 ~ 附图 23 有涵洞、溢流坝、重力坝、水闸、钢筋图、扭面段、楼梯、房屋建筑平面图、立面图、剖面图、化粪池的平面及轴测图等可以供大家学习参考。同学们可以运用 AutoCAD 绘制平面图形或者创建三维模型,也可以用 Revit 创建 BIM 模型。通过不同形式建筑物的练习,熟练掌握软件及学习方法。

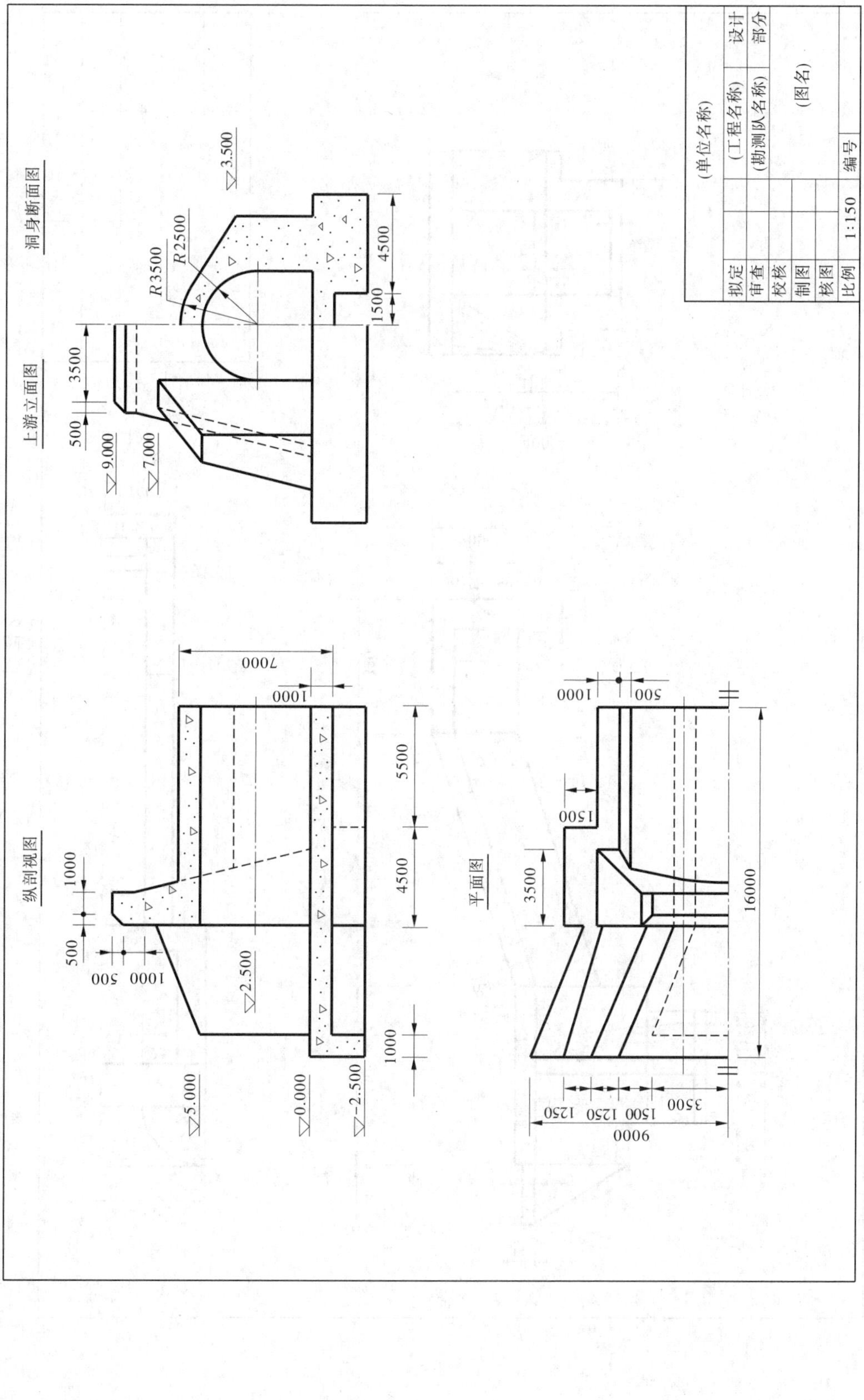

上游立面图
洞身断面图
纵剖视图
平面图
R3500
R2500
3.500
9.000
7.000
5.000
0.000
-2.500
2.500
500
3500
1500
4500
1000
7000
5500
16000
9000
1250
(单位名称)
(工程名称)
(勘测队名称)
设计
部分
(图名)
拟定
审查
校核
制图
核图
比例
1:150
编号

附图 1

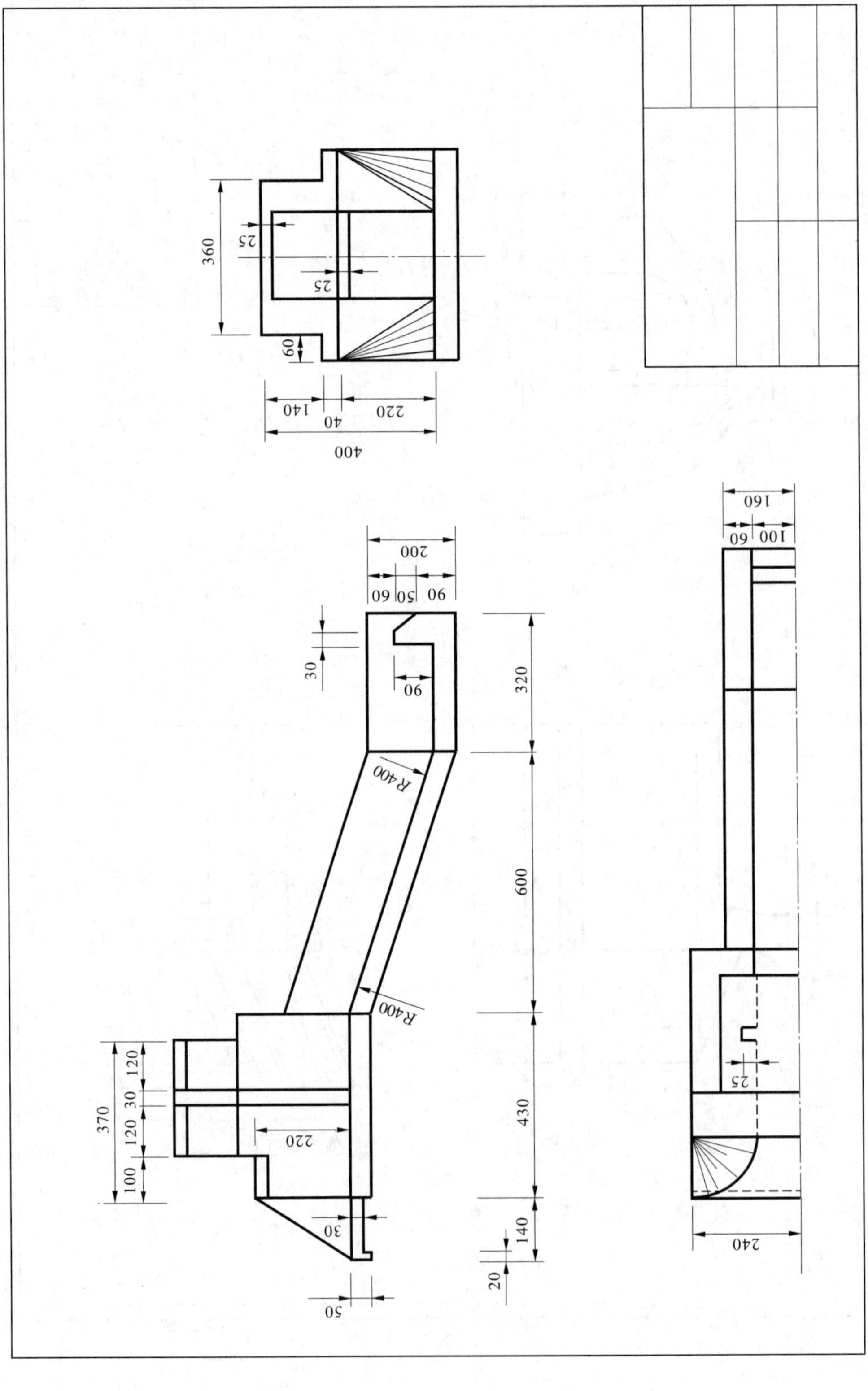
360
25
25
60
140
40
220
400
200
60
50
90
30
90
320
R400
600
R400
370
120
30
120
100
220
430
30
140
20
50
160
100
60
25
240

附图 2

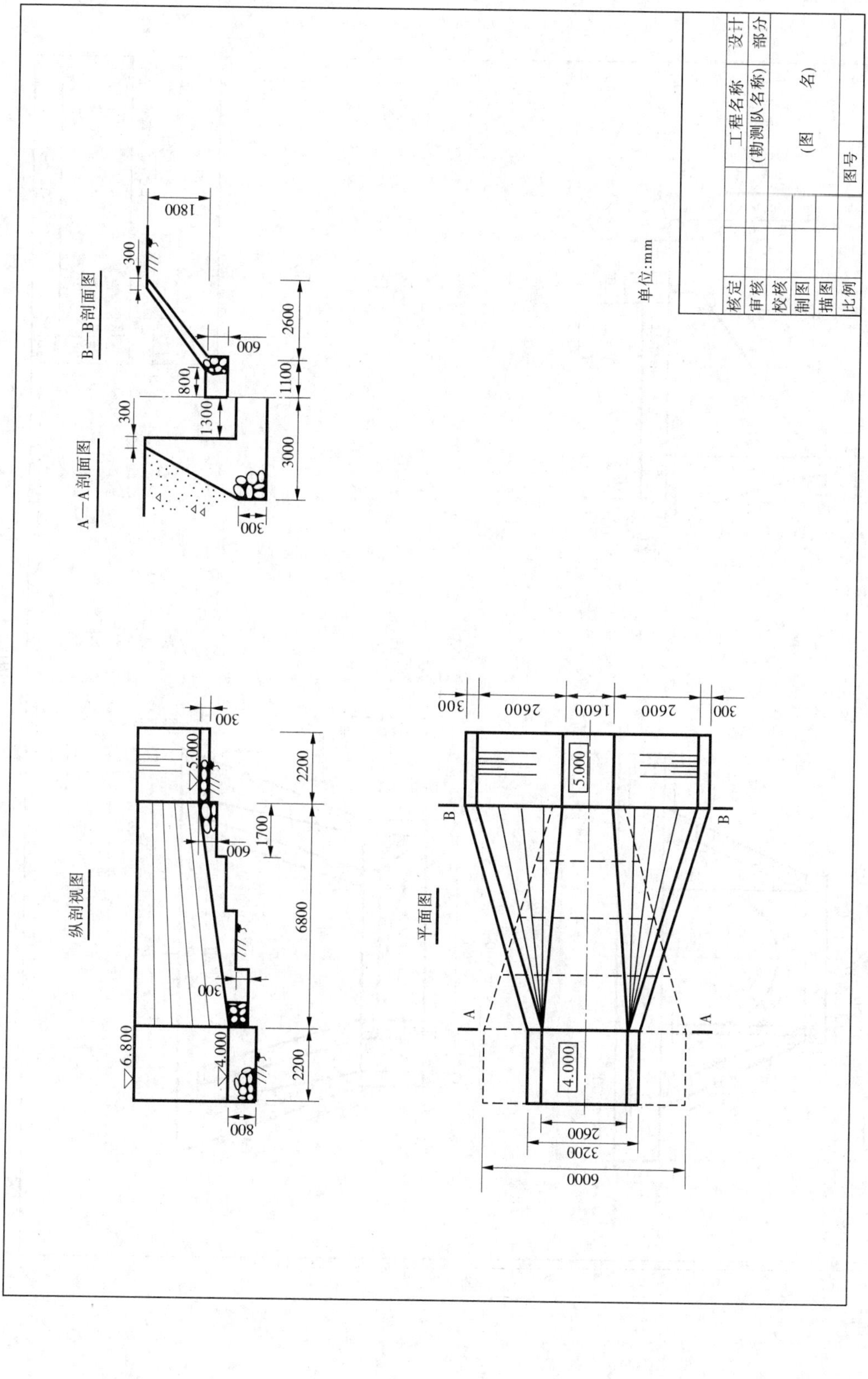
纵剖视图
6.800
4.000
5.000
800
300
600
2200
1700
6800
平面图
4.000
5.000
A
B
6000
3200
2600
1600
A—A剖面图
B—B剖面图
3000
1300
1100
2600
1800
单位:mm
核定
审核
校核
制图
描图
比例
工程名称
设计
(勘测队名称)
部分
(图　名)
图号

附图 3

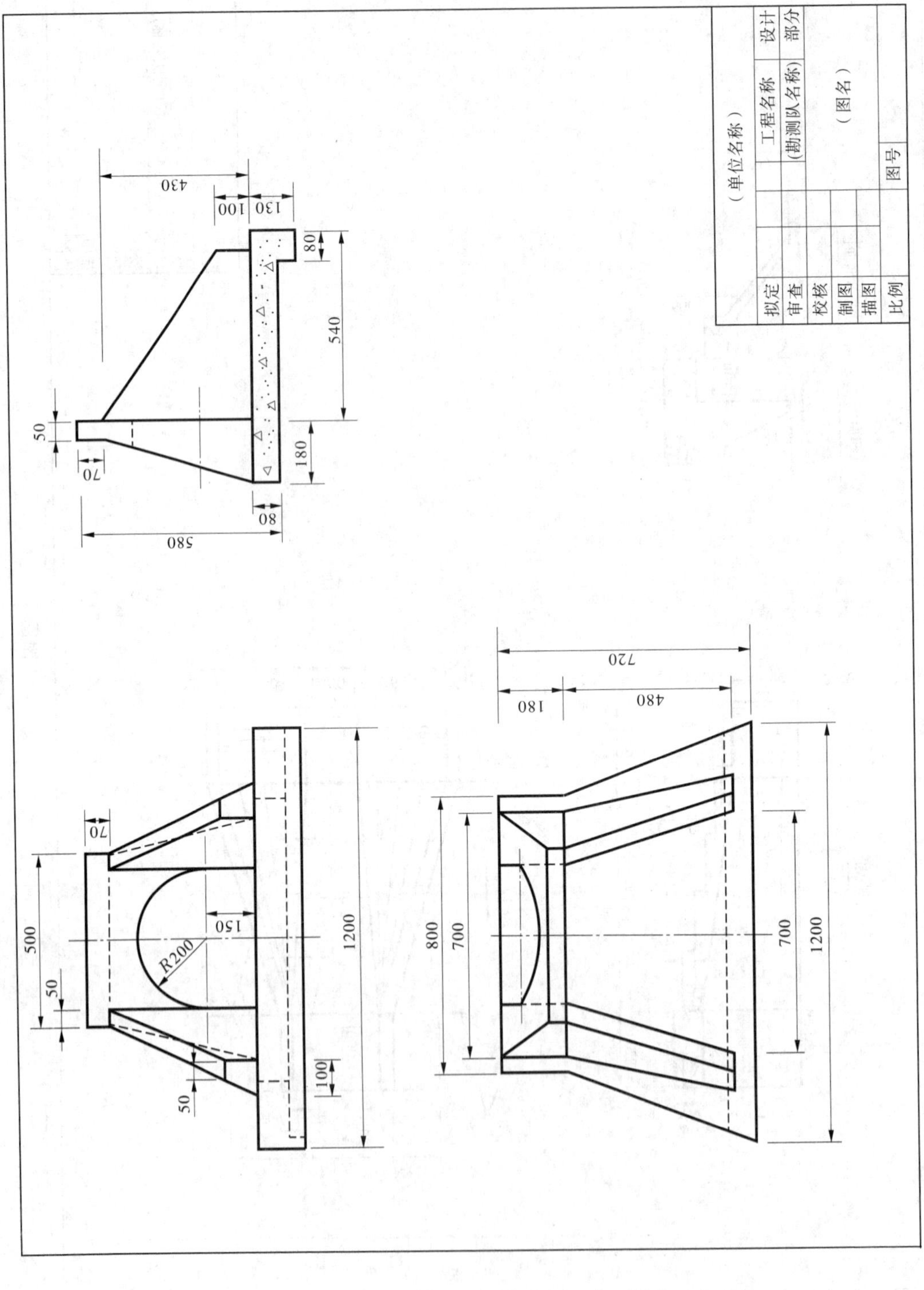
（单位名称）
工程名称
设计
（勘测队名称）
部分
（图名）
图号
拟定
审查
校核
制图
描图
比例
430
130
100
80
540
50
180
70
80
580
720
180
480
1200
700
800
700
70
500
50
150
R200
50
100
1200

附图 4

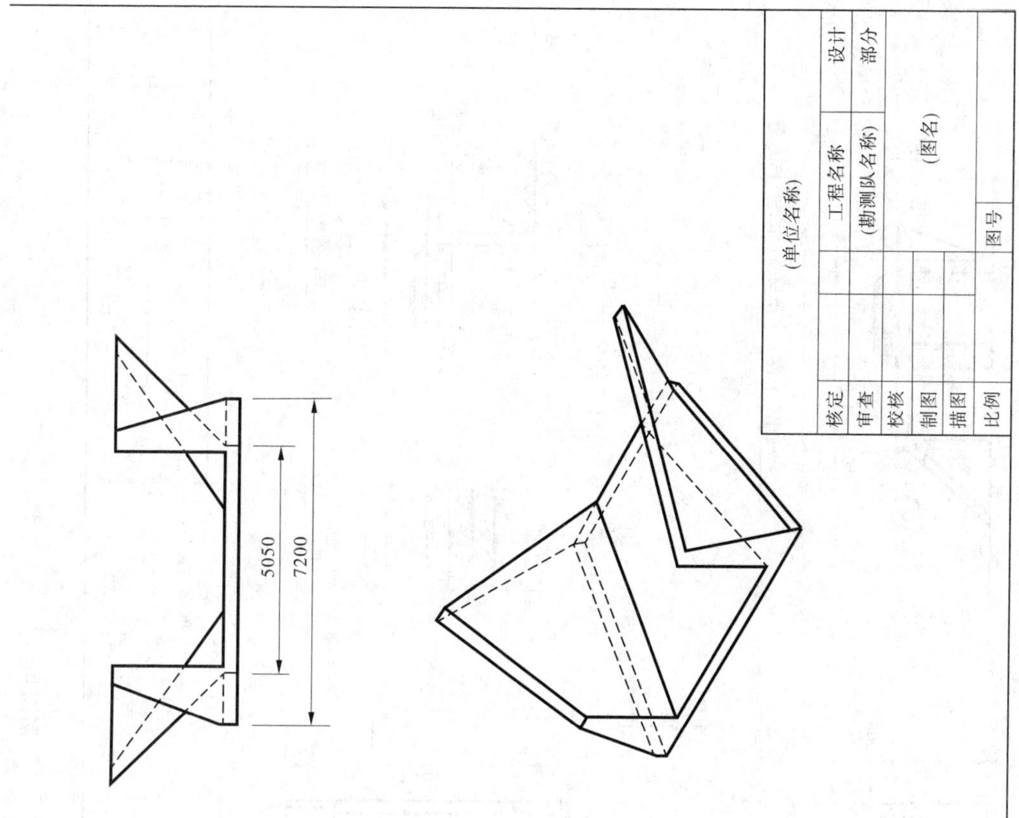
(单位名称)
工程名称
设计
(勘测队名称)
部分
(图名)
核定
审查
校核
制图
描图
比例
图号
5050
7200
10000
400
3400
2400
3400
400
5600
2400
300
400
4800

附图 5

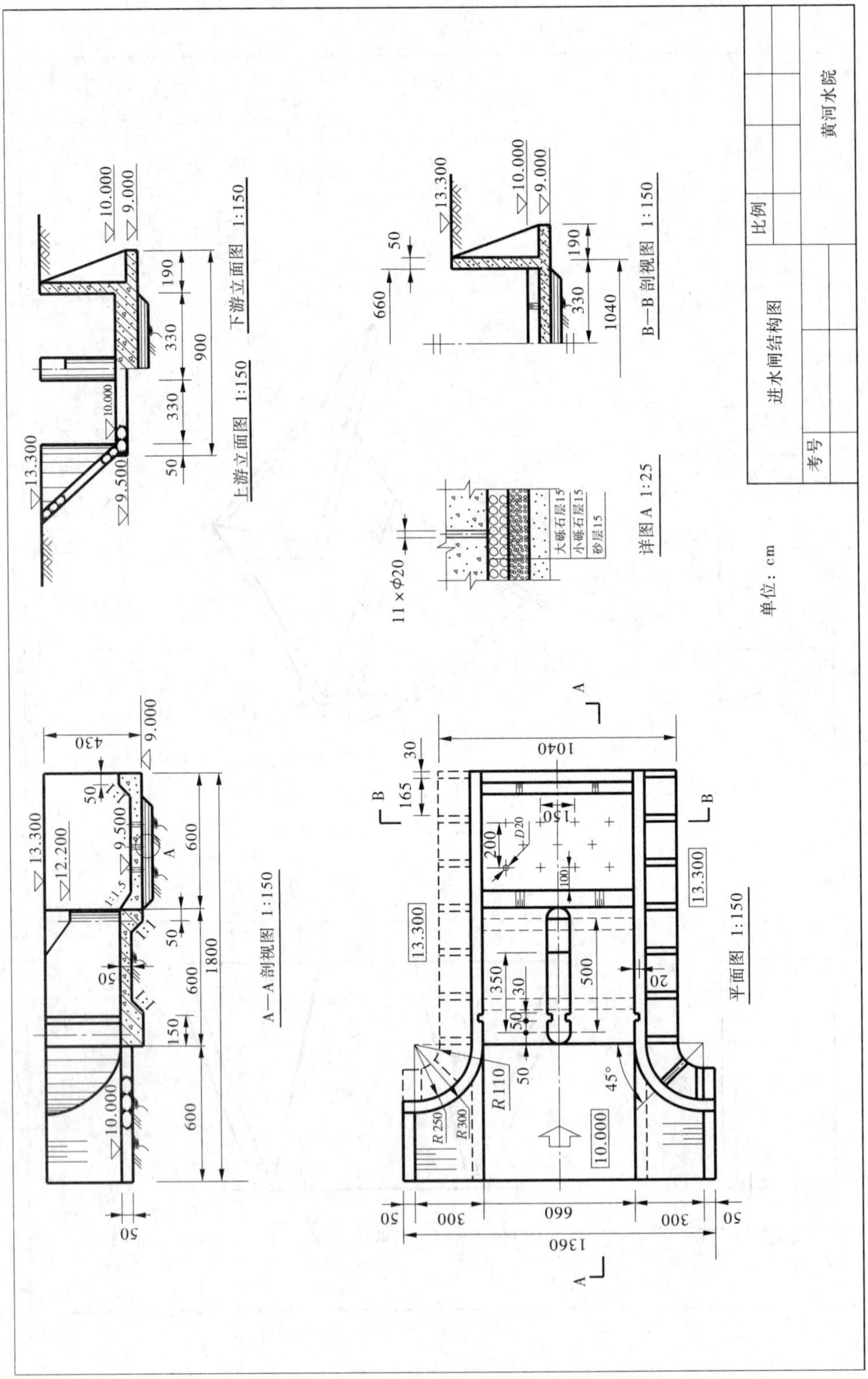
比例
进水闸结构图
黄河水院
考号
单位：cm
上游立面图 1:150
下游立面图 1:150
B—B 剖视图 1:150
详图 A 1:25
大砾石层15
小砾石层15
砂层15
11×Φ20
A—A 剖视图 1:150
平面图 1:150
13.300
12.200
10.000
9.500
9.000
1040
1360
660
300
50
600
1800
900
330
190
R110
R250
R300
45°

附图 6

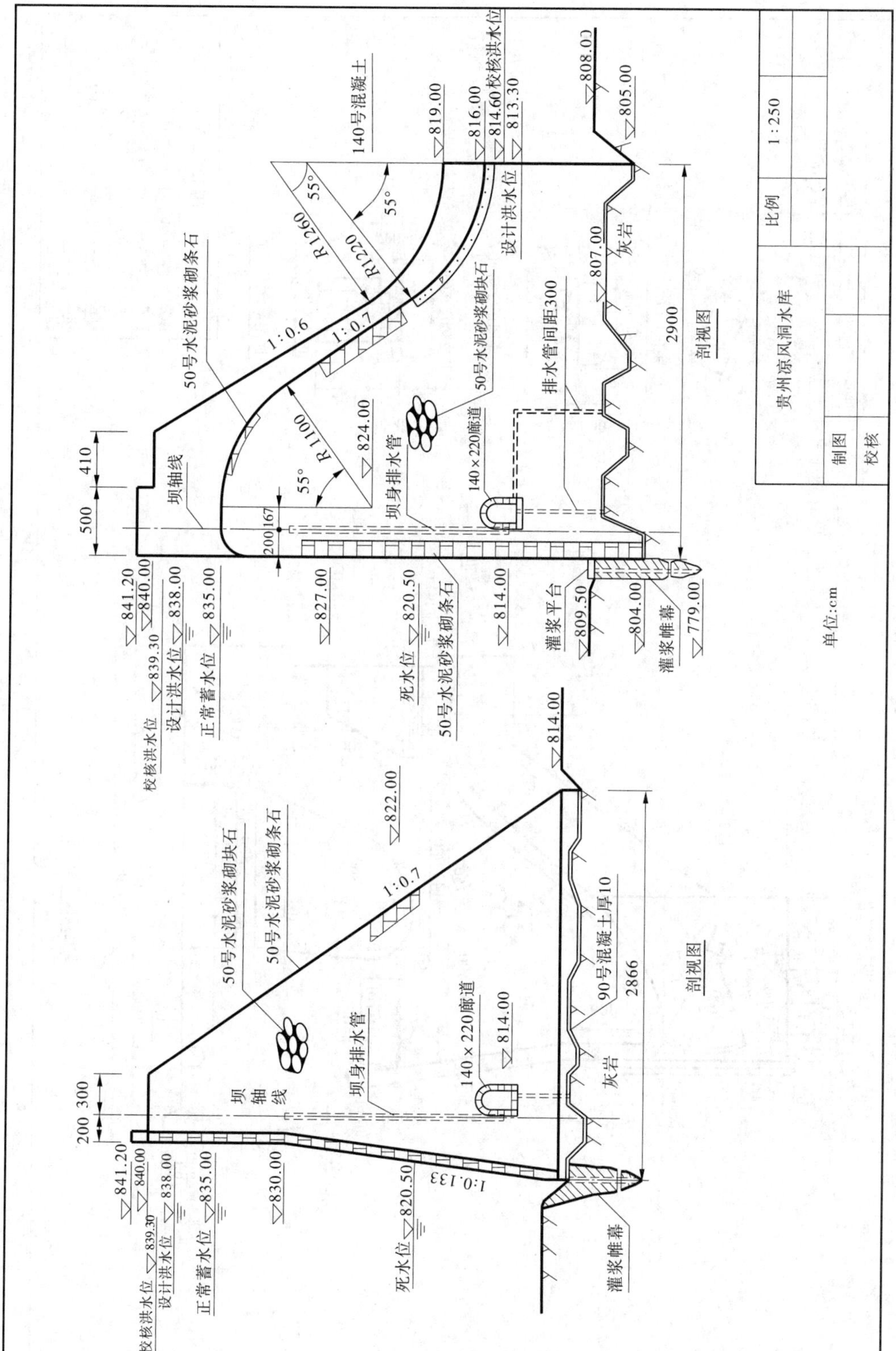
贵州凉风洞水库
比例 1:250
制图
校核
剖视图
剖视图
单位:cm
140号混凝土
50号水泥砂浆砌条石
50号水泥砂浆砌块石
坝轴线
坝身排水管
140×220廊道
排水管间距300
灌浆平台
灌浆帷幕
灰岩
90号混凝土厚10
校核洪水位
设计洪水位
正常蓄水位
死水位
R1260
R1220
R1100
55°
1:0.6
1:0.7
1:0.133
2900
2866
841.20
840.00
839.30
838.00
835.00
827.00
824.00
820.50
819.00
816.00
814.60
813.30
814.00
809.50
808.00
807.00
805.00
804.00
779.00
830.00
822.00
500
410
200
300
167

附图 7

用A2图幅、图示的比例抄绘溢流坝剖视图。(20分)

X	0	1000	2000	3000	4000	5000	6000	7000	8000	9000	11000	13 000	15000	18150
Y	1260	360	70	0	60	250	600	1000	1460	1980	3210	4750	6610	10000

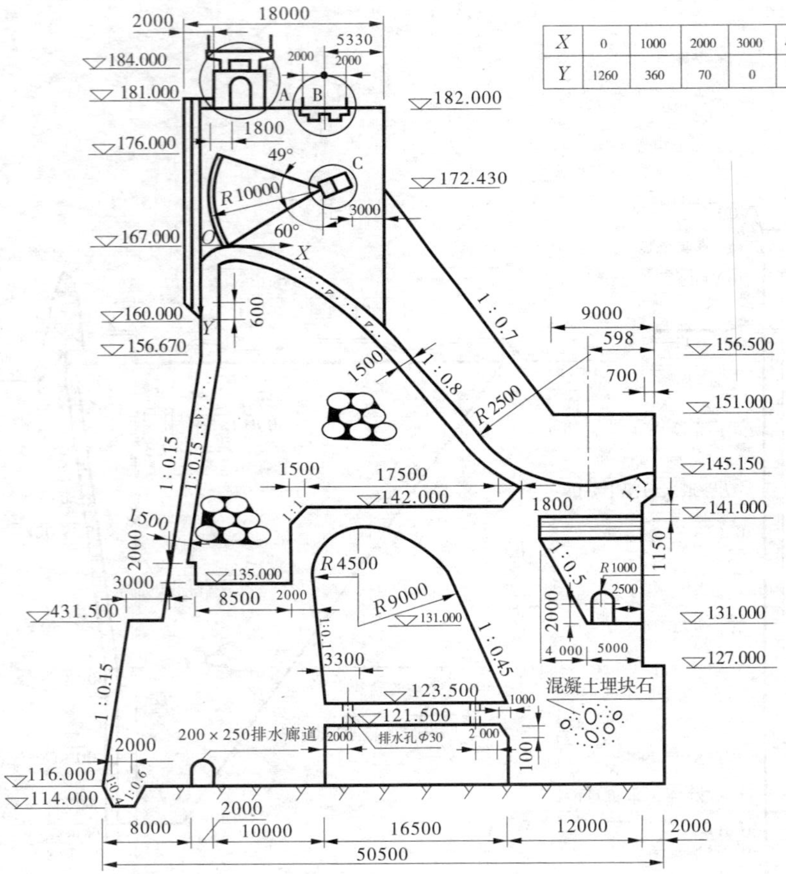

溢流坝剖视图 1 : 250

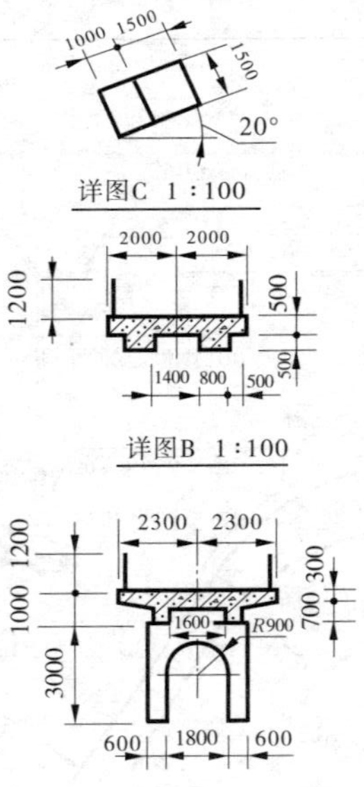

详图C 1 : 100

详图B 1 : 100

详图A 1 : 100

(单位名称)				
拟定			(工程名称)	
审查			(勘测队名称)	
校核			(图名)	
制图				
描图				
比例			图号	

附图 8

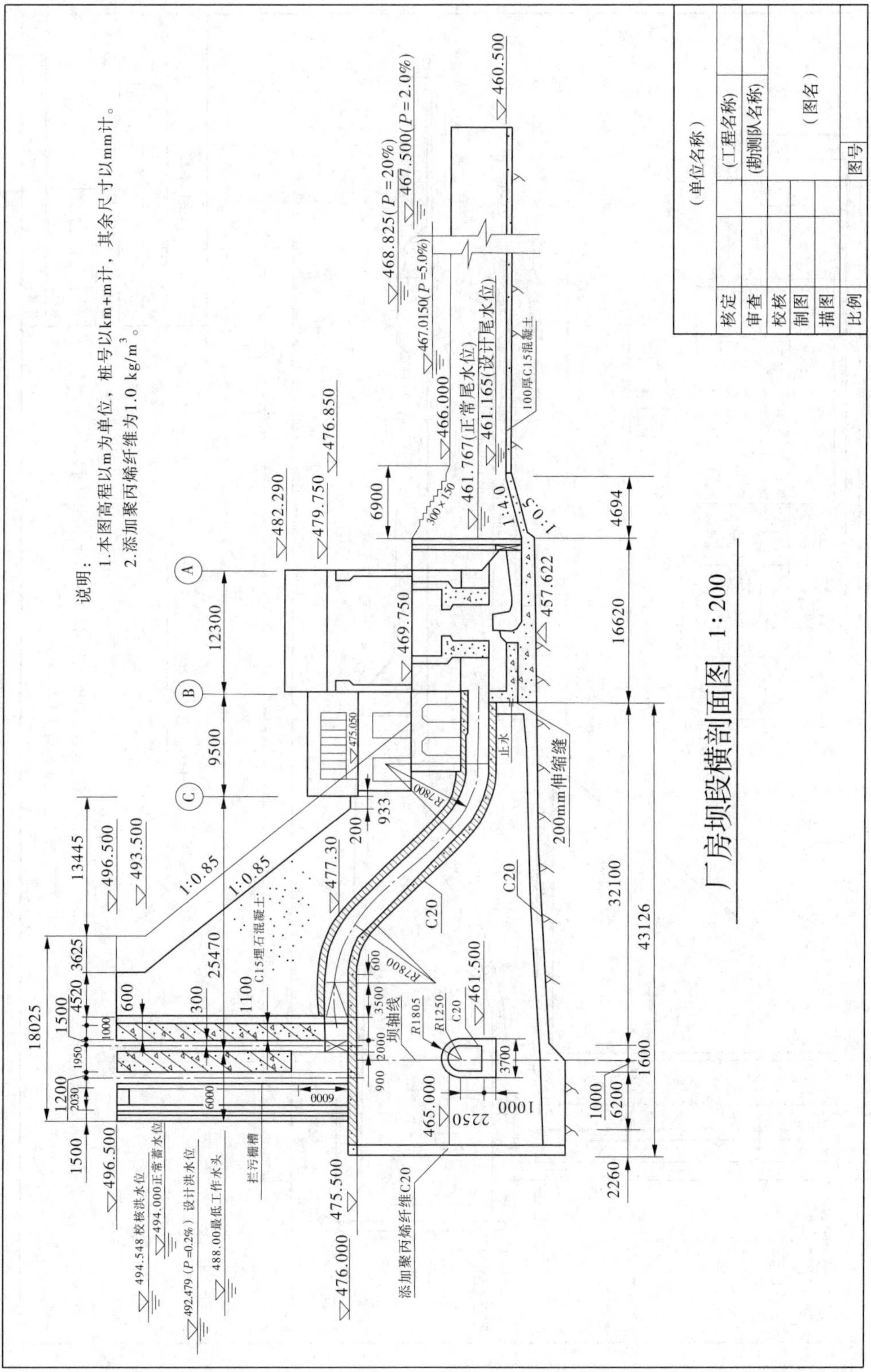
说明：
1.本图高程以m为单位，桩号以km+m计，其余尺寸以mm计。
2.添加聚丙烯纤维为1.0 kg/m³。
厂房坝段横剖面图 1:200
(单位名称)
(工程名称)
(勘测队名称)
(图名)
核定
审查
校核
制图
描图
比例
图号
494.548 校核洪水位
494.000正常蓄水位
492.479（P=0.2%）设计洪水位
488.00最低工作水头
拦污栅槽
添加聚丙烯纤维C20
C15埋石混凝土
坝轴线
止水
200mm伸缩缝
468.825(P=20%)
467.500(P=2.0%)
467.0150(P=5.0%)
466.000
461.767(正常尾水位)
461.165(设计尾水位)
460.500
100厚C15混凝土
1:0.85
1:4.0
1:0.5
C20
496.500
493.500
482.290
479.750
476.850
477.30
475.500
476.000
469.750
465.000
461.500
457.622
475.050
18025
13445
12300
9500
25470
32100
43126
16620
4694
6900

附图9

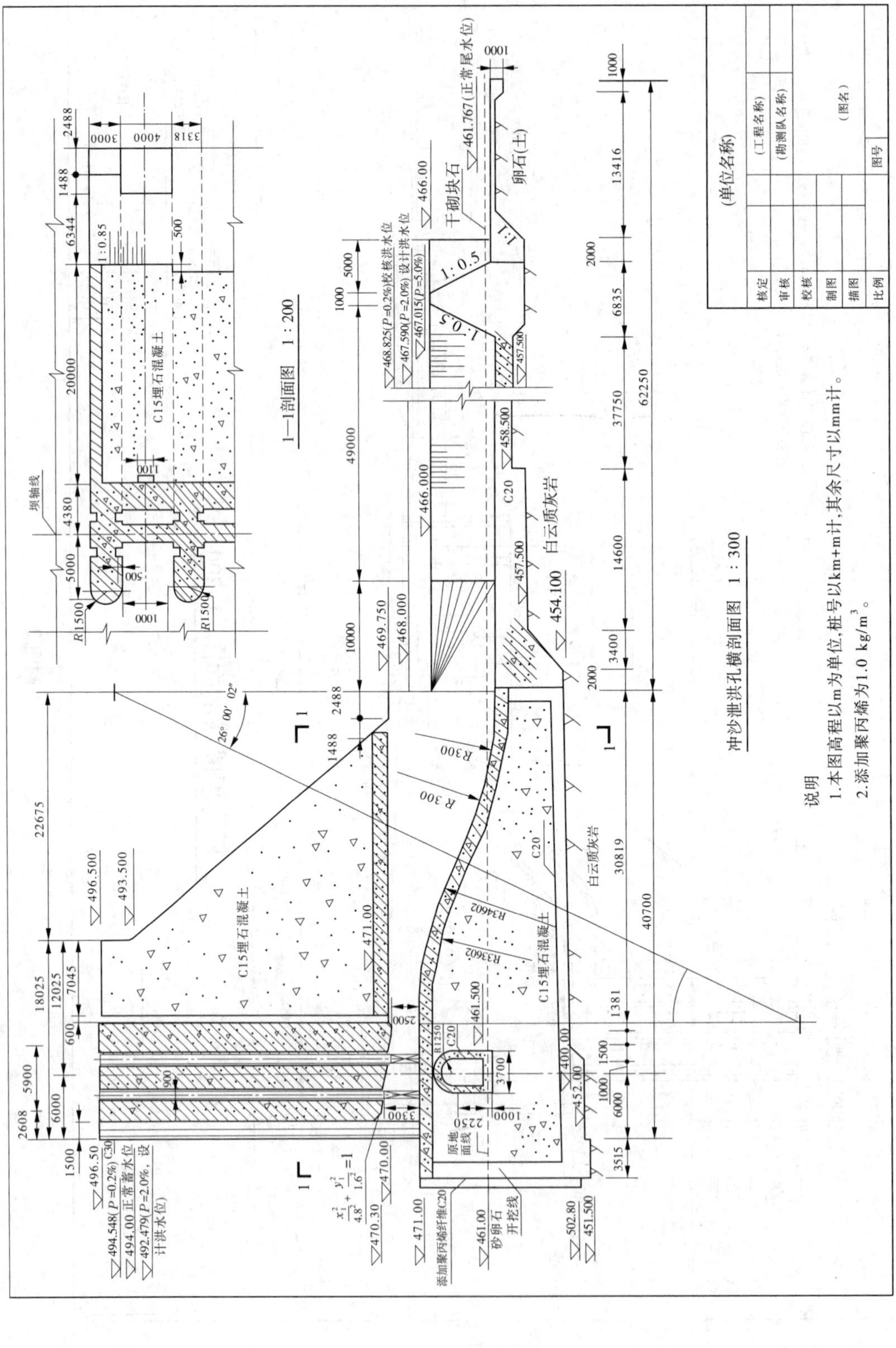

说明

1.本图高程以m为单位,桩号以km+m计,其余尺寸以mm计。

2.添加聚丙烯纤维为1.0 kg/m³。

附图10

X	0	100	200	300	400	500	600	700	800	900	1100	1300	1500	1815
Y	126	36	7	0	6	25	60	100	146	198	321	475	661	1000

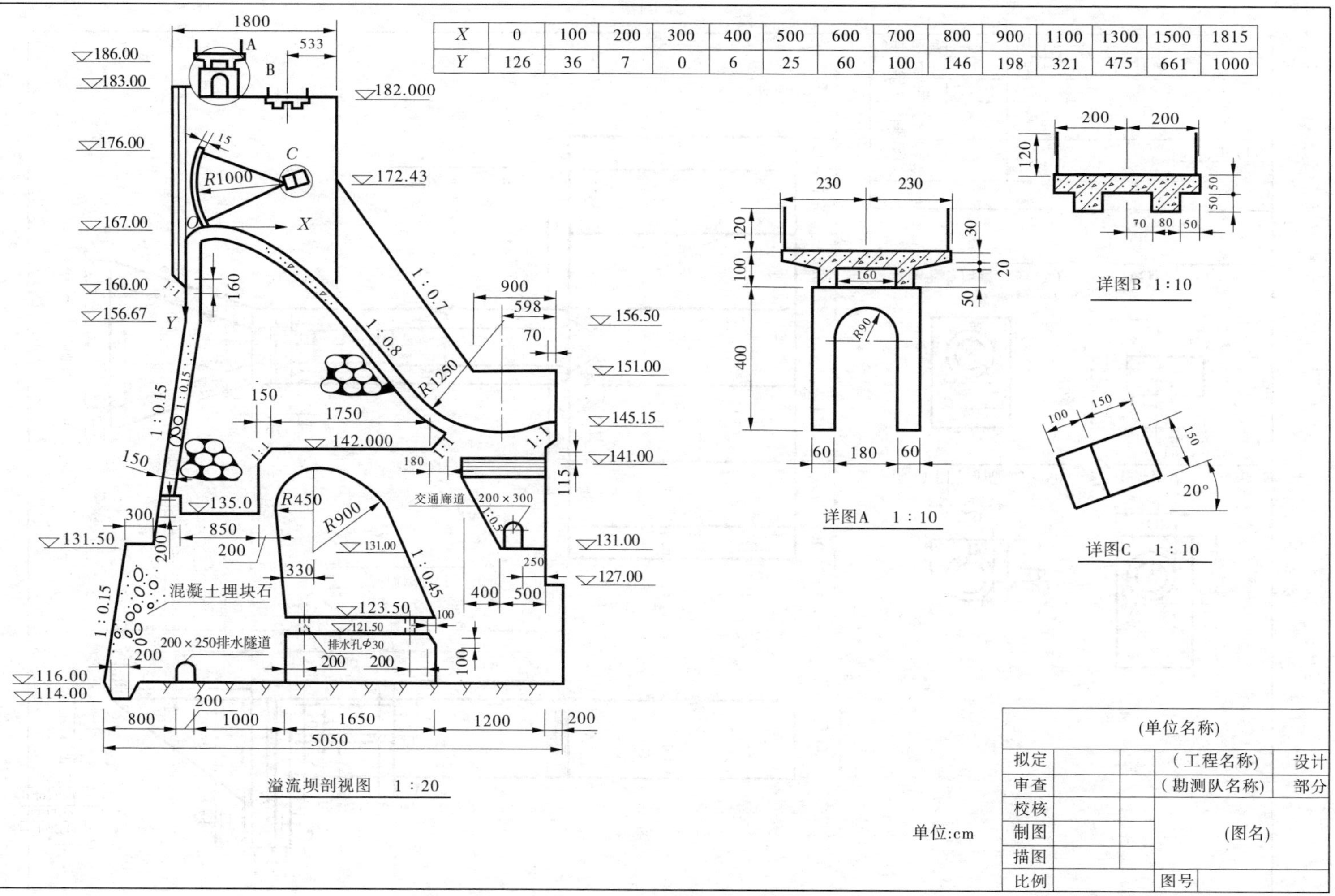

附图 11

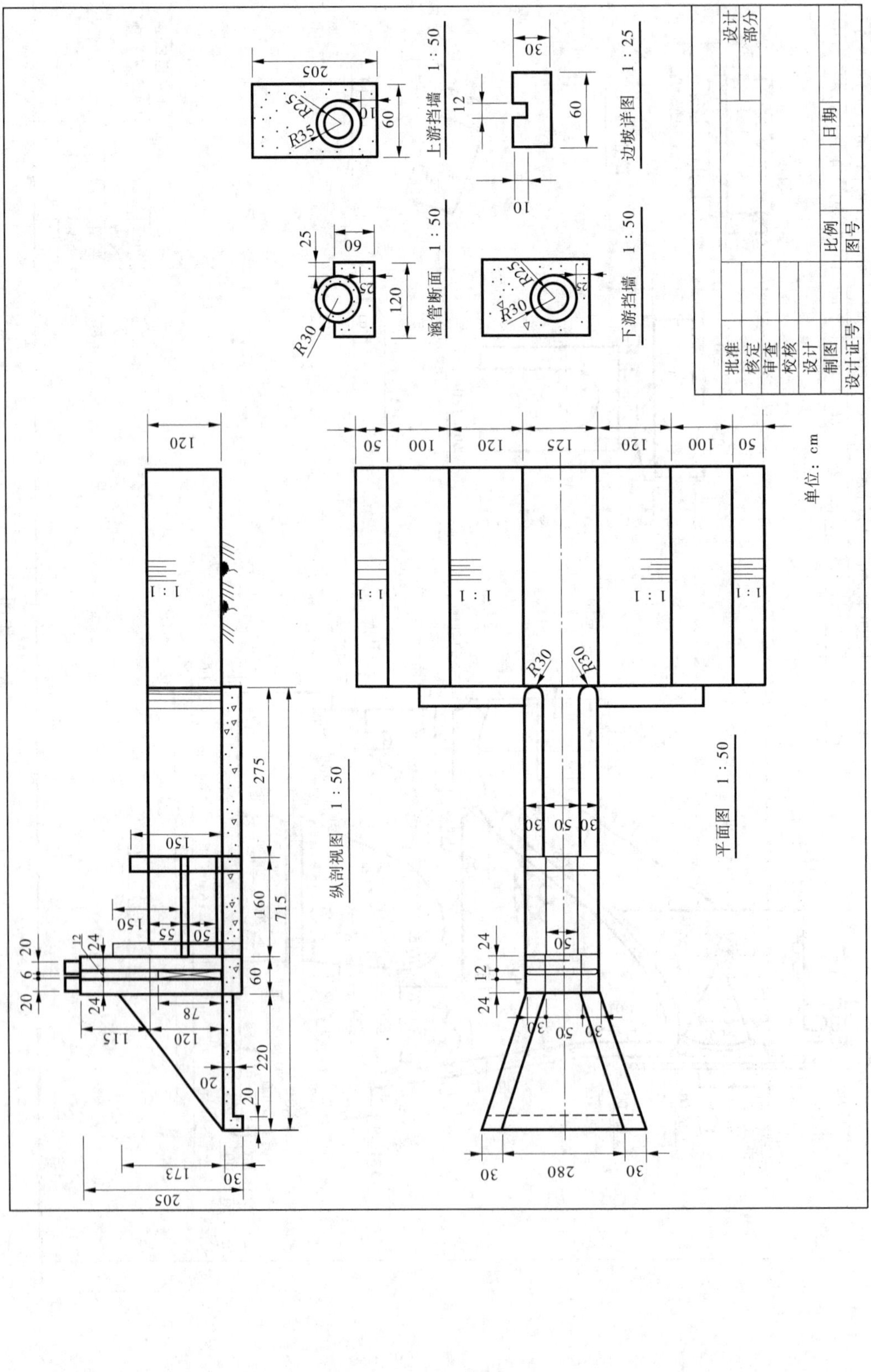
纵剖视图 1 : 50
平面图 1 : 50
涵管断面 1 : 50
上游挡墙 1 : 50
下游挡墙 1 : 50
边坡详图 1 : 25
单位：cm
批准
核定
审查
校核
设计
制图
设计证号
比例
图号
日期
设计
部分

附图 12

工作桥钢筋图　1 : 30

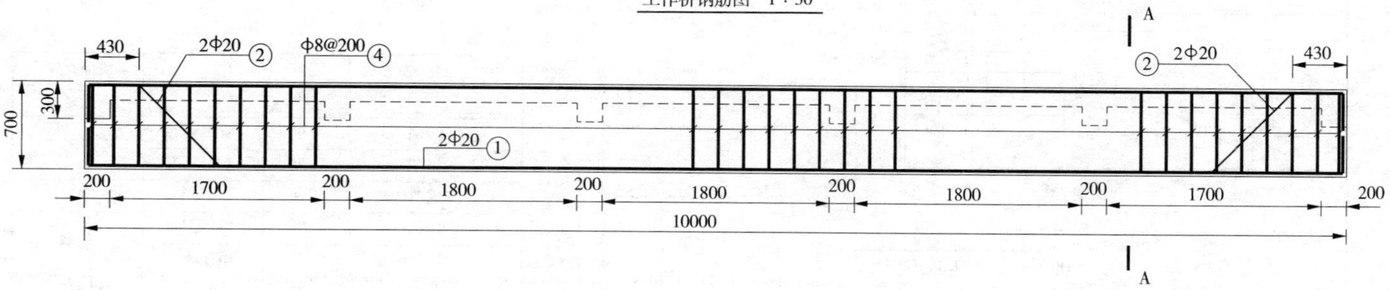

A—A　1 : 30

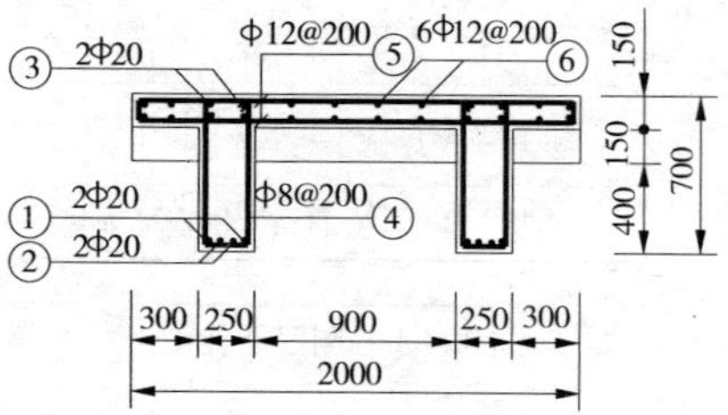

编号	型式	直径 (mm)	根长 (m)	根数	总长度 (m)	单位质量 (kg/m)	总质量 (kg)
①	6240	Φ20	10.60	4	42.4	2.468	104.6
②	300 400 480 7860 480 400 300	Φ20	10.50	4	42.0	2.468	103.7
③	6240	Φ20	9.94	4	39.8	2.468	98.1
④	190 640	Φ8	1.76	100	176.0	0.395	69.5
⑤	1940 90	Φ12	1.94	100	194.0	0.888	172.3
⑥	9940	Φ12	9.94	20	198.8	0.888	176.5

批准					设计
核定					水工　部分
审查					
校核					
设计					
制图		比例		日期	
设计证号		图号			

附图 13

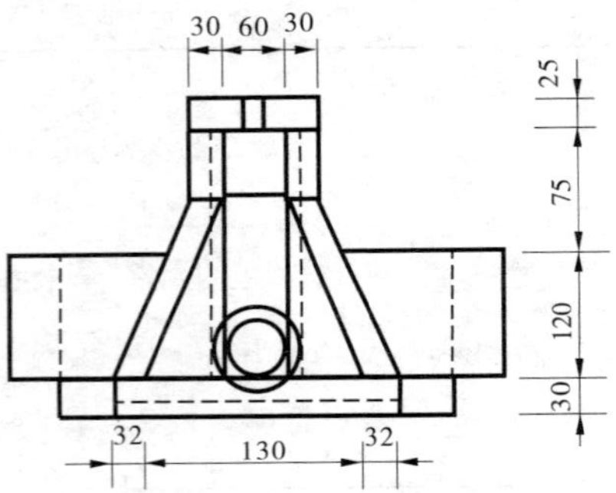

上游立面图　1∶50

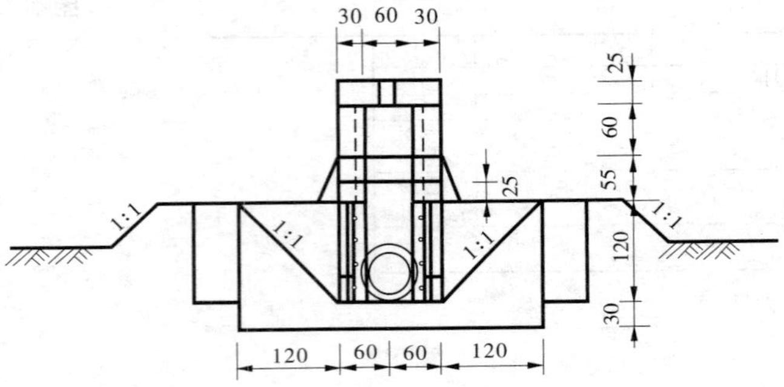

下游立面图　1∶50

斗渠进水闸工程量			
项目名称		单位	每座工程量
新建斗门	(0.6×1×孔)	座	1
上游部分	底板C15	m^3	1.2540
	翼墙C15	m^3	1.1198
闸室	底板C30	m^3	0.2150
	闸墩C30	m^3	0.7026
上游挡墙	C15	m^3	0.4565
涵管	垫座C30	m^3	0.5120
	涵管C30	m^3	0.3016
下游挡墙	C15	m^3	0.3773
下游部分	底板C15	m^3	1.2976
	翼墙C15	m^3	3.1680
土方开挖		m^3	3.35
土方回填		m^3	24.768

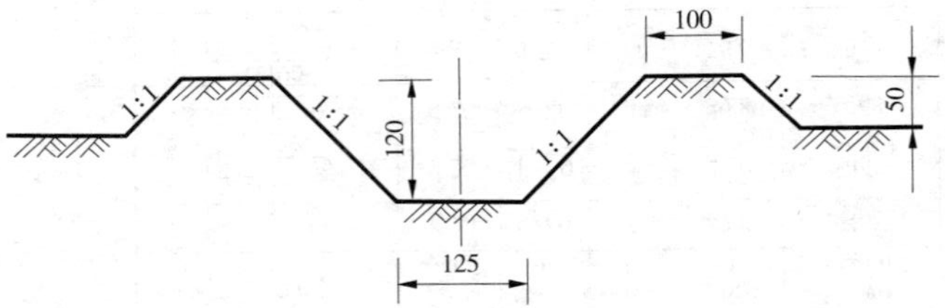

斗渠渠道断面图　1∶50

批准			初步　设计	
核定			水工　部分	
审查				
校核				
制图				
设计		比例		日期
描图		图号		

附图 14

试题要求：

1.用A3图纸，1∶50比例，抄并补出绘制楼梯剖面图和补出二层楼梯平面图，并完成尺寸标注等内容(100分)；

2.图中尺寸除注明外，缺少的尺寸，选手按照专业自己拟定(栏杆高1050 mm)。

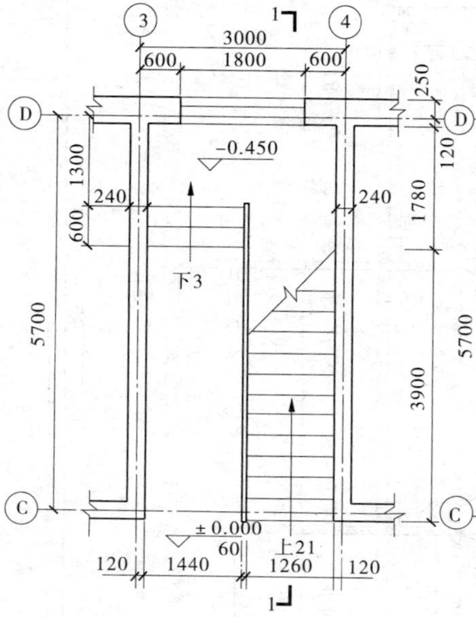

一层楼梯平面图　1：50

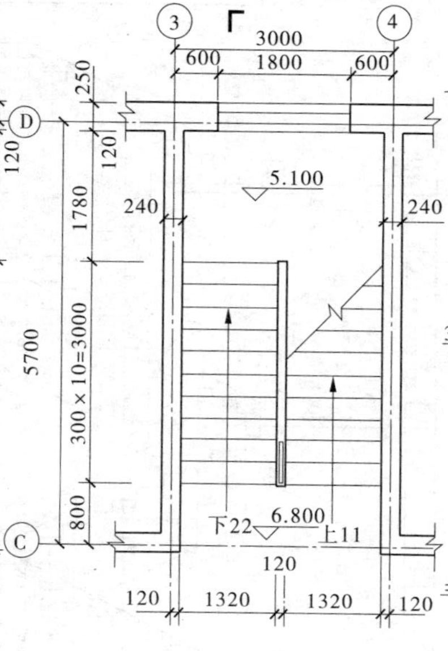

三层楼梯平面图　1：50

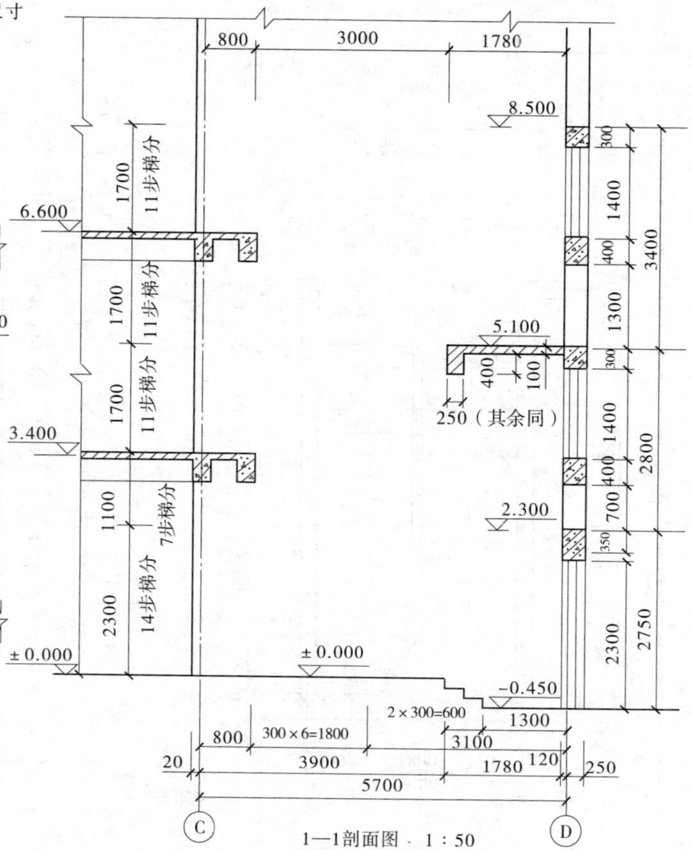

1—1剖面图　1：50

附图 15

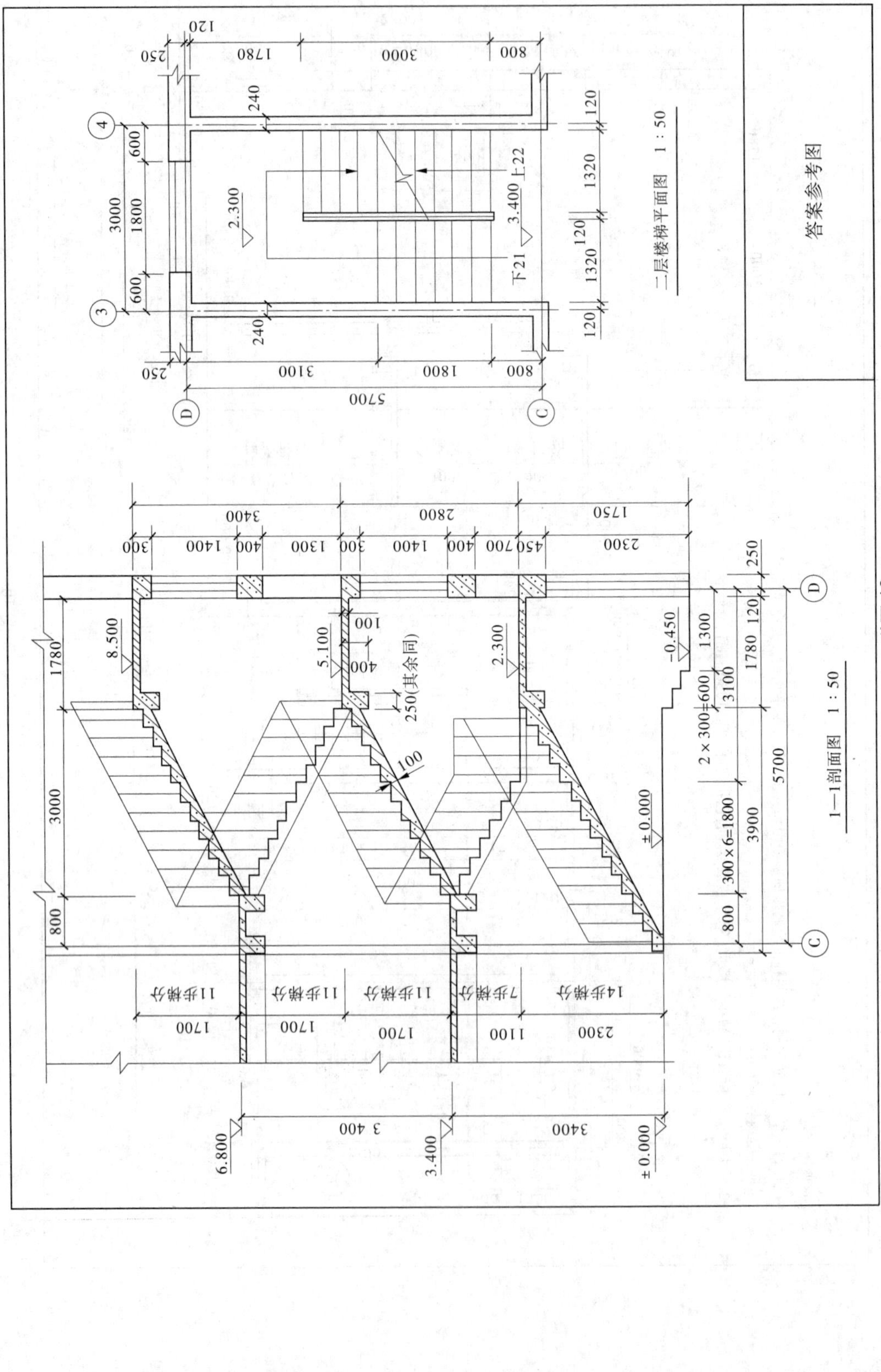

附图 16

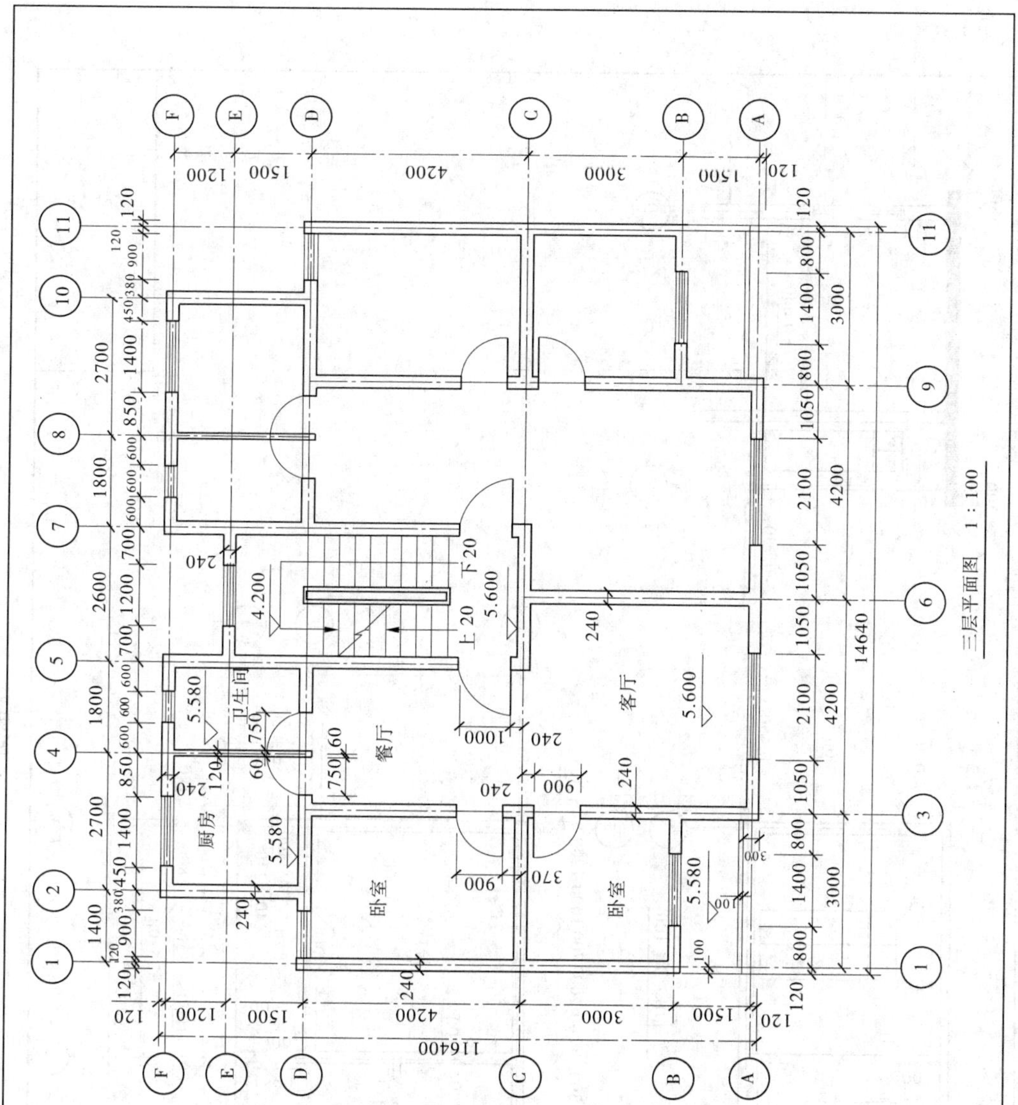

附图 17

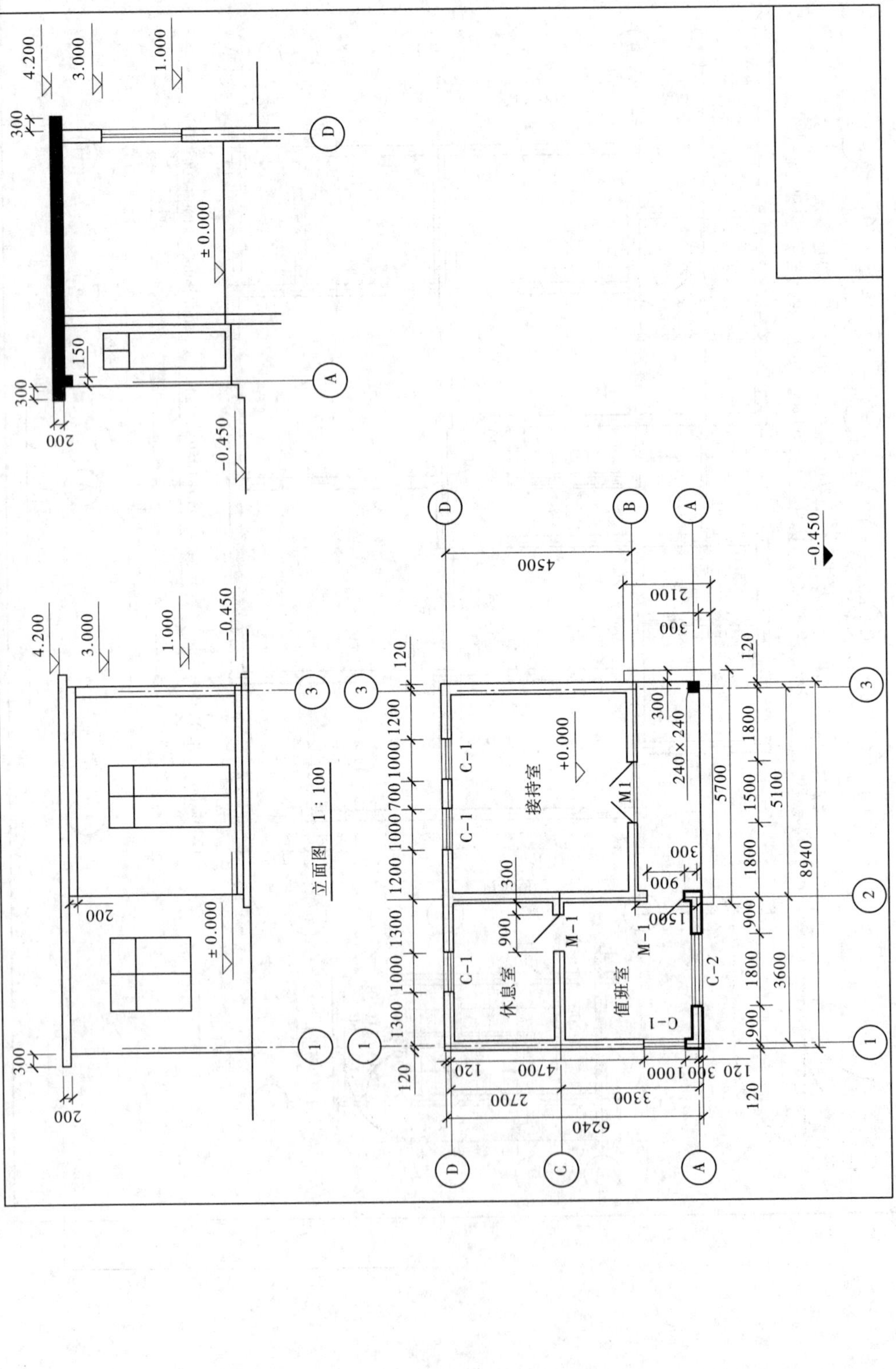
立面图　1：100
接待室
休息室
值班室
C-1
C-2
M-1
M1
240×240
±0.000
+0.000
-0.450
1.000
3.000
4.200
6240
8940

附图18

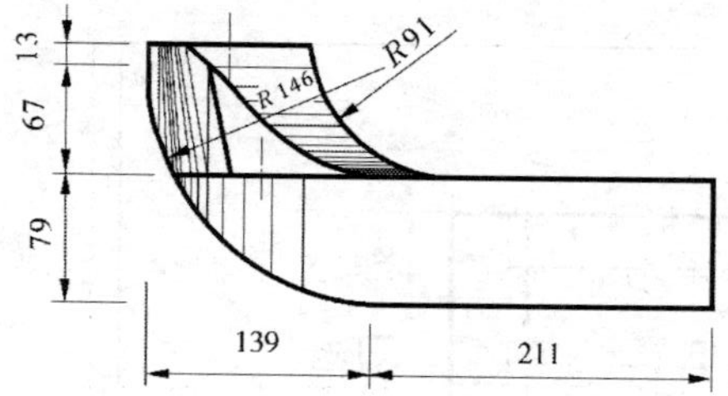

正视图 1∶4

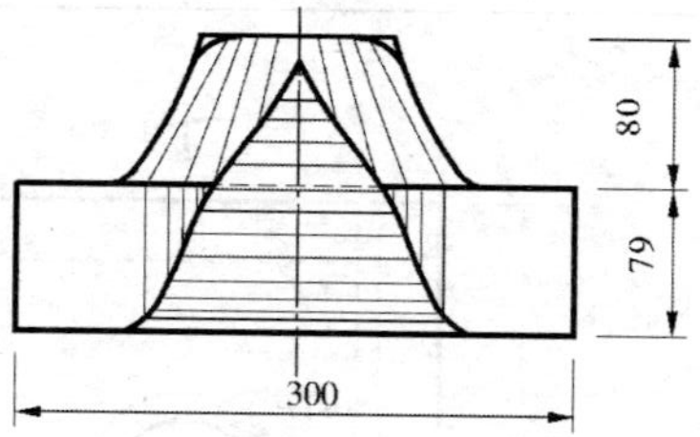

左视图 1∶4

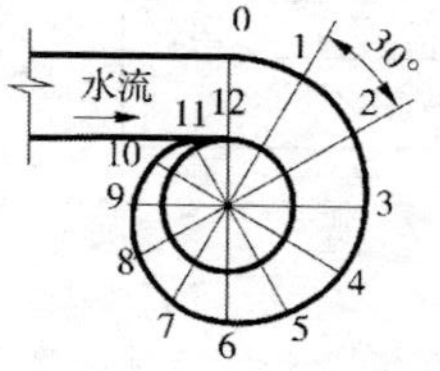

蜗壳曲线标注 1∶100

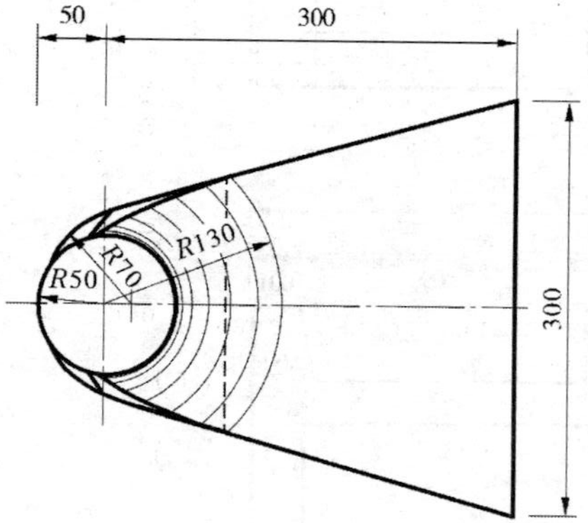

平面图 1∶4

点号	0	1	2	3	4	5	6	7	8	9	10	11	12
极角 θ	360°	330°	300°	270°	240°	210°	180°	150°	120°	90°	60°	30°	0°
极径 ρ	18850	18488	18072	17503	16676	15816	15225	14473	13775	12668	11238	9788	8338

水利工程CAD竞能竞赛				
核定			工程名称	设计
审查			(勘测队名称)	部分
校核			(图　　名)	
制图				
描图				
比例			图号	

附图 19

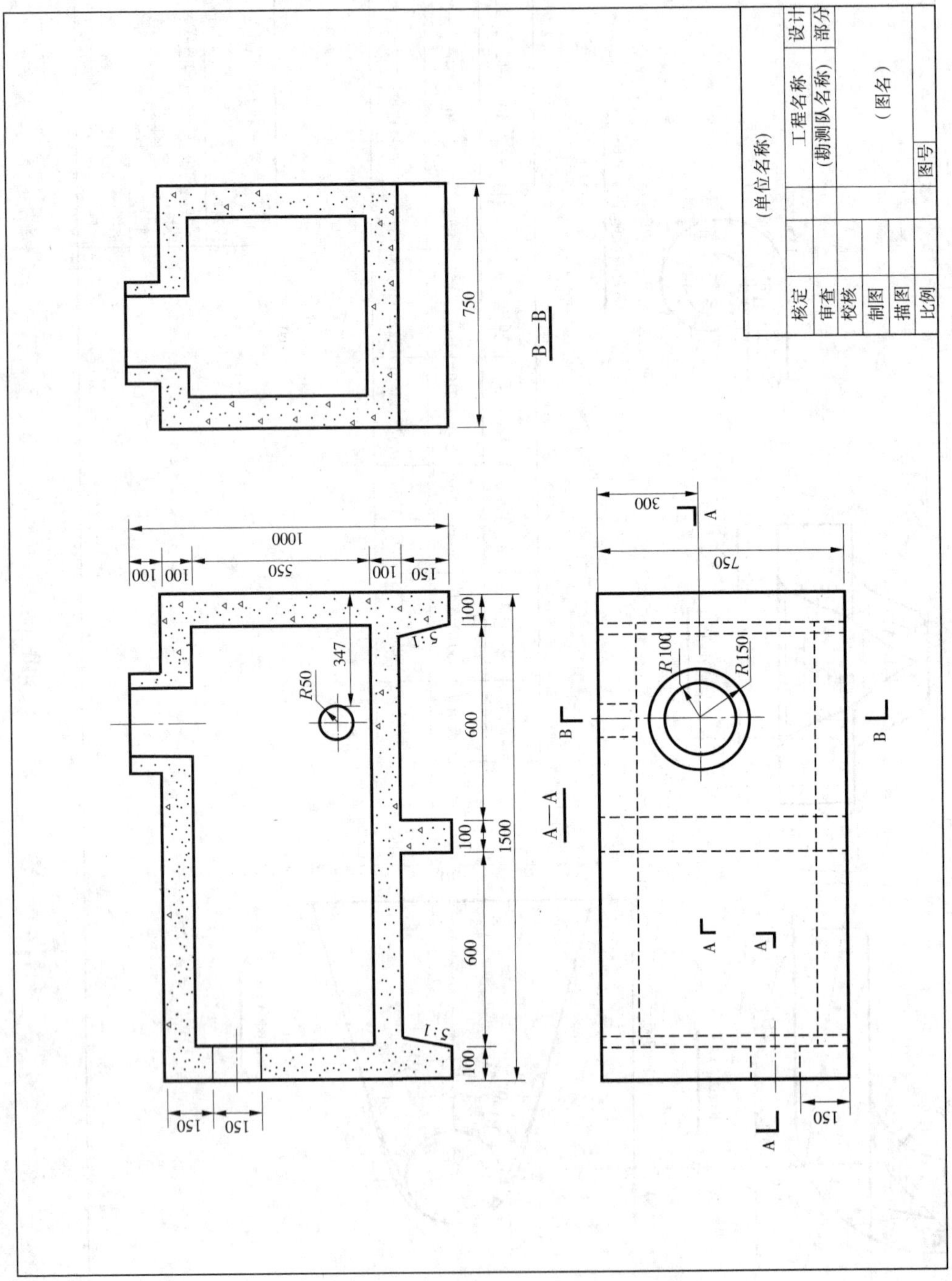

(单位名称)
工程名称
设计
部分
(勘测队名称)
(图名)
图号
核定
审查
校核
制图
描图
比例
B—B
750
A—A
1000
100
100
550
100
150
347
R50
600
100
1500
600
150
150
5:1
5:1
300
750
R100
R150
150
A
B

附图 20

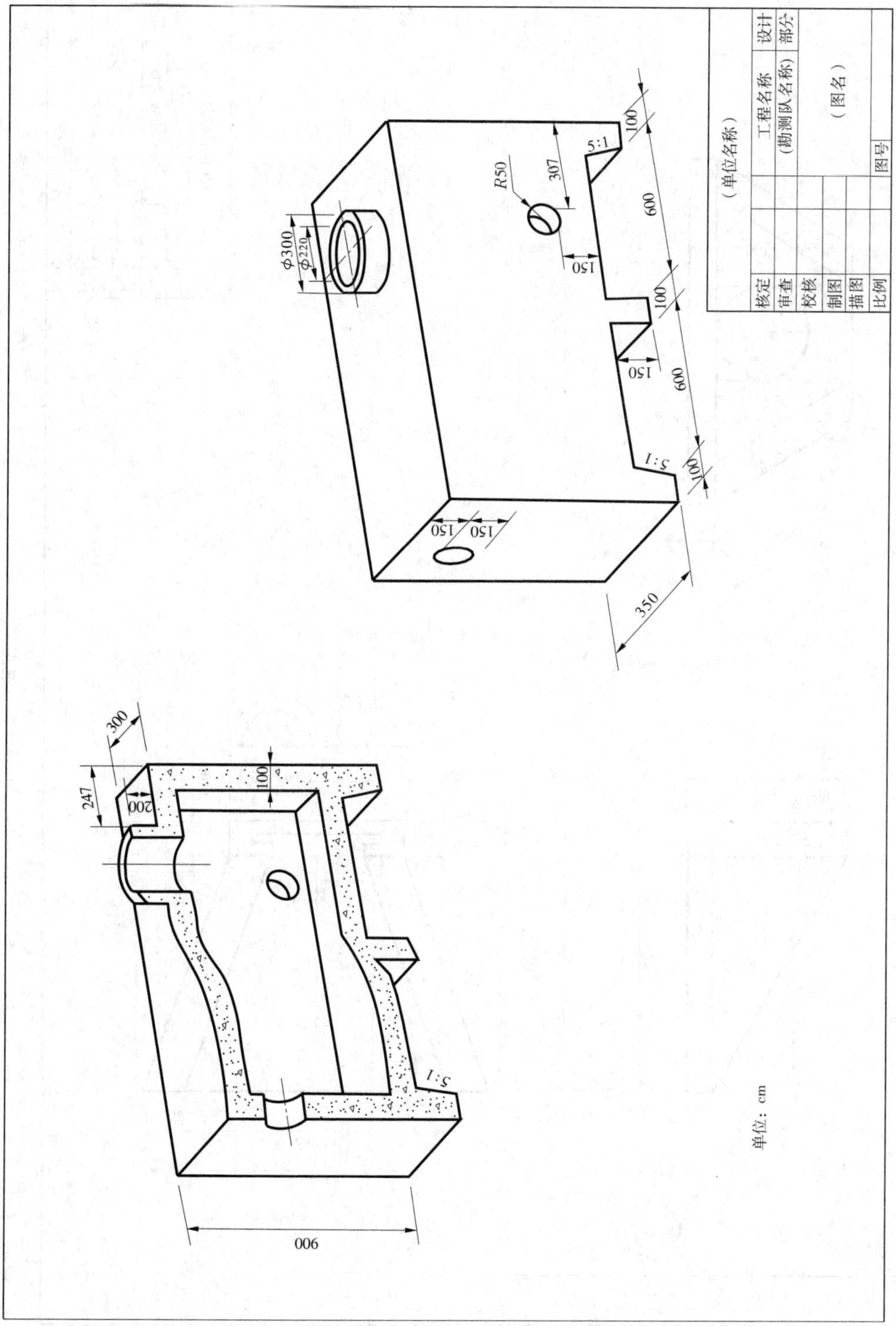
（单位名称）
核定
审查
校核
制图
描图
比例
工程名称　设计
（勘测队名称）部分
（图名）
图号
单位：cm
Φ300
Φ220
R50
307
100
600
150
5:1
350
900
300
247
200

附图 21

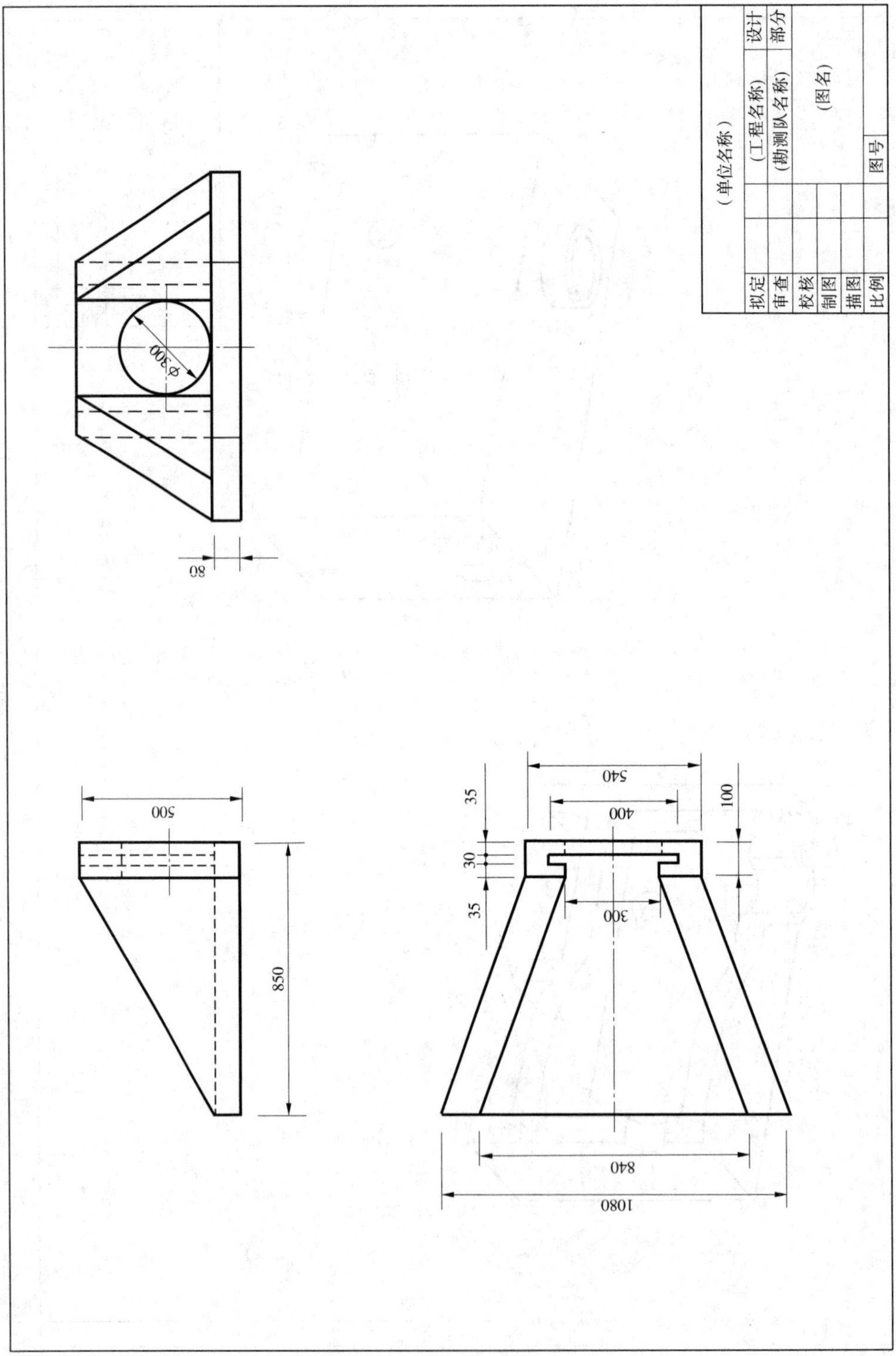
(单位名称)
(工程名称)
设计
(勘测队名称)
部分
(图名)
拟定
审查
校核
制图
描图
比例
图号
φ300
80
500
850
540
400
100
35
30
35
300
840
1080

附图22

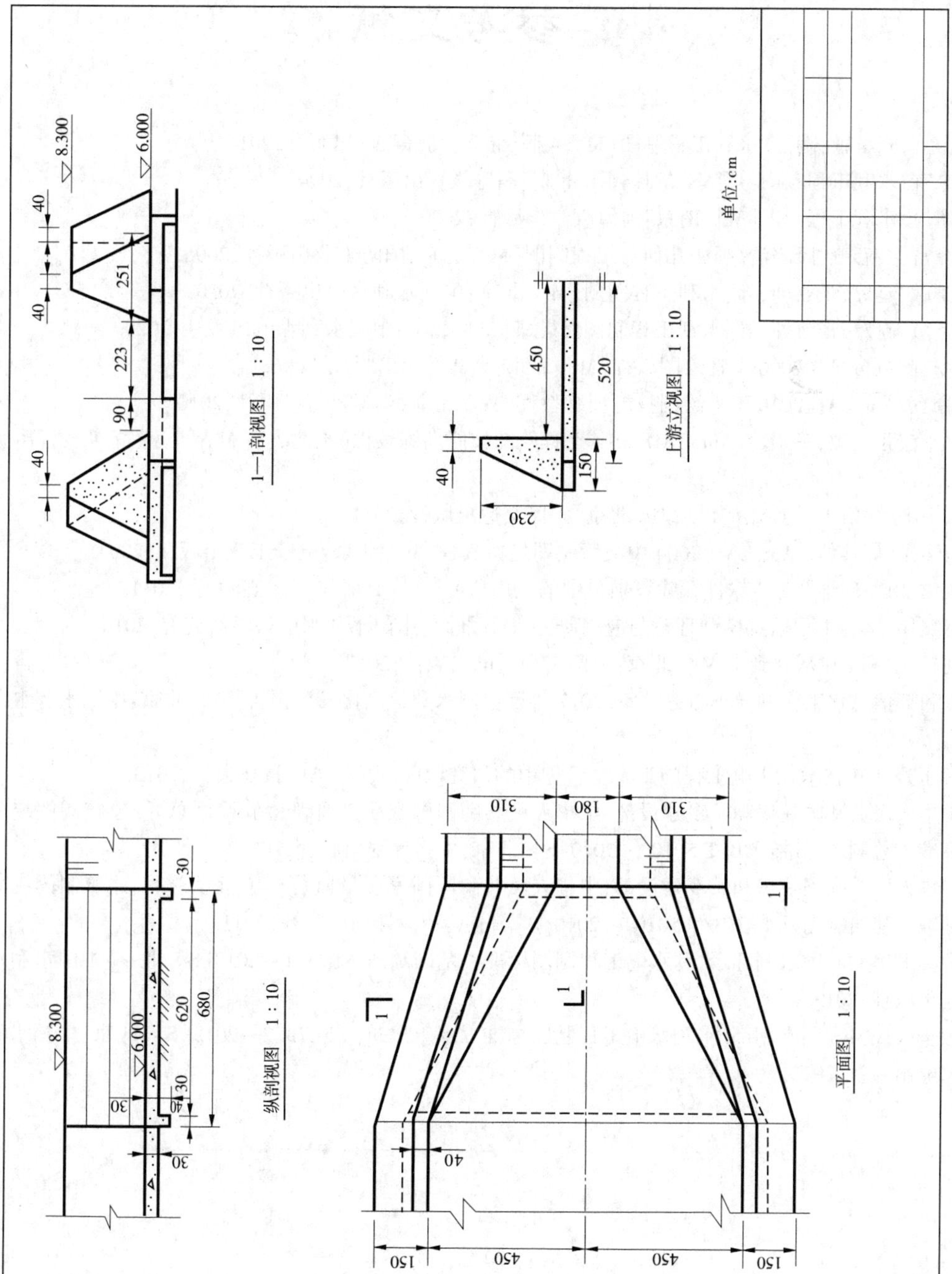
▽8.300
▽6.000
40
40
40
251
223
90
1—1剖视图　1:10
450
520
40
150
230
上游立视图　1:10
单位:cm
▽8.300
▽6.000
30
620
680
30
40
30
30
纵剖视图　1:10
310
180
310
40
150
450
450
150
平面图　1:10

附图 23

参考文献

[1] 曾令宜,张圣敏,陶杰. 水利工程制图[M]. 4 版. 北京:高等教育出版社,2014.

[2] 曾令宜. 水利工程制图习题集[M]. 4 版. 北京:高等教育出版社,2014.

[3] 印翠凤. 水利工程制图[M]. 南京:河海大学出版社,2000

[4] 鲍泽富,吴春燕,康晓清. 画法几何与工程制图[M]. 北京:国防工业出版社,2006.

[5] 张圣敏,赵婷,张亚坤,等. 水利工程制图[M]. 北京:中国水利水电出版社,2020.

[6] 张圣敏,赵婷,张亚坤,等. 水利工程制图习题集[M]. 北京:中国水利水电出版社,2020.

[7] 曾令宜. AutoCAD 2006 工程绘图教程[M]. 北京:高等教育出版社,2006.

[8] 曾令宜. AutoCAD 2010 工程绘图技能训练教程[M]. 北京:高等教育出版社,2010.

[9] 曾令宜,张圣敏,王娟玲. AutoCAD 2014 工程绘图技能训练教程(土建类)[M]. 北京:高等教育出版社,2017.

[10] 张小平. 建筑工程 CAD[M]. 2 版. 北京:人民交通出版社,2011.

[11] 王学光,周佳新. AutoCAD 2004 中文版制图经典教程[M]. 北京:电子工业出版社,2004.

[12] 王珺. BIM 理念及 BM 软件在建设项目中的应用研究[D]. 成都:西南交通大学,2011.

[13] 赵继伟. 水利工程信息模型理论与应用研究[D]. 北京:中国水利水电科学研究院,2016.

[14] 刘辉. 水利 BM 从 0 到 1[M]. 北京:中国水利水电出版社,2017.

[15] 水利部信息化工作领导小组办公室. 2017 年度中国水利信息化发展报告[M]. 北京:中国水利水电出版社,2017.

[16] 秦丽芳. BM 技术在水电工程施工安全管理中的研究[D]. 武汉:华中科技大学,2013.

[17] 中华人民共和国住房和城乡建设部,中华人民共和国国家质量监督检验检疫总局. 建筑制图统一标准　总制图标准: GB/T 50103—2010[S]. 北京:中国计划出版社,2011.

[18] 中华人民共和国住房和城乡建设部,中华人民共和国国家质量监督检验检疫总局. 建筑制图统一标准　建筑制图标准:GB/T 50104—2010[S]. 北京:中国计划出版社,2011.

[19] 中华人民共和国水利部. 水利水电工程制图标准　基础制图:SL73. 1—2013[S]. 北京:中国水利水电出版社,2013.

[20] 中华人民共和国水利部. 水利水电工程制图标准　水工建筑图 SL73. 2—2013[S]. 北京:中国水利水电出版社,2013.